INTRODUÇÃO AO PROJETO DE PRODUTOS

C294i Carpes Jr., Widomar P.
　　　　Introdução ao projeto de produtos / Widomar P. Carpes Jr. –
　　　　Porto Alegre : Bookman, 2014.
　　　　xii, 217 p. : il. ; 21 x 27,7 cm.

　　　　ISBN 978-85-8260-239-3

　　　　1. Engenharia da produção. 2. Produto – Projeto. 3. Produto
　　　　– Planejamento. I. Título.

　　　　　　　　　　　　　　　　　　　　　　　　　　　CDU 658.512.2

Catalogação na publicação: Poliana Sanchez de Araujo – CRB 10/2094

WIDOMAR P. CARPES JR.

INTRODUÇÃO AO PROJETO DE PRODUTOS

2014

© Bookman Companhia Editora, 2014

Gerente editorial: *Arysinha Jacques Affonso*

Colaboraram nesta edição:

Editora: *Maria Eduarda Fett Tabajara*

Processamento pedagógico: *Sandra Chelmicki*

Ilustrações: *Thiago André Severo de Moura e Felício José Gesser*

Capa e projeto gráfico: *Paola Manica*

Imagens da capa: *marigold_88/iStock/Thinkstock; cosmin4000/iStock/Thinkstock.*

Editoração: *Estúdio Castellani*

Reservados todos os direitos de publicação à
BOOKMAN EDITORA LTDA., uma empresa do GRUPO A EDUCAÇÃO S.A.
A série Tekne engloba publicações voltadas à educação profissional e tecnológica.

Av. Jerônimo de Ornelas, 670 – Santana
90040-340 – Porto Alegre – RS
Fone: (51) 3027-7000   Fax: (51) 3027-7070

É proibida a duplicação ou reprodução deste volume, no todo ou em parte, sob quaisquer formas ou por quaisquer meios (eletrônico, mecânico, gravação, fotocópia, distribuição na Web e outros), sem permissão expressa da Editora.

Unidade São Paulo
Av. Embaixador Macedo Soares, 10.735 – Pavilhão 5 – Cond. Espace Center
Vila Anastácio – 05095-035 – São Paulo – SP
Fone: (11) 3665-1100   Fax: (11) 3667-1333

SAC 0800 703-3444 – www.grupoa.com.br

IMPRESSO NO BRASIL
PRINTED IN BRAZIL

O autor

Widomar Pereira Carpes Júnior é engenheiro mecânico, mestre e doutor em engenharia de produção, na área de Gestão do Produto e do Design, pela Universidade Federal de Santa Catarina (UFSC). É professor do Instituto Federal de Santa Catarina (IFSC) desde 1994, e desde então atua como pesquisador e professor na área de desenvolvimento de produtos. Ministrou aulas, orientou trabalhos e publicou diversos artigos sobre o tema. Também atuou como projetista, desenvolvendo produtos para fins diversos como equipamentos para auxílio à locomoção de pessoa com limitações e blocos especiais para construção civil.

Agradecimentos

Primeiramente, agradeço aos meus pais e meus irmãos pelo incentivo, e à minha esposa pelo apoio e pela serenidade diante das dificuldades.

Aos meus colegas de trabalho do Instituto Federal de Santa Catarina (IFSC), principalmente do Câmpus Florianópolis e do Câmpus Itajaí, pelo apoio, suporte profissional e bom relacionamento no dia a dia de trabalho, o que facilitou o término deste livro. Agradecimentos especiais a Jânio Lopes, Manoel Alfredo Pereira, Zízimo Moreira Filho, Izac Moreira, Hélio Ormeu Ribeiro, Milton Pereira, Humberto Reder Cazangi, Eloy João Losso Filho, Marcelo Vandresen e Fernanda de Souza Royse. Aos gestores do IFSC pelo incentivo constante às ações que visam ao desenvolvimento dos servidores e da instituição, principalmente à Reitora, Maria Clara Kashny Schneider, aos Diretores Carlos Alberto Souza e Maurício Gariba Jr. e ao Chefe de Departamento, Rogério Pereira.

Agradeço ao professor Felício José Gesser e à artista visual Julia Pinto pelas contribuições.

Também agradeço aos meus professores Ingeborg Sell, Osmar Possamai, Acires Dias, Nelson Back e Miguel Fiod Neto da Universidade Federal de Santa Catarina (UFSC) pela dedicação e apoio que sempre me foram dados durante o mestrado e o doutorado.

Por fim, aos profissionais da Bookman Editora pelo profissionalismo, disposição em me atender, discutir e sugerir melhorias para esta obra.

Prefácio

Este livro é fruto da minha experiência em sala de aula. Constantemente me deparava com a dificuldade de trabalhar com os alunos o tema do desenvolvimento de produtos. A quase inexistência de livros em língua portuguesa, somada ao grande número de expressões e termos típicos utilizado por especialistas em projeto, mas de difícil compreensão pelos estudantes, tornava árdua a tarefa de ensinar sobre teorias e técnicas destinadas ao projeto de produtos. Por isso, ao escrever este livro, procurei utilizar uma linguagem simples e acessível, característica da Série Tekne, substituindo, muitas vezes, expressões e termos utilizados nas metodologias de projeto por outros mais correntes na linguagem coloquial.

A intenção foi fazer deste o primeiro livro de desenvolvimento de produtos dos futuros projetistas. Neste texto, eles terão contato com os diversos temas correlacionados, começarão as primeiras discussões e formarão as primeiras opiniões sobre as questões de projeto. À medida que o aluno avançar nos estudos e aprofundar-se nos conteúdos, certamente haverá necessidade de leituras mais específicas.

Este livro foi enriquecido pelas discussões com colegas e professores de disciplinas de projeto da UFSC e do IFSC e de outras áreas afins. Dentre estes, destacam-se Ingeborg Sell (Dr.rer.nat.), Osmar Possamai (Dr.Eng.), Nelson Back (Ph.D.), Acires Dias (Dr.Eng.), Miguel Fiod Neto (Dr.Eng.), André Ogliari (Dr.Eng), Silvana Lisboa (M.Eng), Heitor Eckeli (designer) e Joel Lacerda (Dr.Eng.).

Também forneceram valiosas informações os alunos das disciplinas de projeto do IFSC, cujas dúvidas e questionamentos foram imprescindíveis, determinando as decisões tomadas em relação à linguagem, aos temas abordados e à configuração do livro.

Ambiente virtual de aprendizagem

Se você adquiriu este livro em ebook, entre em contato conosco para solicitar seu código de acesso para o ambiente virtual de aprendizagem. Com ele, você poderá complementar seu estudo com os mais variados tipos de material: aulas em PowerPoint®, quizzes, vídeos, leituras recomendadas e indicações de sites.

Todos os livros contam com material customizado. Entre no nosso ambiente e veja o que preparamos para você!

SAC 0800 703-3444

divulgacao@grupoa.com.br

www.grupoa.com.br/tekne

Sumário

Introdução 1

capítulo 1 *Projeto de produtos* 3

Introdução 4
Produtos 4
Classificação dos produtos 6
Ciclo de vida dos produtos 7
Qualidades de um produto 8
Defeitos em produtos 10
Projeto de produtos 11
Metodologias para o projeto de produtos 12
Antecedentes históricos 14
Metodologias de projeto atuais 18
Comparação entre as metodologias de projeto 28
Tendências para as metodologias de projeto 30
Erros comuns no desenvolvimento de projetos 31
O projetista 32

capítulo 2 *Projeto informacional* 35

Introdução 36
Percepção e análise das necessidades do consumidor 36
Método para percepção de necessidades do consumidor 40
Aplicação do método 44
Descrição da ideia do produto 45
Determinação dos requisitos do projeto 47
Requisitos de segurança 50
Requisitos estéticos 51
Requisitos de sustentabilidade 52
Requisitos de funcionalidade 52
Requisitos de ergonomia 53

Requisitos de produtibilidade 53
Requisitos de economia 54
Requisitos de operacionalidade 54
Determinação das especificações do projeto 56

capítulo 3 *Projetos conceitual, preliminar e detalhado 63*

Introdução 64
Projeto conceitual 64
Desenvolvimento dos conceitos do produto ou do projeto conceitual 64
Busca de alternativas para cada parte do produto 67
Seleção das alternativas encontradas 68
Projeto preliminar 69
Arquitetura: configuração geral do produto 70
Esboço dos componentes e do produto 78
Integração dos aspectos do produto 79
Otimização do projeto preliminar 81
Projeto detalhado 81

capítulo 4 *Gerenciamento de projeto 85*

Introdução 86
Etapas do gerenciamento de projetos 87
Definições iniciais 87
Definição dos recursos 88
Definição dos métodos 89
Levantamentos de dados e informações 89
Programação de atividades 89
Comunicação 92
Controle e avaliação das atividades 92
Relatório final 93

capítulo 5 *Segurança 95*

Introdução 96
Teorias sobre acidentes 96
Erro humano, acidentes e segurança 97
Como os acidentes ocorrem? 99
Método para determinar as necessidades de segurança 103
Identificação dos problemas de segurança do produto 103
Identificação dos possíveis perigos 103
Determinação das possíveis lesões e danos decorrentes dos perigos identificados 104
Verificação da existência de normas aplicáveis aos perigos ou ao produto 105
Estabelecimento das diretrizes para eliminação dos perigos e suas consequências 105
Determinação das necessidades de segurança 106
Recomendações gerais para o projeto de produtos mais seguros 106

capítulo 6 *Estética* 109

Introdução 110
Leis de percepção 110
Estilo dos produtos 114
Definição simbólica e semântica 117
Complexidade e ordenação 118
Utilização de cores 120
Outras recomendações importantes para o projeto estético 124

capítulo 7 *Produtibilidade* 125

Introdução 126
Produtibilidade e custos de produção 126
Principais processos produtivos 129
Processos de fabricação 129
Processo de montagem mecânica 146
Processos de acabamento 146
Seleção de materiais 148

capítulo 8 *Ergonomia* 159

Introdução 160
Ergonomia de concepção 160
Sistemas do corpo humano e processos vitais 160
O corpo humano e a realização de trabalho 165
O corpo humano e fatores ambientais 167
Antropometria 169
Interface homem-máquina 171
Controles 173
Mostradores 175
Observações finais 175

capítulo 9 *Sustentabilidade* 177

Introdução 178
Recomendações para a utilização de materiais 178
Recomendações para o uso de energia 180
Recomendações para o ciclo de vida 181

capítulo 10 *Funcionalidade* 183

Introdução 184
Funções 184
Determinação da função global 185
Síntese funcional e estrutura de funções 187
Portadores de efeitos 190

capítulo 11 *Operacionalidade* 193

Introdução 194
Usabilidade 194
Ambiente 195
Forma e intensidade de utilização 197
Confiabilidade e robustez 198
Manutenção e assistência técnica 202
***Marketing*, embalagem e distribuição** 203

capítulo 12 *Economia* 207

Introdução 208
Custos do produto 208
Tipos de custos de um produto 211
Recomendações para redução de custos 213

Referências 215

Introdução

Este livro trata do desenvolvimento de produtos de forma clara e concisa. É um livro introdutório à teoria de projeto e é destinado a estudantes de cursos profissionalizantes e de nível superior que necessitam de conhecimento inicial em relação ao projeto de produtos. Muitos assuntos são tratados aqui de forma simplificada, de modo a facilitar a compreensão do conteúdo.

O Capítulo 1 trata do projeto dos produtos, iniciando por uma breve explicação sobre o que é um produto e pelas definições deste, sob os pontos de vista comercial e técnico. Então, classificam-se os novos produtos e os já existentes, abordam-se os defeitos mais comuns que ocorrem. Posteriormente, são apresentadas explicações sobre os significados das metodologias de projetos, seus antecedentes históricos, algumas metodologias atuais e suas tendências. Ainda, apresentam-se os erros mais comuns de ocorrerem durante o desenvolvimento de projetos, as habilidades e as tarefas dos projetistas, além de um breve comentário sobre o ciclo de vida dos produtos.

Uma metodologia de projeto para desenvolvimento de produtos de quatro fases é apresentada nos Capítulos 2 e 3. O Capítulo 2 aborda o projeto informacional, iniciando pela percepção e análise das necessidades dos consumidores, que é o princípio do processo de projeto. Também são apresentadas as qualidades básicas necessárias a um produto: funcionalidade, segurança, estética, economia, sustentabilidade, ergonomia, produtibilidade e operacionalidade. Depois, aborda-se a descrição do produto, considerando parâmetros que precisam ser informados para a descrição correta. Então, são sugeridas algumas questões que podem ser respondidas para facilitar a determinação dos requisitos de projeto. Por fim, apresentam-se algumas alternativas para transformar requisitos em especificações, que são as entradas para a fase de projeto conceitual.

O Capítulo 3 trata dos projetos conceitual, preliminar e detalhado. No projeto conceitual, geram-se soluções e conceitos para permitir uma maior concretização do produto. Abordam-se dois métodos para isso, que consistem basicamente em roteiros distintos para dividir o produto em partes e solucionar cada seção separadamente. Nesse processo, buscam-se as melhores soluções para cada parte e faz-se a união das soluções de forma a gerar um conceito de produto no final do processo. No projeto preliminar, configuram-se as soluções encontradas no projeto conceitual visando permitir a produção, o funcionamento e a conformidade com as especificações. São discutidos assuntos como a arquitetura ou configuração, os esboços, a integração de determinados aspectos e a otimização do produto e de seus componentes. O projeto detalhado é abordado de forma muito breve, indicando apenas as tarefas que devem ser executadas nessa fase do projeto. Essa é a última fase da metodologia de projeto proposta neste livro. Após sua execução, tem-se um produto totalmente definido e registrado, cuja documentação torna possível a fabricação.

O Capítulo 4 trata do gerenciamento do projeto sob o aspecto de como administrar as atividades que serão executadas para o desenvolvimento do produto. São abordados os objetivos, os recursos, os métodos, as informações, a programação das atividades, a comunicação, o controle e a avaliação e o relatório final do projeto.

O Capítulo 5 aborda a questão da segurança durante o projeto. É apresentada uma definição para segurança e as teorias e as causas de acidentes são abordadas. Por fim, é apresentado um método para determinar as necessidades de segurança.

O Capítulo 6 apresenta a conceitos sobre a estética dos produtos e aborda temas como as leis da percepção visual, o estilo, a definição semântica e simbólica, a relação entre complexidade e ordenação no uso dos elementos estéticos, a utilização de cores, entre outras recomendações para o projeto estético dos produtos.

O Capítulo 7 trata da produtibilidade e apresenta algumas recomendações para facilitar a elaboração do produto, descrição dos principais processos de fabricação e noções de seleção de materiais. O principal objetivo desse capítulo é auxiliar o projetista a buscar uma fabricação do produto fácil e barata.

O Capítulo 8 aborda resumidamente a ergonomia durante o projeto. Assuntos como corpo humano, fatores ambientais, antropometria, comandos, mostradores e a interface homem-máquina são apresentados ao longo deste capítulo.

O Capítulo 9 trata da sustentabilidade dos produtos, enfocando o uso de materiais e de energia. Além disso, trata de aspectos do ciclo de vida dos produtos, indicando formas de reduzir o impacto ambiental. A relação entre sustentabilidade e interação social também é abordada.

O Capítulo 10 apresenta conceitos de funcionalidade e como se dá a determinação da função global de um produto. A síntese funcional também é tratada, visando demonstrar como uma estrutura funcional de um produto pode ser obtida. Além disso, aborda-se os portadores de efeitos, que possibilitam encontrar alternativas para a satisfação da estrutura funcional de um produto.

O Capítulo 11 trata da operacionalidade abordando aspectos da operação, da confiabilidade, manutenção e assistência técnica. Além desses aspectos, o *marketing*, a embalagem e a distribuição são tratados, visando tornar o produto mais conveniente ao consumidor.

O Capítulo 12 aborda a economia em relação ao produto, analisando os custos de um produto e tipificando-os. Por fim, são feitas algumas recomendações para a redução de custos de um produto durante o projeto.

Por fim, espera-se que este livro, escrito de forma simples e didática, possa auxiliar os estudantes de desenvolvimento de produtos nas dúvidas e enriquecer seus conhecimentos. Tenham todos uma boa leitura!

» capítulo 1

Projeto de produtos

O desenvolvimento de um produto, de qualquer tipo, é uma tarefa que exige muito mais do que a simples execução de uma boa ideia. Há uma metodologia de produção por trás de cada item que consumimos. Cada um tem suas particularidades, e isso se reflete nos processos de produção, na comercialização e na promoção de produtos. Neste capítulo, você conhecerá alguns dos principais aspectos relacionados aos produtos e aos seus projetos. Em especial, estudaremos as metodologias de projetos, das precursoras às mais recentes, bem como as principais tendências. Também conheceremos o papel do projetista no desenvolvimento de produtos.

Objetivos de aprendizagem

- » Listar os conceitos mais importantes relativos a produtos e projetos de produtos.
- » Identificar os teóricos mais influentes da área de projetos.
- » Diferenciar as principais metodologias de projetos.
- » Reconhecer as tendências na área.
- » Listar os erros mais comuns no desenvolvimento de projetos.
- » Relacionar as principais habilidades e tarefas do projetista.

> **DICA**
> Não há utilização de metodologias de projeto para produtos artesanais, sendo sua concepção e produção baseadas nas habilidades do artesão.

» Introdução

Desde o início de sua existência, o ser humano modifica a natureza para executar tarefas e atingir objetivos. A partir desse impulso transformador, surgiram as mais variadas formas de atividades, cotidianas e em conjunto, com suas respectivas e necessárias artesanias, aparatos, ferramentas e instrumentos. Com o aperfeiçoamento da vida em sociedade, começaram a ser desenvolvidas as mercadorias e os produtos.

No século XVIII, com a Revolução Industrial, os produtos começaram a ser fabricados em quantidades expressivas, substituindo as antigas produções artesanais. Já no século XX, iniciou-se a sistematização da concepção dos produtos, com o surgimento de metodologias de projeto de produtos industriais. Essas metodologias propiciaram que o produto fosse concebido no ambiente industrial, cumprindo sua função da melhor forma possível, sobretudo em relação à funcionalidade, aos custos e ao tempo de produção.

» Produtos

Denominamos **produto** todo objeto ou artefato concebido, produzido, negociado e utilizado por pessoas para satisfazer suas necessidades (transporte, conforto, etc.) por meio das funções que ele realiza (deslocar, recrear, etc.), incluindo os valores que estão agregados a ele (estética, status social, etc.). Essas funções são conferidas ao item pelas propriedades (preço, peso, etc.) desempenhadas pelo sistema material, ou seja, pelo produto físico.

O termo **função** compreende ações ou tarefas executadas intencional e deliberadamente pelo produto, devido à habilidade para transformar o ambiente, ou seja, mudar algo da forma desejada (Roozenburg & Eekels, 1995). Veja o exemplo a seguir.

> **» EXEMPLO**
>
> Um automóvel satisfaz a necessidade de transporte de um usuário por meio da execução da função de deslocamento do usuário, conferida por características como velocidade, capacidade de frenagem e dirigibilidade. O automóvel também confere valores estéticos e de status social desejados pelo usuário.

Os produtos podem ser analisados de diversas formas, sendo mais comuns os pontos de vista comercial e técnico. Do **ponto de vista comercial**, produto é tudo aquilo que o consumidor recebe quando faz uma compra.

Do **ponto de vista técnico**, o produto é um sistema técnico que pode ser definido como um arranjo ordenado de componentes que estão inter-relacionados e que atuam e interatuam com outros sistemas para cumprir uma tarefa ou função em um determinado ambiente, devendo satisfazer certas restrições (DE CICCO; FANTAZZINI, 1979).

Segundo essas definições, qualquer tipo de configuração pode ser entendido como sistema, desde as configurações mais simples às mais complexas, nas quais se distinguem vários subsistemas. Por sua complexidade, muitos desses subsistemas parecem sistemas inteiros, cruzando a fronteira do subsistema inicial, participando como subsistema de um sistema maior.

O inter-relacionamento entre sistemas ou subsistemas é, por vezes, abrangente e genérico. Os subsistemas mais comuns de um sistema estão descritos no Quadro 1.1.

Quadro 1.1 » Principais subsistemas

Subsistema de potência	Responsável pela energia gasta na operação do sistema, que pode ser elétrica, hidráulica, química, solar, eólica, etc. Essa energia pode ser transformada de acordo com as necessidades do sistema.
Subsistema de controle	Sua função é o controle da operação, de ações corretivas e do desempenho do sistema. Mantém as variáveis dentro de valores ou intervalos-padrão.
Subsistema sensor	Utilizado para identificar as condições do sistema e dos subsistemas. O conhecimento dessas condições possibilita a reação aos estímulos do ambiente, de subsistemas e de outros sistemas.
Subsistema de operação	É o cérebro do sistema, no qual são analisadas as informações e formulada uma resposta, baseada em parâmetros pré-fixados.
Subsistema de comunicações	É por onde transita a informação que o sistema ou subsistema recebe do ambiente.
Subsistema estrutural	Suporta fisicamente os outros subsistemas. Também exerce a função de isolamento entre o sistema e o ambiente externo.
Subsistema ambiental	Consiste na totalidade dos ambientes a que estão submetidos os subsistemas e o sistema como um todo. Por exemplo: condições inerentes a processos, clima e solo e influências ambientais de substâncias ou equipamentos que podem interagir com o sistema.
Subsistema motriz	Fornece uma condição cinética ao sistema, isto é, permite a produção de movimento.

Fonte: De Cicco e Fantazzini (1979).

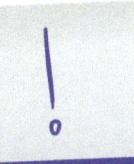

» **IMPORTANTE**
A compra de um produto tem como finalidade satisfazer o consumidor, incluindo não apenas o produto, mas também elementos que o acompanham, como segurança, informação e outros serviços que o fabricante e o vendedor disponibilizam como parte da compra (KOTLER, 1986).

» **DEFINIÇÃO**
Segundo Dieter (1983), entende-se por **sistema** a combinação de materiais, de informação e de pessoas necessários para concluir uma missão especificada.

Um produto é constituído de determinados materiais que possuem tamanhos e formas diferentes, conectados e relacionados de modo a definir sua estrutura. É possível observar os materiais, as formas e os tamanhos dos produtos existentes e, assim, conhecer sua estrutura, o que não ocorre com produtos que não foram concebidos ainda.

» Classificação dos produtos

Existem dois tipos de classificação para produtos: a de Kotler (1986) e a de Cobra (1985), que podem ser unificadas conforme mostra o Quadro 1.2.

Quadro 1.2 » Classificação de produtos

Produto tangível	É o produto em si, o material físico oferecido ao comprador.
Produto genérico	É o benefício essencial que o comprador espera obter do produto ou a solução de um problema.
Produto esperado	É o produto com todo o conjunto de serviços que o acompanha, ou seja, é tudo o que está contido no produto genérico, mais as características dos componentes esperados do produto, como entrega (local e frequência), condições (preços, descontos, prazos e quantidades), esforço de apoio (orientação de uso, instalação, manutenção e garantias), novas ideias (sugestões do fornecedor para utilização e formas de otimizar os recursos do produto).
Produto ampliado	É quando o produto oferece mais do que o cliente espera, evidenciando a surpresa positiva em termos de melhoria, evolução e inovação.

Quando falamos em projeto de produto (ou *design* de produto), logo pensamos em **produtos novos**. Para que um produto seja considerado novo, basta que ele seja novo apenas sob algum aspecto; não é necessário que ele seja inédito. Segundo Leduc (1986), existem várias categorias de produtos novos que não são mutuamente excludentes. As principais estão exemplificadas no Quadro 1.3.

Quadro 1.3 » Exemplos das principais categorias de produtos novos

Criam necessidades ainda inexistentes.	A televisão, que despertou ou criou uma nova necessidade nos consumidores.
Criados para necessidades já existentes.	O café solúvel e o sabão em pó. Neste caso, apresentou-se um produto para satisfazer, de forma mais satisfatória, uma necessidade que já existia anteriormente.
Aperfeiçoam o produto já existente.	Os eletrodomésticos em geral. É o caso mais frequente, e pode ocorrer por meio da modificação da matéria-prima ou de suas propriedades (resistência, velocidade ou usabilidade, p. ex.).
Oferecem uma nova variedade de um produto já existente.	As novas variedades de sopas prontas e de xampus, lançadas a cada ano.
Obtidos a partir da modificação do modo de utilização de um produto antigo.	Os refrigerantes à base de cola, criados, inicialmente, para serem utilizados como xarope para tosse.
Obtidos por meio de uma melhor utilização de um produto antigo.	Os produtos que são mais bem aproveitados ou utilizados pelos consumidores, como produtos em conservas e em pó.

» Ciclo de vida dos produtos

O **ciclo de vida dos produtos** inicia com o projeto e passa pelas fases de planejamento, projeto, fabricação, introdução no mercado, crescimento, maturidade, saturação e declínio.

A Figura 1.1 traz a representação do ciclo de vida de um produto.

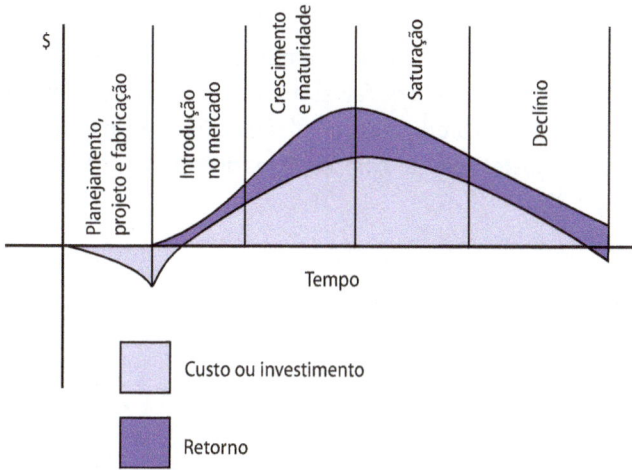

Figura 1.1 Etapas do ciclo de vida de um produto.
Fonte: do autor.

O ciclo de vida dos produtos pode ser encurtado devido a diversos fatores, como:

- Descarte antecipado e imprevisto.
- Presença de produtos fora de uso em posse dos clientes.
- Uso, por longo período, de produtos velhos e ineficientes, que já deveriam estar descartados.
- Manutenções frequentes.
- Devolução inesperada.

Essas ineficiências não podem ser diminuídas pelo aumento do desempenho dos produtos. Às vezes, os consumidores descartam os produtos antecipadamente devido à atração por novos produtos. Outras vezes, os consumidores continuam a utilizar produtos velhos, apesar da ineficiência, apenas por que eles não falham. Assim, *o ciclo de vida previsto e planejado para o produto não corresponde ao verdadeiro*. Por isso, os projetistas devem tentar antecipar o possível ciclo de vida de um produto, considerando (KIMURA, 2002):

- Se o produto é de vida útil curta ou longa, ou, ainda, se o produto é descartável.
- As quantidades produzidas.
- Se há reciclagem, reutilização ou descarte.
- Se o produto é livre de manutenção ou necessita de manutenção intensa.
- Se a atualização é possível ou não.

- Se o uso é intenso ou leve.
- Se a funcionalidade é comum ou elevada.
- Se possui apelo estético ou não.
- As necessidades de investimentos individuais ou os custos operacionais.
- Se é oneroso ou barato.
- Se o retorno do produto, após o uso, para a fábrica é simples ou difícil.
- Se será comprado ou alugado.

Tratando-se da vida útil dos produtos, em geral eles são descartados quando a **confiabilidade** diminui, ou seja, a taxa ou a quantidade de falhas aumenta, resultando em aumento de despesas com manutenção. As falhas de um produto em geral são maiores no início e no final da vida útil: no início, elas se dão devido a ajustes entre os componentes decorrentes da utilização; no final, devido ao desgaste (veja a Fig. 1.2).

Figura 1.2 Quantitativo de falhas no decorrer do tempo.
Fonte: do autor.

Agora é a sua vez!

1. Quais são as fases do ciclo de vida dos produtos?
2. Cite dois fatores que podem reduzir o ciclo de vida dos produtos.

Qualidades de um produto

Quando um consumidor compra um produto, a expectativa é de que ele satisfaça suas necessidades associadas ao desejo da compra. Isso significa que alguém que adquire um carro espera que ele proporcione o transporte. Para satisfazer o consumidor, um produto deve apresentar algumas qualidades básicas (veja a Fig. 1.3).

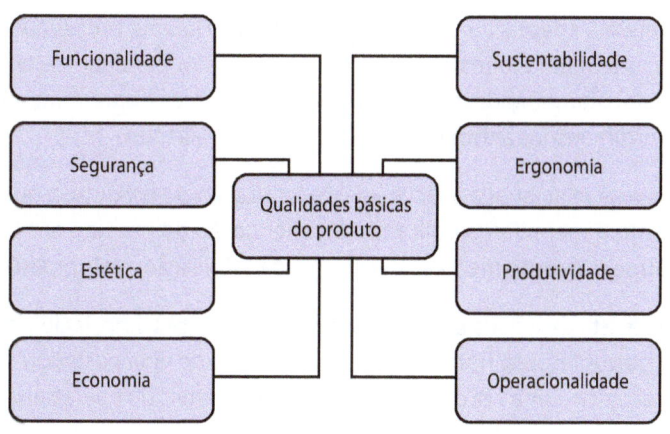

Figura 1.3 Qualidades básicas do produto.
Fonte: do autor.

A **funcionalidade** representa aquilo que o consumidor deseja que o produto execute, ou seja, sua tarefa ou função. Algumas características necessárias para isso são a resistência mecânica da estrutura, a durabilidade, o consumo, a robustez, o desempenho e a confiabilidade.

A **segurança** diz respeito aos riscos e perigos (ou à ausência deles) oferecidos pelo produto. A segurança visa garantir que o produto não lesione pessoas ou animais, não destrua a natureza, não cause danos às instalações e não provoque prejuízos financeiros aos consumidores ou à sociedade.

A **estética** é o que proporciona a atração do consumidor pelo produto e, em caso de compra, a satisfação de possuir um objeto desejável, digno de admiração, com *design* agradável. O ponto principal da qualidade estética é a presença de um estilo belo e harmonioso.

A **economia** do produto é representada pela relação entre os gastos monetários e os benefícios obtidos com o produto. A economia do produto não está associada somente aos custos de produção ou de aquisição, mas também aos de manutenção. Às vezes, produtos caros representam status social ou exclusividade para o consumidor visto que o alto custo de aquisição é um fator que agrega valor. No entanto, mesmo quem adquire um produto caro e exclusivo geralmente não espera que sua utilização ou manutenção seja onerosa.

Outro problema associado à economia é que, às vezes, os projetistas buscam criar produtos exclusivos para consumidores específicos, mais do que para a população em geral. Nesse caso, deve-se observar a pirâmide social, que possui uma base larga (a maioria, formada por pessoas de baixo poder aquisitivo) e um pico estreito (a minoria, formada por pessoas de alto poder aquisitivo). Isso ocorre em qualquer país ou sociedade. Então, conclui-se que há um problema de objetivo. Como os produtos servem para satisfazer as necessidades das pessoas e da sociedade como um todo, ao projetar um produto caro, promove-se a exclusão social das camadas mais pobres da população.

A **sustentabilidade** está relacionada com a ecologia e com a proteção ambiental. Ela vem se destacando nos últimos anos, devido às pressões sociais em relação à diminuição do impacto ambiental, visto que as pessoas se conscientizaram de que o planeta possui recursos limitados.

Produtos totalmente ecológicos são quase irrealizáveis, pois todos os produtos danificam ou agridem a natureza, seja na extração de matéria-prima, na obtenção de energia necessária para a fabricação ou no descarte.

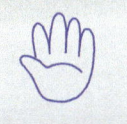

>> **ATENÇÃO**
Produtos de utilização ou manutenção cara tendem a cair em desuso ou a serem descartados mais rapidamente do que outros.

>> **DEFINIÇÃO**
Produtos sustentáveis ou ecológicos são aqueles que agridem pouco a natureza ou o fazem em grau ou intensidade muito menor do que seus semelhantes.

A **ergonomia** se refere à adaptação do produto ao usuário. Há uma preocupação crescente para que os produtos não tenham efeitos danosos, capazes de provocar doenças ocupacionais ou relacionadas ao trabalho. Também deve ser considerada a interface homem/máquina, o conforto, a fadiga, o respeito às dimensões antropométricas, entre outros fatores.

A **produtibilidade** está relacionada à facilidade de fabricação do produto, o que inclui também a montagem e a desmontagem descomplicadas. É a adequação do produto aos processos de fabricação utilizáveis, ou seja, quanto menores os esforços de fabricação, mais produzível é o produto.

A **operacionalidade** está associada ao uso e à manutenção do produto, incluindo o transporte e a distribuição, entre outros fatores. Trata-se das etapas do ciclo de vida posteriores à fabricação, que são de grande importância, uma vez que produtos com problemas de operacionalidade são difíceis de manter.

» PARA REFLETIR

Em que situações o produto consumido por você não supriu todas as necessidades esperadas? Faça um levantamento sobre as principais dificuldades encontradas na utilização desses produtos.

» Defeitos em produtos

Quando as qualidades de um produto não são satisfatórias, as expectativas do consumidor são frustradas. Para evitar que isso ocorra, o projetista deve estar atento aos principais erros cometidos no processo de produção. Wilkie (1986) relaciona os tipos de defeitos mais comuns em produtos (veja o Quadro 1.4).

Quadro 1.4 » **Defeitos comuns em produtos segundo Wilkie (1986)**

Problemas em controle de qualidade	Quando o produto chega ao consumidor sem que suas propriedades e medidas tenham sido aprovadas durante o processo de fabricação. Decorre, principalmente, de problemas de gerenciamento da qualidade, o que inclui amostragem mal planejada ou mal executada, deficiências na produção ou no sistema da qualidade. Nesse caso, o produto não tem as propriedades que foram estabelecidas no projeto.
Avisos ou instruções inadequadas	Se o projetista não for pleno conhecedor de como o produto será utilizado, os avisos e instruções podem não ser criados adequadamente. Por exemplo: o produto possui instruções escritas anexadas ao seu gabinete externo, porém os usuários são pessoas analfabetas. Avisos e instruções estão sempre sujeitos à interpretação dos usuários.
Defeitos no projeto do produto	Quando alguma fase do projeto do produto foi mal executada. Por exemplo: o levantamento das necessidades dos consumidores não foi bem elaborado. Nesse caso, os principais problemas do produto estão relacionados às qualidades do produto (estética, segurança e funcionalidade, p. ex.).

>> Agora é a sua vez!

1. Conceitue produto do ponto de vista comercial e técnico.
2. O que são sistemas e subsistemas?
3. Com suas palavras, descreva dois tipos de produtos, de acordo com a classificação de Kotler e Cobra.
4. Quais são as principais categorias de produtos novos?
5. Explique duas qualidades e dois defeitos dos produtos.

>> Projeto de produtos

Ao projetar um produto, o projetista concebe uma ideia para algum objeto ou artefato e expressa essa ideia em forma de um corpo físico realizável (ROOZENBURG; EEKELS, 1995). Um projeto é descrito em **desenhos técnicos** que contêm, no mínimo, quatro tipos de dados:

- Formas e dimensões das peças.
- Especificação dos materiais de constituição das peças.
- Técnicas de manufatura aplicáveis.
- Modo de montagem para obtenção do produto completo.

O projeto é um processo desenvolvido por pessoas, com o auxílio de meios técnicos dentro de um contexto social, por meio do qual a informação na forma de requisitos é convertida em informações na forma de descrição de um produto que deve satisfazer as necessidades, os desejos e as expectativas das pessoas. Esse processo é dividido de forma parcial e antecipa as necessidades e problemas de desenvolvimento, manufatura, montagem, garantia de qualidade, testes, *marketing*, indenizações, manutenção, utilização, distribuição, impacto ambiental, entre outros. Hubka e Eder (1984) subdividem a composição do processo de projeto em fases (veja o Quadro 1.5 a seguir).

Assim, o projeto não é meramente um indicador de senso estético ou um conjunto de desenhos técnicos. Além de ser um processo técnico, *um projeto é um processo social capaz de satisfazer a necessidade de pessoas por meio de objetos*. O projeto pode ser, também, parte do processo de inovação industrial ou parte do desenvolvimento de uma nova atividade comercial (ROOZENBURG; EEKELS, 1995).

Ao projetar, os profissionais atentam para definir o produto, baseando-se em grupos de necessidades declaradas ou reconhecidas. O produto deve solucionar problemas e ser fisicamente produzido e implementado, justificado econômica e financeiramente, e aceito política, moral e socialmente.

>> **PARA SABER MAIS**
Para saber tudo sobre a leitura de desenhos técnicos, consulte o capítulo "Leitura de Desenhos Técnicos" do livro *Introdução à Manufatura*, de Michael Fitzpatrick, também da série Tekne (FITZPATRICK, 2013).

>> **DEFINIÇÃO**
O **projeto**, ou *design*, é uma forma especial de resolver problemas. Trata-se de um processo multidisciplinar relacionado a várias áreas do conhecimento humano, cujo objetivo é conceber um produto produzível a partir da função desejada, capaz de satisfazer as necessidades das pessoas.

Quadro 1.5 » Composição do processo de projeto segundo Hubka e Eder (1984)

Objeto ou produto	Projetado a partir de sua natureza e propriedades, observando a função que será desempenhada, as influências sobre ele (de pessoas, de outros sistemas técnicos e do ambiente), as peças, as abstrações, os modelos, os estágios de vida, as representações, as avaliações e as decisões.
Projetistas	Operadores humanos, suas características específicas, seus métodos de trabalho e de utilização de informações.
Atividade	Sequência e estrutura de operações do processo, seus componentes e relacionamentos, qualquer aspecto ou método sistemático ou procedimental, a criatividade e a intuição e quaisquer outros fatores que afetam o progresso do projeto.
Contexto	Contexto social, moral e político, o ambiente de projeto, a produção e a utilização do produto resultante. Constitui o sistema de informação, a administração e as metas que determinam o desenvolvimento do projeto.

» Metodologias para o projeto de produtos

» **DEFINIÇÃO**
A **metodologia de projeto** é a ciência ou o estudo dos métodos que podem ser aplicados ao projeto.

Para encontrar melhores soluções, com a exploração do potencial e do conhecimento do projetista, é necessário utilizar **procedimentos sistemáticos**. O projeto de um produto industrial, que é um procedimento específico de solução de problemas, estabelece e define soluções e estruturas adequadas para problemas não resolvidos anteriormente ou novas soluções para problemas que foram previamente resolvidos, mas de forma diferente (DIETER, 1983). Cada projeto tem sua própria história, com suas peculiaridades, porém seu desenvolvimento forma um modelo quase sempre comum à maioria dos projetos (ASIMOW, 1962).

Os procedimentos sistemáticos são denominados metodologias de projeto e consistem em procedimentos que, além de sistemáticos, são metodológicos, com o objetivo de conceber um produto industrial que satisfaça necessidades humanas. Algumas etapas das metodologias de projeto, que conjugam diversos procedimentos, podem ser expressas em algoritmos. As metodologias assumem que o problema de projeto é generalizável (aplicável a mais de um problema) e redutível em problemas menores.

A metodologia do projeto provê ao projetista o conhecimento sobre o processo de projeto, incluindo um conjunto de métodos, procedimentos, conceitos de trabalho e regras. Além disso, ela compreende um modo específico de proceder, o que inclui vários passos, prévia e racionalmente determinados.

Além disso, durante todo o processo, o projetista deve se comportar com imparcialidade, sempre visando ao êxito. Os resultados também devem se referir à realidade. Por isso, os projetistas, em diversos momentos do processo de projeto, fazem inclusão de conhecimentos advindos da observação, como levantamentos de requisitos ou determinação de critérios de seleção.

As metodologias de projeto partem do pressuposto de que a ideia de um produto pode ser decomposta em subsistemas, sobre os quais se pode aplicar a busca por princípios físicos alternativos e encontrar a melhor alternativa, tendo os critérios apropriados como base da avaliação.

Os subsistemas são formados por peças ou componentes unidos, relacionados, conectados, constituídos e configurados a partir de determinados materiais. Esses subsistemas, ou componentes, possuem propriedades mensuráveis e definíveis, como peso, resistência, altura, forma e velocidade. O conjunto formado pelas propriedades dos subsistemas ou dos componentes proporciona as propriedades do produto. As propriedades aparentes ou externas do produto são avaliadas e julgadas pelos usuários, produtores e consumidores.

Então, qualquer função pode ser representada por uma composição de subfunções, e qualquer produto pode ser representado por uma integração de subconjuntos ou componentes. Como consequência, a função de um produto pode ser representada pela composição das subfunções dos componentes ou dos subsistemas que o integram (YOSHIKAWA, 1989).

Quando se inicia o projeto de um produto, somente se conhece o que o consumidor deseja ou necessita – informações que serão transformadas em especificações de projeto (primeiro problema do projeto) e serão satisfeitas pela função do produto. As especificações **condicionam a função do produto e a divisão dela em subfunções** (segundo problema do projeto), formando uma estrutura. Essa operação é conhecida como **síntese funcional**.

O terceiro problema do projeto é a investigação ou **a busca por alternativas capazes de realizar ou cumprir a função do produto**. Selecionamos as alternativas mais apropriadas, que são determinadas por critérios de seleção baseados nas qualidades ou características desejadas pelo consumidor, ou em restrições impostas. O quarto problema do projeto é **dar forma ou configurar fisicamente as alternativas selecionadas** de acordo com a arquitetura escolhida para produto, definindo a disposição dos componentes, as formas, os tamanhos, os materiais, etc.

O quinto problema do projeto é a **descrição detalhada do produto**, contendo a forma, o tamanho e a estrutura, viabilizando, assim, a fabricação.

Além disso, o projeto deve ser avaliado após cada etapa ou problema – no mínimo –, gerando conhecimento e apontando possíveis modificações para melhorias. Ao final do processo de projeto (Figura 1.4), é possível auditar o processo e o produto para garantir a obtenção dos resultados desejados.

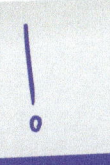

» IMPORTANTE
Como ciência, a metodologia do projeto deve utilizar os conhecimentos obtidos da realidade, por meio da observação rigorosa e imparcial dos fatos, distinguindo os fatos entre importantes e não importantes.

» DEFINIÇÃO
Os **subsistemas** executam as funções do produto, transformando materiais, energia e informações de um estado indesejável para um estado desejável.

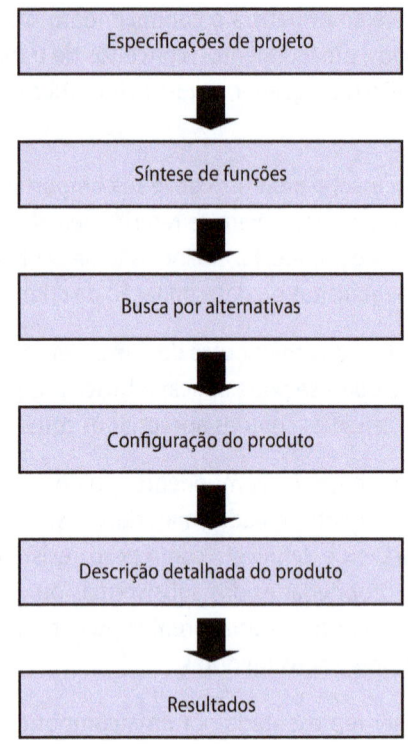

Figura 1.4 Etapas do processo do projeto.
Fonte: do autor.

❯❯ Antecedentes históricos

Segundo Pahl e Beitz (1996), a primeira tentativa de projeto sistemático foi executada pelo artista e inventor renascentista italiano Leonardo Da Vinci (1452-1519), que utilizou conhecimentos de mecânica, hidráulica e geometria para desenvolver produtos capazes de desempenhar determinadas tarefas, normalmente associadas aos problemas urbanos ou à defesa, como pontes elevadiças, dragas e fortalezas.

Em diversos projetos, Da Vinci buscou soluções inovadoras, combinando, por exemplo, elementos de máquinas com a utilização de fluxos naturais de água. Uma de suas principais contribuições, além do esboço de variações de princípios de solução para diferentes problemas, foi a análise de componentes de máquinas, a partir da sua divisão sistemática em componentes básicos, possibilitando o estudo e a melhoria do desempenho individual.

Pahl e Beitz (1996) relatam que, após Leonardo Da Vinci, os primeiros desenvolvimentos dos métodos para o projeto de produtos ocorreram principalmente na Alemanha, de meados do século XIX até a década de 60 do século XX (os principais autores e suas contribuições mais significativas são detalhados a seguir). Ao final destes primeiros desenvolvimentos, começaram a aparecer trabalhos sobre métodos de projeto de produtos nos Estados Unidos, na França, Inglaterra e Suécia.

Em meados do século XIX, durante o início da mecanização industrial, Ferdinand Jakob Redtenbacher (1852), engenheiro mecânico que se tornou professor e diretor da Escola Politécnica de Karlsruhe, Alemanha (hoje Universidade de Karlsruhe), escreveu seu trabalho *Princípios de mecânica*

> ❯❯ **NO SITE**
> Leonardo Da Vinci planejou e executou produtos inovadores e audaciosos para sua época, como o helicóptero e o paraquedas. Para conhecer outras de suas mais importantes invenções, acesse o ambiente virtual de aprendizagem Tekne: **www.bookman.com.br/tekne**.

e de construção de máquinas, enfatizando como requisitos de projeto algumas características das máquinas que continuam muito importantes, como:

- Resistência mecânica
- Rigidez
- Baixo desgaste
- Mínimo uso de materiais

Franz Reuleaux, um discípulo de Redtenbacher, desenvolveu as ideias de seu mestre e deu grande ênfase ao estudo do uso dos **mecanismos em máquinas**, aprimorando as ideias de Leonardo Da Vinci. Como tanto os métodos de Redtenbacher como os de Reuleaux enfatizavam os requisitos, ocorriam conflitos de decisão acerca de quais requisitos eram mais importantes. Reuleaux sugeriu, então, que a estimativa da importância relativa desses requisitos fosse deixada por conta da **inteligência e do discernimento do projetista**.

Posteriormente, na segunda década do século XX, Carl von Bach (professor e reitor da Universidade Técnica de Stuttgart e estudioso das propriedades dos materiais) e Alois Riedler (professor de engenharia mecânica da Universidade Técnica de Berlim), analisando a seleção de materiais, os métodos de produção e a determinação da resistência mecânica adequada, chegaram à conclusão de que tinham igual importância e se influenciavam mutuamente (PAHL; BEITZ,1996). Em 1927, Félix Rötscher (professor da Universidade Técnica de Aachen) chegou à conclusão de que as **características essenciais de um projeto** eram as seguintes:

- Definição da finalidade do produto
- Caminho de atuação dos esforços ou cargas no produto
- Eficiência de produção e de montagem

Segundo o autor, os esforços ou cargas deveriam ser conduzidos por meio dos caminhos mais curtos e, se possível, axialmente. Caminhos de esforços ou cargas demasiadamente longos gastariam mais material, aumentariam os custos e ainda requereriam mudanças consideráveis na forma. Ele sugeriu, ainda, que os projetistas fizessem **desenhos em escala**, para garantir a compatibilidade espacial, e **cálculos**, a fim de obter estimativas para o projeto preliminar ou verificar o projeto detalhado.

Depois de Rötscher, Karl Ernst Laudien Feydt (engenheiro mecânico e professor da Escola Imperial Técnica Superior da Breslávia), examinando os caminhos de forças em peças de máquinas, aconselhou, para conexões rígidas, unir as peças na direção de cargas. Segundo o autor, se fosse exigida flexibilidade, seria preciso unir as peças indiretamente no sentido longitudinal do caminho de carga, não fazer provisão desnecessária, não preencher com mais demandas que as requeridas e economizar, por meio da **construção econômica e simplificada** (LAUDIEN,1931).

Assim, *a ênfase dos primeiros métodos de projeto era, principalmente, nos requisitos que os produtos deveriam ter, concentrando-se em suas características e qualidades.* Mesmo Alfred Erkens (professor e diretor da Universidade Técnica de Berlin-Beuth), que na década de 1920 concebeu a ideia de projeto sistemático, gerou um procedimento sistemático baseado em avaliações e testes constantes e no balanceamento de necessidades conflitantes, enfatizando os requisitos desejados nos produtos.

Pouco antes da Segunda Guerra Mundial, Hugo Wögerbauer (professor e reitor da Universidade Técnica de Munique), fez uma contribuição importante a esses estudos: dividiu a tarefa total de projeto em **subtarefas**. Logo depois, Rudolf Franke, que foi professor em Braunscweig, Hannover e Berlim, desenvolveu as ideias de Releaux, assumindo que as máquinas eram formas especiais de mecanismos, compostas por variações de soluções geradas. Seu método, que estabeleceu uma estrutura para sistemas de transmissão utilizando uma analogia baseada em elementos com efeitos físicos diferentes (elétricos, mecânicos e hidráulicos para as mesmas funções de guiar, acoplar e separar), serviu de inspiração para Rodenacker.

Durante a primeira metade do século XX, conjuntamente com os primeiros desenvolvimentos das metodologias de projeto, surgiu, na Alemanha, a **Escola de Artes e Ofícios Bauhaus** (*casa da construção*, em alemão). O idealizador da escola foi Walter Gropius, cuja ideia era desenvolver produtos e construções voltados para a produção industrial, criando novos padrões de qualidade. Dentre os requisitos necessários para desenvolver esses novos padrões, estão: economia de materiais, funcionalidade e produtibilidade adequada aos novos processos industriais e novos usuários. A pedagogia utilizada pela Bauhaus enfatizava a importância das **artes** no processo de projeto de produtos.

Segundo Pahl e Beitz (1996), antes da Segunda Guerra Mundial sentiu-se a necessidade de melhorar e racionalizar o processo de projeto, o que foi impedido pelos seguintes fatores:

- Ausência de uma forma confiável para representar ideias abstratas.
- Visão difundida, na época, de que o projeto é uma forma de arte, e não uma atividade técnica como outra qualquer.

Esse último fator foi, e ainda é, objeto de discussão entre os diversos pensadores da área de projeto de produtos. Se, de um lado, para alguns (como Walter Gropius, Fritz Kesselring e Rudolf Franke) o projeto é uma **atividade de forte componente artístico**, para outros (como Hansen) o projeto de produtos deveria ser um **método totalmente científico**, configurado como um guia para orientar o processo de projetos. Hansen não achava que o projeto era uma atividade baseada na criatividade, tida por muitos como uma dádiva de deus. Então, a ideia moderna do projeto sistemático ganhou impulso nos anos seguintes, com a ênfase na **sistematização do processo de projeto**, não nos requisitos (PAHL; BEITZ,1996).

Em 1942, o engenheiro suíço Fritz Kesselring criou um método que salientava a avaliação de princípios físicos de solução de acordo com **critérios técnicos e econômicos**. Esse método, que era baseado em suas experiências e propunha que havia um processo comum a todos os projetistas, era derivado de cinco princípios (KESSELRING, 1951).

- Princípio do mínimo custo de produção
- Princípio da mínima necessidade de espaço
- Princípio do mínimo peso
- Princípio da mínima perda
- Princípio do ótimo manuseio

Após Kesselring, o engenheiro mecânico Hans Tschochner (1954) afirmou que havia quatro fatores fundamentais no projeto:

- Princípios de trabalho
- Material
- Forma
- Dimensão

Esses princípios seriam interligados e dependentes dos requisitos, do número de unidades fabricadas, dos custos e de outros fatores. Segundo o autor, os projetistas iniciam do princípio de trabalho, determinam outros fatores fundamentais, materiais e formas, e concluem o projeto relacionando-os com auxílio das dimensões escolhidas.

Posteriormente, Gustav Niemann iniciou o projeto com um desenho em escala de todo o produto, mostrando as dimensões principais e a disposição geral de componentes. Em seguida, dividiu o projeto total em partes, que poderiam ser desenvolvidas paralelamente. Ele procedeu da definição da tarefa para uma busca sistemática de possíveis soluções alternativas e, finalmente, formalizou uma solução obtida a partir da melhor solução. Essas etapas estão em conformidade com as utilizadas nos métodos mais recentes.

Em 1957, Robert Matousek (1957), engenheiro alemão e professor da Universidade Técnica de Munique, listou quatro fatores que considerava essenciais ao desenvolvimento de um produto:

- Projeto dos princípios de trabalho
- Material
- Manufatura
- Forma

Ele elaborou um plano de trabalho baseado nesses quatro fatores e afirmou que, se o aspecto custo não fosse satisfatório, os quatro fatores deveriam ser reexaminados de modo iterativo.

Outros pesquisadores/autores, como Leyer, Hansen, Rodenacker, Kuhlekamp e Wächtler, tiveram partes de seus métodos integrados nas metodologias mais modernas.

Albert Leyer (1963), professor da Universidade Técnica de Zurique e da Universidade Técnica de Stuttgart, distinguiu três fases do projeto:

1ª fase. Os princípios de trabalho são determinados.

2ª fase. É essencial o encorpamento ou a determinação da configuração do produto, ou seja, o projeto da forma e disposição, que deve ser determinado por cálculos.

3ª fase. O projeto é implementado.

Depois de Leyer, o professor Friedrich Hansen, da Universidade de Ilmenau, teve como meta transformar o projeto de produtos de um trabalho altamente intuitivo numa **ciência**. Ele desenvolveu um método para orientar o processo de projeto que seria possível de ser ensinado, evitando assim que o projeto de produtos fosse um método intuitivo.

Desde o início dos anos 50, Hansen (1965), juntamente com Werner Bischoff e Arthur Bock, também professores da Universidade de Ilmenau, estavam desenvolvendo uma **proposta de projeto sistemático**, aperfeiçoada e apresentada em 1965. Ele definiu quatro etapas para realização do projeto de um produto:

1º passo. Composto de análise, crítica e especificação da tarefa que conduz ao princípio básico de desenvolvimento (o elemento central do projeto ou o cerne da tarefa). O princípio básico direciona a definição da função global (metas e restrições) e do contexto (elementos e propriedades).

2º passo. Consiste na pesquisa sistemática de princípios físicos de solução e suas combinações, obtendo os princípios físicos utilizáveis.

3º passo. As falhas no desenvolvimento das formas dos princípios físicos utilizáveis são analisadas com respeito às suas propriedades e qualidades e, se possível, são corrigidas.

4º passo. As formas dos princípios físicos, mencionadas no terceiro passo, são avaliadas, e formas otimizadas são determinadas.

No final da década de 1960, Rodolf Wächtler, professor da Universidade Técnica de Darmstadt, afirmou que o projeto criativo é um **processo de aprendizado**, pois a otimização do processo de projeto deve ser tratada de forma dinâmica (WÄCHTLER, 1969). Com isso, a informação gerada no processo de projeto retorna repetidas vezes até que se atinja o nível de informação para o qual a solução foi encontrada. Então, o processo de aprendizado incrementa o nível de informação e facilita a busca de soluções para o projeto.

Na década de 1970, Wolf Georg Rodenacker, professor da Universidade de Munique, desenvolveu um método original de projeto, caracterizado por solucionar a estrutura de trabalho requerida por meio de relacionamentos lógicos, físicos e de configuração. Outras características do método são (RODENACKER, 1991):

- O reconhecimento e a supressão de distúrbios e falhas, o mais cedo possível, durante a formulação do processo físico.
- A avaliação de todos os parâmetros do sistema técnico em relação aos critérios quantitativos, qualitativos e de custo.
- A ênfase na estrutura de funções lógicas baseada em lógica binária (conectar e separar).

Porém, o aspecto mais importante desse método é que ele dá importância não somente às tarefas do processo de projeto, mas também para o **desenvolvimento de novos produtos**, perguntando: *em que nova aplicação um efeito físico conhecido pode ser utilizado?* Ele procurou, com isso, descobrir soluções completamente novas e, consequentemente, novos produtos.

Com o passar dos anos, as metodologias de projeto foram se conformando com o método de René Descartes (1596-1650), que inicia com a obtenção e construção de bases (observação e análise), que são assumidas como premissas ou verdades, para iniciar a solução do problema.

Nas metodologias de projeto, portanto, o consumidor é observado, e os requisitos são levantados. Posteriormente, as metodologias de projeto passaram a dividir ou a decompor o problema em partes para simplificar ou facilitar a obtenção de uma solução total do problema, a partir de soluções parciais de problemas parciais.

> **» IMPORTANTE**
> Traçando um paralelo com as outras ciências, o desenvolvimento de produtos era um método empírico baseado na observação, na experiência e nos experimentos que eram praticados desde a antiguidade, mas que se tornaram procedimentos sistemáticos no século XX, assim como já havia ocorrido com outras ciências na Idade Média.

» Metodologias de projeto atuais

Pahl e Beitz (1996) apontam que, embora metodologias sistemáticas de projetos sejam citadas desde a década de 1920, elas ganharam maior impulso a partir da década de 1960, com a publicação de diversas metodologias de projeto. No início da década de 1960, Asimow (1962) desenvolveu uma metodologia de projeto em sete fases distintas, que contempla não somente a geração do produto, mas quase todo o ciclo de vida do produto, incluindo o descarte, conforme detalha o Quadro 1.6.

Quadro 1.6 » Fases da metodologia de projeto segundo Asimow (1962)

Estudo da viabilidade	Dá início ao projeto e estabelece suas principais diretrizes. Nesta fase, certifica-se de que uma dada necessidade possui uma existência forte e latente. A partir desse ponto, os problemas gerados pelas necessidades são explorados, identificando parâmetros, limitações e critérios. As metas do estudo de viabilidade consistem em avaliar a necessidade de um novo produto, produzir um conjunto de possíveis soluções e avaliar as soluções com base na realização física, econômica e financeira.
Projeto preliminar	Consiste na análise do grupo de soluções viáveis desenvolvidas no estudo da viabilidade. A meta do projeto preliminar é estabelecer critérios de seleção visando encontrar a melhor solução. Assim, a magnitude, o desempenho e o custo do projeto são estimados. Além disso, é estimado o comportamento da solução com o tempo e os parâmetros a serem controlados.
Projeto detalhado	A esta fase compete desenvolver uma descrição completa do projeto de um produto testável e produzível. Um projeto detalhado inclui desenhos para manufatura com todas as partes e componentes dimensionados, especificados e com tolerâncias. De modo mais detalhado, esta fase é composta por: preparação para o projeto, projeto geral de subsistemas e de componentes, projeto detalhado das partes, preparação dos desenhos para montagem, construção experimental, programas de testes, análise técnicas, previsões de custos e reprojeto.
Planejamento para a manufatura	Além do detalhamento do projeto realizado na etapa anterior, são especificadas as formas e condições do material, ferramental e equipamentos de manufatura que serão utilizados. Isso inclui: planejamento detalhado dos processos de fabricação; projeto de ferramentas e gabaritos; planejamento, especificação e projeto da nova produção e instalações da fábrica; planejamento do sistema de controle de qualidade; planejamento do pessoal para a produção; planejamento do sistema de fluxo de informações; e planejamento financeiro.
Planejamento para a distribuição	Fase na qual os esforços de propaganda são direcionados para um determinado tipo de consumidor, para o qual o produto foi concebido. Planeja-se a embalagem, o sistema de armazenamento, as atividades de *marketing*, o transporte, entre outros.
Planejamento para o uso	Envolve a manutenção, a confiabilidade, a segurança, a conveniência do uso, a estética e a economia de operação. Essas questões não estão restritas a essa fase. As considerações de segurança, manutenção e confiabilidade, por exemplo, estão presentes na maioria das fases dessa metodologia.
Planejamento do descarte	É o passo final no processo de projeto, onde acontece o planejamento do que será feito com o produto após o término de sua vida útil. Algumas diretrizes são utilizáveis nesta fase, como: projetar para a redução da razão de obsolescência (considerando efeitos dos desenvolvimentos técnicos), projetar para uma vida física mais longa que a vida útil, projetar para vários níveis de utilização (de modo que ao fim da vida útil o produto possa ser utilizado de forma menos exigente), projetar para a reutilização de materiais e componentes e, finalmente, testar e examinar em laboratório os produtos inutilizados e seus subprodutos a fim de obter informações úteis para esse planejamento.

>> PARA REFLETIR

Devido a legislações ambientais progressivamente mais rigorosas, o descarte tem se tornado cada vez mais importante no projeto do produto. Reflita sobre algumas alternativas de descarte viáveis para um projeto simples que visa à sustentabilidade.

As sete fases da metodologia de Asimow (1962) estão esquematizadas na Figura 1.5.

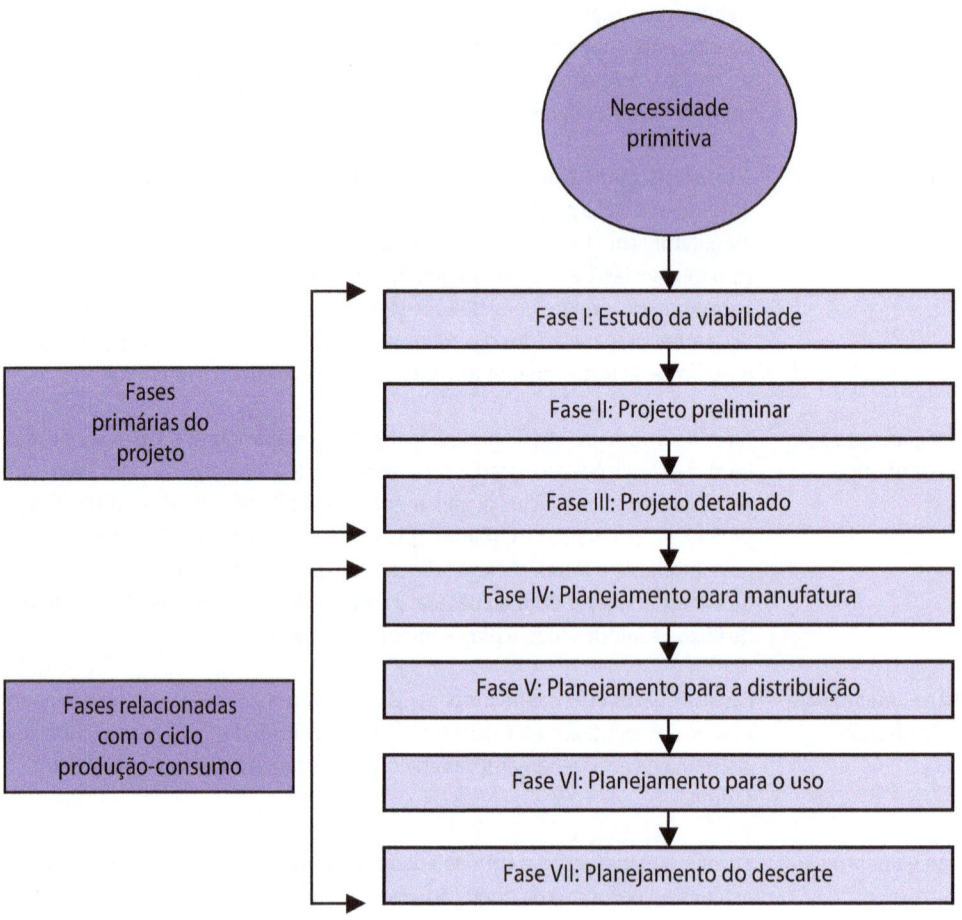

Figura 1.5 As fases de um projeto completo.
Fonte: Asimow (1962).

Em 1965, Roth (1982) publicou uma metodologia de projeto conhecida por **projeto com auxílio de catálogos**. Ela contém um algoritmo conhecido como procedimento algorítmico de seleção para projeto com auxílio de catálogos. Outra particularidade dessa metodologia é a divisão do processo de projeto em pequenos passos, possibilitando sua descrição em algoritmos. Roth (1982) divide o processo de projeto em fase de formulação do problema, fase funcional e fase de detalhamento, conforme o Quadro 1.7.

Quadro 1.7 » Fases do projeto segundo Roth (1982)

Formulação do problema	Envolve a definição do problema e suas características principais, como as necessidades do consumidor em relação ao produto, o conhecimento do mercado e a tecnologia envolvida. O resultado dessa fase é uma lista de requisitos que identifica a maioria das necessidades e tarefas. Uma vez obtida a lista de requisitos, a metodologia proposta por Roth adquire características particulares até chegar à obtenção de princípios de solução para as tarefas principais (FIOD, 1993), quando torna a assemelhar-se com as demais metodologias de projeto.
Funcional	Etapa na qual as sentenças genéricas são formuladas, partindo da lista de requisitos. A partir dessas sentenças, utiliza-se o método da estruturação de funções genéricas. Nessa fase, são utilizados os catálogos de projeto para auxiliar a transformação das funções genéricas em princípios de solução, que serão utilizadas na fase posterior. A utilização de tabelas prontas de princípios de solução, montadas genericamente e catalogadas anteriormente, é um dos aspectos mais importantes da metodologia de Roth (1982). A fase funcional determina que os princípios de solução satisfaçam a estrutura geral de funções.
Detalhamento	Resulta em estruturas geométricas, estruturas modulares baseadas em módulos pré-projetados e elementos funcionais, além de originar um corpo físico aos princípios de solução e de conceber o projeto completo com todos os detalhes necessários para a documentação final do produto (PAHL; BEITZ, 1996).

» **DEFINIÇÃO**
Funções genéricas são aquelas representadas por meio de grandezas genéricas como matéria, energia e sinal, e por meio de operações genéricas como as operações de conduzir, armazenar, mudar e unir. Como exemplo de operações genéricas, podemos citar a condução de energia ou a união de matéria e sinal (ROTH, 1982).

Posteriormente, Koller (1979) desenvolveu uma metodologia de projeto que permite a **utilização computacional**. O autor iniciou o desenvolvimento de sua metodologia assumindo que, em sistemas técnicos, apenas os estados e fluxos de energia, material e sinal podem ser modificados em magnitude e direção.

Koller (1979) propôs um método de projeto orientado físico-algoritmicamente, no qual se utilizam catálogos de soluções previamente definidas e armazenadas para as funções elementares. Para isso, criou 12 operações e suas inversas, que foram chamadas de **operações básicas**, e podem alterar os fluxos de material, energia e sinal. Podemos citar, por exemplo, as operações básicas de transformar, agrupar e ampliar.

A metodologia de Koller (1979) foi dividida em síntese de função, síntese qualitativa e síntese quantitativa. Ela utiliza a informação advinda do planejamento do produto, no qual se define a necessidade do mercado e se obtém a descrição do produto que se deseja para definir uma lista de requisitos na fase de síntese de função.

A partir da lista de requisitos e de informações do planejamento do produto, a função global do produto é formulada e, posteriormente, desmembrada em funções parciais ou em funções elementares, formando uma estrutura de funções elementares.

Funções elementares são funções indivisíveis sobre as quais se exerce abstração, visando à obtenção das operações básicas correspondentes. Então, na síntese qualitativa, pesquisam-se princípios de solução que satisfaçam às operações básicas, observando a estrutura de funções elementares e verificando a compatibilidade dos princípios de solução em relação às soluções das operações básicas próximas (KOLLER, 1979). Na fase de síntese quantitativa, faz-se o dimensionamento das configurações do produto e os documentos de produção.

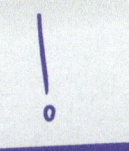

» **IMPORTANTE**
A diferença entre operações básicas e funções elementares é que as operações não possuem grandezas definidas, refletindo apenas ações a serem realizadas.

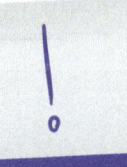

» **IMPORTANTE**
Vale esclarecer que as funções parciais são partes da função global, podendo ser subdivididas em novas funções parciais até chegarem ao nível de funções elementares.

A **recomendação de projeto alemã VDI 2221** apresenta uma sistemática de procedimentos para a execução de projetos de produtos industriais (FIOD, 1993). Essa sistemática divide o projeto em quatro fases principais e, cada fase, em passos. Uma entrada e uma saída de informação estão associadas a cada passo. Ao longo do processo de projeto, as informações são processadas e transmitidas para as fases seguintes. As principais fases segundo Pahl e Beitz (1996) estão descritas no Quadro 1.8.

> » **DICA**
> A norma VDI 2221 (*Systematic Approach to the Design of Technical Systems and Products*) sintetiza as metodologias de projeto desenvolvidas por pesquisadores alemães (VEREIN DEUTSCHER INGENIEURE, 1975).

Quadro 1.8 » **Fases do projeto segundo a norma VDI 2221**

Fase I	Estuda-se o problema a ser solucionado. Nesta fase, busca-se definir e esclarecer o problema. As informações sobre o mercado consumidor, leis de proteção ambiental, patentes, produtos similares, entre outros, são coletadas. Como resultado, elabora-se a lista de requisitos de projeto.
Fase II	Pesquisam-se concepções ou soluções que atendam às exigências do problema em estudo. Partindo da lista de requisitos e da definição do problema, a função global do produto é definida. Essa função global é dividida em funções menores, ou subfunções, de complexidade inferior. Uma vez obtidas as subfunções do produto, procura-se por princípios de solução que satisfaçam as subfunções. Então, unem-se os princípios de solução de forma a atender à função global do produto.
Fase III	Elabora-se o projeto preliminar, buscando dar forma e dimensão a cada módulo, selecionando materiais e processos de fabricação, definindo as medidas básicas do produto e testando a compatibilidade entre as partes. A VDI 2221 enfatiza a divisão do produto em módulos funcionais, além de avaliar técnica e economicamente as soluções. Essa fase resulta em representações formais para todo o produto, com listas de componentes e recomendações genéricas de fabricação e montagem.
Fase IV	Detalha-se o projeto, fornecendo especificações definitivas sobre os componentes quanto a formas, medidas, acabamentos superficiais, especificações de materiais, custos estimados de fabricação, etc.

Figura 1.6 As fases de um projeto.
Fonte: elaborada pelo autor, segundo Fiod (1993).

Quarante (1984) apresentou uma metodologia de projeto dividida em cinco fases principais. Na terceira fase principal, dá ênfase à geração de um protótipo para testes que deve ser aprovado para continuação do desenvolvimento do produto. A metodologia de projeto de Quarente (1984) está descrita no Quadro 1.9.

Quadro 1.9 » Fases do projeto segundo Quarante (1984)

Estudo da viabilidade	São realizados o planejamento estratégico, as pesquisas preliminares, o levantamento de informações, a análise dos conceitos e dos princípios envolvidos, a formulação, a análise e a definição do problema, o estudo da marca, a exploração, a identificação e a escolha de objetivos, entre outras atividades.
Estudos preliminares ou definição	São buscadas soluções alternativas para os problemas identificados, realizando, para isso, a concepção, a pesquisa e a proposição de soluções alternativas para os problemas envolvidos, a exploração e o estudo dos princípios de solução possíveis e, por último, a generalização das soluções encontradas.
Estudos detalhados ou desenvolvimento	É estudado o detalhamento do produto visando verificar a possibilidade de execução. Uma vez verificado que o produto é executável, procede-se com a especificação e o desenvolvimento do protótipo (desenhos detalhados e especificação das peças), além da criação de um programa para o desenvolvimento do protótipo. Ao final, se valida o protótipo, o que possibilita a continuação do projeto.
Realização ou execução	Faz-se o planejamento da produção, comercialização e assistência técnica, o que inclui a escolha dos métodos de fabricação e ensaios, execução da produção piloto e de ensaios correspondentes, estimativa de preços, entre outras atividades.
Avaliação	Verifica-se e testa-se o produto, visando à realização de modificações e melhoramentos. Após essa etapa, procede-se com a avaliação do produto e da produção, possibilitando a validação do projeto.

As duas primeiras fases dessa metodologia são denominadas **período de concepção**, enquanto as três últimas são chamadas de **período de realização** (Figura 1.7). Além disso, cada fase da metodologia de Quarante (1984) é composta de etapas de identificação do problema, análise, síntese e validação dos resultados obtidos, numa generalização das atividades realizadas.

A **metodologia de projeto de Pahl e Beitz** (1996) estabelece um processo de projeto em quatro fases principais: a definição da tarefa, o projeto conceitual, o projeto preliminar e o projeto detalhado.

Definição da tarefa. Inicia-se o desenvolvimento de um produto considerando a situação do mercado consumidor e as necessidades da empresa, assim como sua situação financeira.

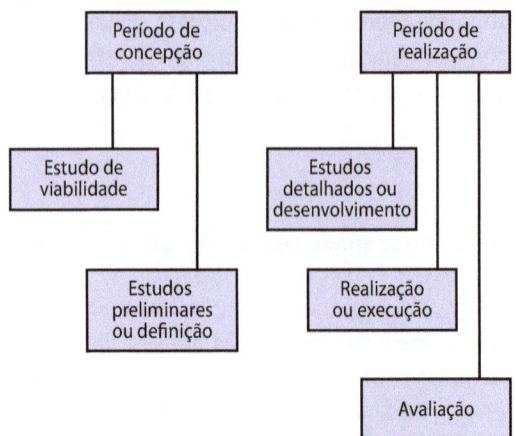

Figura 1.7 Metodologia de um projeto.
Fonte: elaborada pelo autor, segundo Quarante (1984).

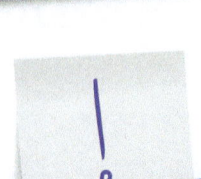

» DICA
A ideia de um novo produto pode surgir de discussões informais ou de sessões de geração de ideias.

Muitas ideias poderão surgir nessa etapa, e haverá necessidade de selecionar as que forem utilizáveis. O resultado dessa seleção é uma proposta de produto mais viável e com mais detalhes, sendo necessário especificar as necessidades em relação ao produto antes de iniciar seu desenvolvimento. Essa fase conduz para a formulação de uma lista de requisitos, obtida a partir das informações coletadas, que deve estar de acordo com os interesses do processo de projeto e com suas fases subsequentes. Na elaboração da lista de requisitos, podem-se observar algumas recomendações como:

- Fazer uso de uma lista inicial básica.
- Questionar os objetivos que a solução deve satisfazer.
- Examinar quais propriedades a solução deve ter.
- Distinguir entre os requisitos obrigatórios e os desejáveis.
- Arranjar os requisitos em uma ordem clara, relacionando-os com a parte do sistema a que se refere.
- Registrar os requisitos.

» IMPORTANTE
Às vezes, um princípio não pode ser avaliado até que se transforme em uma representação mais concreta. Essa concretização envolve a seleção preliminar de materiais, a produção de esboço da configuração dimensional e a consideração das possibilidades tecnológicas.

Essa lista de requisitos servirá de base para as etapas seguintes.

Projeto conceitual. Consiste em vários passos, que não devem ser ignorados devido à possibilidade de ocorrência de problemas nas fases posteriores. O projeto conceitual é realizado após a fase de definição da tarefa e resulta em princípios de solução ou concepções que serão utilizadas para iniciar a fase posterior. Esses princípios de solução são obtidos por meio da abstração de problemas essenciais, do estabelecimento de uma estrutura de funções, da busca por princípios de solução utilizáveis e das combinações desses princípios em uma estrutura aplicável, para então resultarem em uma especificação de um princípio de solução utilizável.

De forma geral, é sempre possível avaliar os aspectos essenciais de um princípio de solução e revisar os requisitos que deve cumprir.

A representação dos princípios de solução pode ser feita de várias formas como, por exemplo, por meio da estrutura de funções representada por diagramas de blocos, diagramas de circuitos ou fluxogramas. Por vezes, é necessário esboçar um esquema construtivo.

As soluções precisam ser avaliadas para, primeiramente, eliminar as soluções que não forem adequadas. O restante deve ser julgado pela aplicação de critérios de natureza econômica ou técnica específicos. Com base nessa avaliação, o melhor princípio de solução pode ser encontrado. Alguns princípios de solução podem satisfazer igualmente os critérios estabelecidos. Nesse caso, a decisão do melhor conceito de princípio de solução só pode ser encontrada em um nível mais concreto.

Projeto preliminar. Inicia com uma concepção avaliada técnica e economicamente. O objetivo básico é satisfazer uma determinada função com componentes, configuração física e materiais apropriados, considerando os critérios de segurança, ergonomia, produção, montagem, operação e custos.

Os projetistas iniciam essa fase com princípios de solução, e determinam a configuração física que será formada. Frequentemente, é necessário produzir muitas configurações físicas preliminares para obter mais informações sobre as reais vantagens ou desvantagens de cada princípio.

A avaliação das configurações, individualmente, deve acarretar na seleção da configuração que parecer mais promissora. Essa configuração, por sua vez, pode beneficiar-se da incorporação de ideias e conceitos presentes em outras configurações. A configuração definitiva permite o cumprimento das funções necessárias e garante o desempenho de itens como a resistência mecânica, a compatibilidade espacial, etc.

Projeto detalhado. São estabelecidas descrições definitivas para a disposição de elementos, formas, dimensões, acabamentos superficiais, materiais e custos de fabricação. É nessa fase que a configuração física, as formas, as dimensões e as propriedades de todas as partes individuais são finalmente determinadas. Além disso, os materiais são especificados, as possibilidades de produção são avaliadas, os custos são estimados e todos os desenhos e documentos para a produção são produzidos. Os documentos para a produção são o resultado dessa fase.

A observação de cada detalhe é necessária, pois problemas podem ocorrer devido à falta de atenção. As correções e os melhoramentos devem ser feitos nessa fase, principalmente aqueles concernentes às montagens e aos componentes.

As atividades essenciais dessa fase são:

- Otimização da configuração física, das formas e dos materiais.
- Otimização da produção.

As diversas fases da metodologia de Pahl e Beitz (1996) podem ser vistas na Figura 1.8. De forma geral, a otimização do projeto e dos processos de produção cresce em importância com o desenvolvimento do projeto. *A maioria das fases do processo de projeto não pode ser claramente delimitada.* Quase sempre uma decisão conceitual pode requerer um desenho em escala para decidir sobre possíveis configurações físicas. A configuração selecionada durante a fase de projeto preliminar pode envolver nada mais do que esboços.

Em alguns casos, modelos e protótipos devem ser desenvolvidos na fase conceitual do projeto, com o objetivo de esclarecer algumas questões fundamentais.

> » **DICA**
> A elaboração de configurações físicas termina com uma avaliação em relação aos critérios econômicos e técnicos.

> » **IMPORTANTE**
> Os esboços não incluem a produção de modelos e protótipos. Porém, por causa das informações que eles fornecem, podem ser necessários em qualquer fase do processo de projeto.

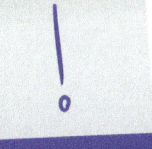

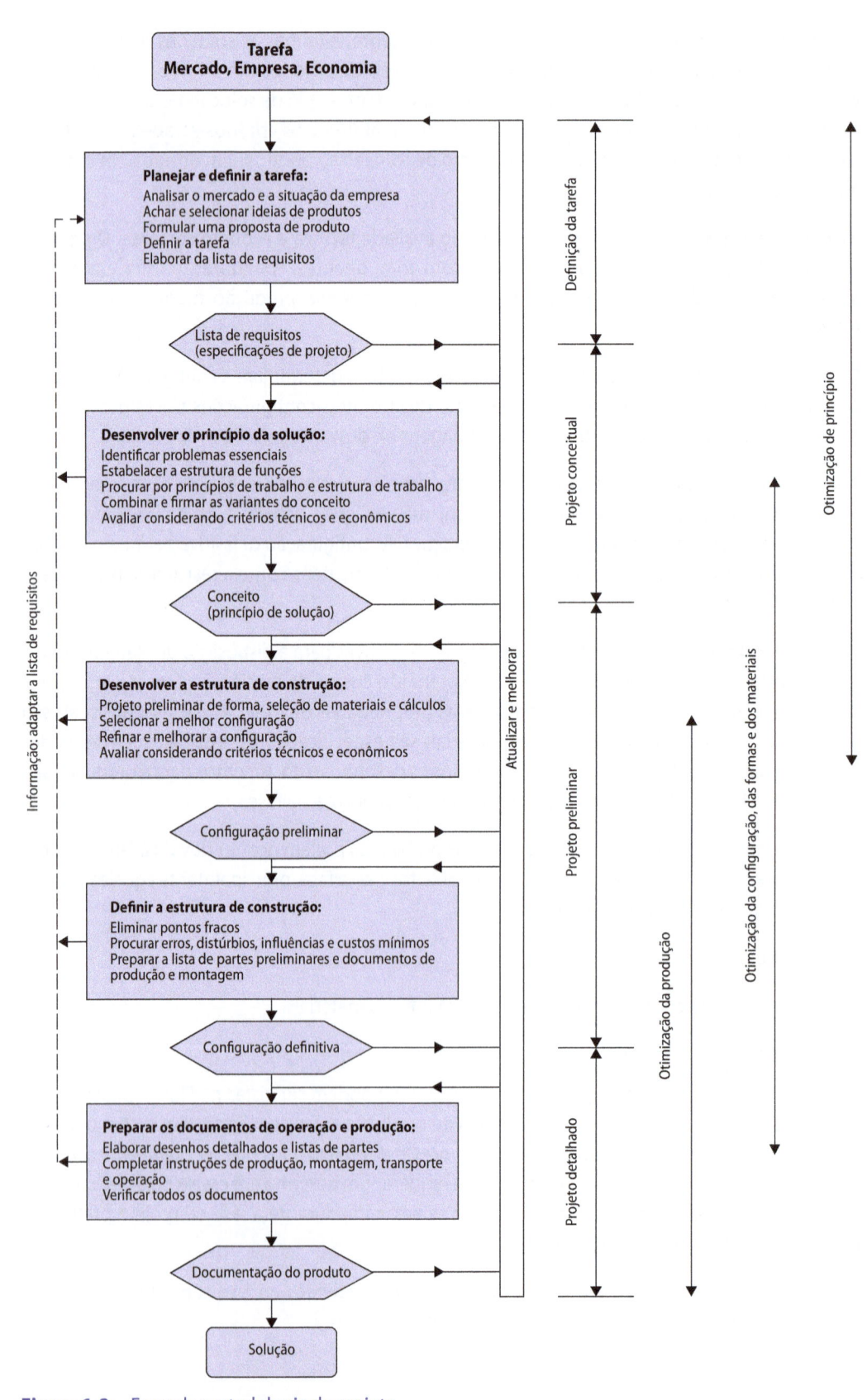

```
                    ┌─────────────────────┐
                    │       Tarefa        │
                    │ Mercado, Empresa,   │
                    │      Economia       │
                    └──────────┬──────────┘
                               ▼
        ┌──────────────────────────────────────────┐
        │ Planejar e definir a tarefa:             │
        │ Analisar o mercado e a situação da empresa│
        │ Achar e selecionar ideias de produtos    │
        │ Formular uma proposta de produto         │
        │ Definir a tarefa                         │
        │ Elaborar da lista de requisitos          │
        └──────────────────┬───────────────────────┘
                           ▼
                  ⬡ Lista de requisitos
                    (especificações de projeto) ⬡
                           ▼
        ┌──────────────────────────────────────────┐
        │ Desenvolver o princípio da solução:      │
        │ Identificar problemas essenciais         │
        │ Estabelacer a estrutura de funções       │
        │ Procurar por princípios de trabalho e estrutura de trabalho │
        │ Combinar e firmar as variantes do conceito │
        │ Avaliar considerando critérios técnicos e econômicos │
        └──────────────────┬───────────────────────┘
                           ▼
                  ⬡ Conceito
                    (princípio de solução) ⬡
                           ▼
        ┌──────────────────────────────────────────┐
        │ Desenvolver a estrutura de construção:   │
        │ Projeto preliminar de forma, seleção de materiais e cálculos │
        │ Selecionar a melhor configuração         │
        │ Refinar e melhorar a configuração        │
        │ Avaliar considerando critérios técnicos e econômicos │
        └──────────────────┬───────────────────────┘
                           ▼
                  ⬡ Configuração preliminar ⬡
                           ▼
        ┌──────────────────────────────────────────┐
        │ Definir a estrutura de construção:       │
        │ Eliminar pontos fracos                   │
        │ Procurar erros, distúrbios, influências e custos mínimos │
        │ Preparar a lista de partes preliminares e documentos de │
        │ produção e montagem                      │
        └──────────────────┬───────────────────────┘
                           ▼
                  ⬡ Configuração definitiva ⬡
                           ▼
        ┌──────────────────────────────────────────┐
        │ Preparar os documentos de operação e produção: │
        │ Elaborar desenhos detalhados e listas de partes │
        │ Completar instruções de produção, montagem, transporte │
        │ e operação                               │
        │ Verificar todos os documentos            │
        └──────────────────┬───────────────────────┘
                           ▼
                  ⬡ Documentação do produto ⬡
                           ▼
                      ⬡ Solução ⬡
```

Figura 1.8 Fases da metodologia de projeto.
Fonte: elaborada pelo autor, segundo Pahl e Beitz (1996).

Back (1983), que sofreu influência da metodologia de Asimow, buscava a melhoria da metodologia de projeto, aprimorando várias fases e incluindo uma fase de revisão e testes, com a finalidade de melhorar a qualidade e evitar problemas nos produtos. Ele publicou uma metodologia de projeto composta de oito fases, conforme o Quadro 1.10.

Quadro 1.10 » Fases do projeto segundo Back (1983)

Fase	Descrição
Estudo da viabilidade	É feito o levantamento e a análise das necessidades dos consumidores, que são traduzidas em requisitos de projeto. Então, exploram-se os sistemas envolvidos para os quais são definidas soluções alternativas avaliadas física, econômica e financeiramente.
Projeto preliminar	É selecionada a melhor solução entre as alternativas possíveis avaliadas na etapa anterior. São formulados modelos matemáticos e realizadas análises de sensibilidade e compatibilidade das variáveis, visando possibilitar a determinação da faixa de variação para o funcionamento da melhor solução e a compatibilidade entre as partes da solução. Os parâmetros da solução são otimizados e testados, com o objetivo de determinar o comportamento e o desempenho da solução. Faz-se, finalmente, a simplificação da solução.
Projeto detalhado	É produzida a documentação do produto para a fabricação, contendo a descrição, os desenhos, as especificações e as dimensões dos componentes e dos subconjuntos.
Revisão e testes	O produto é simplificado para eliminar problemas de qualidade e para reduzir o custo. Esta etapa possibilita a obtenção de informações relativas ao desempenho do produto e sua fabricabilidade.
Planejamento da produção	São planejados os processos de fabricação, os sistemas de controle de qualidade, a produção, as novas necessidades de pessoal e de instalações, o sistema de fluxo de informações e as questões financeiras relativas à nova necessidade de produção. Além disso, são projetadas as ferramentas e os gabaritos necessários.
Planejamento de mercado	A armazenagem e as atividades de promoção são delineadas, assim como é realizado o projeto da embalagem do produto visando à distribuição.
Planejamento para o consumo e manutenção	O projeto do produto é adequado à manutenção, à confiabilidade, à segurança, à conveniência de utilização, aos aspectos estéticos e à economia de operação. Além disso, obtém-se dados para o aperfeiçoamento ou desenvolvimento de novos produtos.
Planejamento da obsolescência	Características são incorporadas ao produto, de forma a reduzir a razão de obsolescência e para garantir uma vida física maior do que a vida útil. Nesta etapa, também, procura-se considerar a reciclagem do produto e a possibilidade de utilização em vários níveis, quando a utilização normal não for mais possível. Além disso, procede-se com exames e testes de produtos inutilizados visando à obtenção de informações úteis a novos projetos.

›› Comparação entre as metodologias de projeto

Traçando um comparativo entre as diversas fases das metodologias de projeto, é possível observar que elas possuem fases semelhantes, principalmente as iniciais (Quadro 1.11). Isso ocorre porque *as metodologias de projeto são casos particulares da metodologia para solução de problemas* (HUBKA, 1984) e compreendem algumas de suas características como, por exemplo, a semelhança na fase inicial de definição e análise do problema.

No caso específico de uma metodologia de projeto, a fase de planejamento do produto, de estudo da tarefa ou de estudo da viabilidade – ou outro nome que essa fase receba – corresponde à obtenção, à análise e à especificação da informação inicial, que consiste na definição e análise do problema. Nessa fase, de forma geral, as seguintes tarefas são realizadas:

- Esclarecimento sobre os objetivos do trabalho.
- Ampliação das informações sobre tendências de consumo, necessidades dos consumidores, potencial de mercado e tecnologia atual.
- Estabelecimento de restrições e de condições.
- Elaboração de uma lista de requisitos para o produto.

Quadro 1.11 ›› Comparação simplificada das metodologias de projeto de produto

Fases das metodologias de projeto	Metodologias de projeto						
	Asimow (1962)	Roth (1982)	Koller (1979)	Verein Deutscher Ingenieure (1975)	Pahl e Beitz (1996)	Back (1983)	Quarante (1984)
Definição e análise do problema	X	X	X	X	X	X	X
Desenvolvimento de conceitos do produto	X	X	X	X	X	X	X
Estruturação e configuração geral do produto	X	X	X	X	X	X	X
Detalhamento do produto	X	X	X	X	X	X	X
Revisão e testes	–	–	–	–	–	X	X
Planejamento da produção	X	–	X	–	–	X	X
Planejamento da distribuição	X	–	–	–	–	X	X
Planejamento do consumo ou do uso	X	–	–	–	–	X	X
Planejamento do descarte	X	–	–	–	–	X	–

Esses requisitos podem ser divididos em obrigatórios e desejáveis e servirão para orientar o trabalho de desenvolvimento do produto. Os requisitos obtidos gerarão as especificações do produto, determinando, assim, suas características finais. *Além disso, a lista de requisitos contribui decisivamente para a definição da função global do produto e da estrutura de funções e orientará toda a configuração e detalhamento do produto.*

As três fases subsequentes à definição e análise do problema correspondem à definição da solução proposta. A fase de desenvolvimento de conceitos do produto consiste em procurar soluções para o problema. Então, a função necessária para que o produto realize a tarefa é estabelecida.

Depois disso, decompõe-se a função global ou total do produto em subfunções ou funções parciais. Ao obter as funções parciais, é preciso determinar princípios físicos de soluções que as satisfaçam. Na estruturação e configuração geral do produto, os princípios de solução em módulos são estruturados e, posteriormente, a configuração total do produto é construída. Na fase de detalhamento do produto, a disposição das partes, as medidas, os custos de fabricação, os materiais e os acabamentos das superfícies são determinados e detalhados. Também são formuladas as instruções de execução do projeto ou de fabricação do produto.

As outras fases, a partir do detalhamento do produto, compreendem atividades além da proposição de uma solução para um produto. Por isso, alguns autores as desconsideram em suas metodologias. Essas atividades são caracterizadas pelos planejamentos do consumo e da distribuição, entre outros. Quando essas atividades estão sendo desenvolvidas, o produto já foi completamente projetado.

De certa forma, a divisão feita neste livro para as quatro fases iniciais do projeto do produto coincide com a divisão proposta por Pahl e Beitz (1996) e pela Verein Deutscher Ingenieure (1987), que estabelece uma metodologia geral para o projeto de produtos.

> **» DEFINIÇÃO**
> Como função, compreende-se a descrição abstrata e genérica de uma verdade, de forma concatenada e coerente, por meio de grandezas de entrada e de saída e de estado de um sistema para o desempenho de uma tarefa (VEREIN DEUTSCHER INGENIEURE, 1975).

Escolas de projeto

As metodologias de projeto podem ser relacionadas dentro de algumas escolas de projeto (YOSHIKAWA, 1989) que caracterizam o processo de projeto. A **escola semântica** foi fundada por Rodenacker, sendo seu aspecto principal a consideração de todo produto como um objeto de projeto que transforma energia, material e sinal, obtendo saídas que diferem da energia, do material e do sinal de entrada. A função do produto é realizada pela transformação das entradas em saídas. Então, para facilitar o projeto de um produto, divide-se a função do produto em subfunções, que, unidas, desempenham o papel da função total do produto. Para solucionar o problema, as subfunções são substituídas pelo fenômeno físico capaz de realizar a transformação. Essas subfunções são, na verdade, decomposições do problema inicial, que pode ser solucionado em partes, facilitando a solução do problema total do projeto.

As metodologias de Roth (1982), Koller (1979), Pahl e Beitz (1996) e a VDI 2221 são representativas da escola semântica devido à ênfase na execução da função global do produto. Vale lembrar que a metodologia de Pahl e Beitz (1996) também incorpora aspectos da escola sintática.

A utilização de metodologias de projeto características da escola semântica garante, prioritariamente, a funcionalidade do produto por meio do cumprimento da função principal, que justifica a existência dele. E sobre essa função principal, que representa a missão ou tarefa a ser realizada pelo produto, são configuradas essas metodologias de projeto.

A **escola historicista ou de experiências passadas** enfatiza a importância da história como condicionante dos projetos atuais. Ela não aceita que o projetista utilize metodologias de projeto, mas que se baseie unicamente em sua experiência. Segundo essa escola, qualquer metodologia previamente estabelecida restringe a criatividade do projetista, e a universalidade da metodologia de projeto é contrária à usabilidade, pois somente o aumento da abstração da metodologia vai melhorar a sua universalidade. Sendo assim, uma teoria universal será totalmente abstrata. Essa escola também enfatiza as significâncias dos casos históricos que incluem todo o conhecimento necessário para aprender e melhorar as habilidades do projetista.

A **escola sintática** caracteriza-se pela descrição do projeto passo a passo, considerando o processo de projeto, ou seja, concentra-se nos procedimentos que devem ser executados pelo projetista durante o processo de projeto. As metodologias de Asimow (1968), Back (1983) e Quarante (1984) estão mais próximas à escola sintática, devido à ênfase no cumprimento dos procedimentos, previamente estabelecidos, ao longo do processo de projeto. Outra característica da escola sintática é a proposição de diretrizes ou recomendações para o desenvolvimento de produtos.

A **escola filosófica** se caracteriza pelo estudo do processo de pensamento do ser humano durante as atividades de projeto, a partir da natureza do conhecimento utilizável, e a **escola psicológica** enfatiza a criatividade durante o projeto.

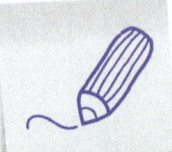

» Agora é a sua vez!

1. O que é um projeto?
2. Quais foram os principais teóricos de projetos?
3. Escolha uma metodologia de projetos e a descreva com as suas palavras.
4. Quais são as sete fases da metodologia de Asimow (1968)?
5. Resuma a recomendação de projeto alemã VDI 2221.
6. Quais são as características mais importantes das escolas semântica, historicista ou de experiências passadas e sintática?

» Tendências para as metodologias de projeto

As metodologias de projeto se desenvolveram até formar uma base comum, normalmente aceita pelos projetistas e estudiosos do tema. Por isso, atualmente as metodologias de projeto estão se desenvolvendo no sentido de incorporar outras tendências, como:

Informatização. Assim como todas as outras atividades técnicas e de engenharia, as metodologias de projeto têm assimilado a informatização de suas etapas ou de tarefas relacionadas. Além disso, existem no mercado *software* para gerenciamento de projeto, para determinação de tensões atuantes em componentes mecânicos, para determinação de escoamento de fluidos, para simulação de processos de fabricação e para auxiliar a determinação de especificações de projeto por meio da Casa da Qualidade (que será analisada em detalhes no próximo capítulo). A intensificação da informatização incentiva os estudos relacionados à criação de algoritmos passíveis de dar sustentação aos *software* para todas as fases da metodologia de projeto, utilizando banco de dados

Fatores humanos ou ergonômicos. Após a Segunda Guerra Mundial, iniciou-se um processo de humanização do trabalho, com a crescente importância de questões ergonômicas como antropometria, segurança e interface amigável.

Maior integração com a manufatura. Crucial para a eficiência do produto final e do projeto como um todo. O projeto é parte integrante e inseparável do processo de manufatura, pois o objeto projetado deve ser realizável. Se isso não ocorrer, não se trata de um projeto, mas de um ensaio ou uma ideia, pois não contempla a possibilidade da realização física.

Tendência à integração de diversas tecnologias. A mecânica, a ótica e a eletrônica são utilizadas para obtenção de produtos mais eficientes. Para isso, é necessário unir os conhecimentos desejados para o projeto.

Valorização da criatividade. A criação e a evolução contínua dos produtos podem ser melhoradas com a educação mais voltada para a criatividade, que assim como as habilidades do projetista e a qualidade do projeto, cresce com as experiências vividas, estudo de casos e produtos semelhantes. Essa valorização da criatividade ocorre devido à dificuldade de projetar algo jamais visto anteriormente.

> **» PARA SABER MAIS**
> Para saber mais sobre o processo de manufatura, consulte o livro *Introdução à Manufatura*, de Michael Fitzpatrick, também da série Tekne (FITZPATRICK, 2013).

> **» DICA**
> Tarefas associadas ao projeto, como o desenho detalhado de peças e de componentes, podem ser executadas por meio de *software* de CAD, e manufaturas, por meio de *software* de CAM.

> **» CURIOSIDADE**
> Inicialmente, as metodologias de projeto se preocupavam com a funcionalidade dos produtos, ou seja, com a execução eficiente da tarefa em determinadas condições. É provável que isso tenha sido reflexo de uma fase da industrialização na qual imperava a eficiência da produção e do método de trabalho, sem que houvesse preocupação com o homem (primeira metade do século XX).

» Erros comuns no desenvolvimento de projetos

A utilização das metodologias de projeto para executar o desenvolvimento de produtos não exclui a possibilidade de erros por parte dos projetistas, o que gera, muitas vezes, desperdício de tempo e de dinheiro. Clausing (1994) listou os erros mais comuns em projetos, que, segundo ele, são verdadeiros drenos de recursos financeiros. Os principais erros de projeto são os seguintes:

A tecnologia empurra, mas o que puxa? Muitas vezes, os projetistas tentam utilizar uma tecnologia em um produto ou, a partir de uma nova tecnologia, gerar um novo produto, que não satisfaz as necessidades dos consumidores.

O desvio da voz do consumidor. O primeiro passo para desenvolver um produto é conhecer e interpretar as necessidades, os desejos e as expectativas dos consumidores. Porém, muitas vezes, se ouve mais os especialistas de projeto do que os consumidores. Ou ainda, as necessidades, os desejos e as expectativas dos consumidores são levantados no início do projeto, mas, com o desenvolvimento do projeto, são distorcidos.

O conceito eureca. Apesar de muitos bons produtos terem sido gerados a partir de ideias criativas de projetistas, na maioria dos casos essas ideias não se tornam produtos competitivos. Produtos desenvolvidos dessa forma tendem a não passar por todas as fases da metodologia de projeto e, quando chega a etapa dos testes com protótipos, se mostram vulneráveis em muitos aspectos. Por isso, é necessário executar toda a metodologia de projeto e, principalmente, levantar as necessidades dos consumidores.

O projeto pretensioso que desconsidera a produção e a competitividade. O desejo do projetista em gerar produtos novos e diferentes pode originar produtos cuja fabricação é complexa, onerosa e falha em termos de qualidade. Por isso, a produtibilidade e a competitividade do produto devem ser consideradas desde o início do projeto.

O projeto que opera em uma única condição externa. Produtos concebidos sem considerar a funcionalidade e o desempenho sofrem do mal de operar sob uma única condição externa. Neste caso, os projetistas foram negligentes, pois não consideraram a confiabilidade e o funcionamento robusto, e incompetentes na solução de problemas durante o desenvolvimento do produto.

O projeto com tantas interações que os projetistas se perdem. Muitas vezes, os projetistas não conseguem simplificar e otimizar o produto em desenvolvimento desde as primeiras fases do projeto. Então, quando o protótipo é construído, descobre-se que ele é um fim nele mesmo, pois não serve para melhorar o produto, devendo ser abandonado.

Aqui está o produto; onde está a fábrica? O produto deve ser desenvolvido considerando as capacidades fabris disponíveis. Ou ainda, se essa capacidade fabril ainda não existe, deve-se preparar a produção para fabricá-lo conjuntamente com o desenvolvimento do produto.

Nós sempre fizemos desta forma. Insistir em executar tarefas sempre da mesma maneira, sejam elas atividades de projeto ou de produção, não possibilita melhoramentos contínuos e necessários em um mundo no qual os produtos evoluem continuamente. É uma fórmula segura para a falência da empresa.

Necessidade de inspeção. Produtos que dependem de várias inspeções de qualidade durante a fabricação são produtos falhos, mal projetados e com sérios problemas de qualidade.

Mostrem-me os alvos que eu faço a minha parte. Ter alvos ou metas na tarefa a realizar é positivo. Porém, no caso específico de desenvolvimento de produtos, eles podem limitar o melhoramento do produto ou a criatividade do projetista.

» O projetista

O projeto é uma atividade que necessita de habilidades comuns a quem trabalha em certo domínio de projeto. O projetista transforma o abstrato em realizável, por meio de habilidades especiais: julgamento de valores, identidade profissional, criatividade, imaginação, capacidade comunicativa, capacidades de síntese e cognitiva para o processo de solução de problemas. Para isso, ele faz a análise histórica, estudos de casos, entrevistas, estudos etnográficos, entre outros.

As **habilidades** exigidas para o projetista são:

- Aptidão para identificar, analisar e solucionar problemas.
- Criatividade e desenvoltura prática.
- Responsabilidade em relação ao processo de desenvolvimento dos produtos e ao produto final.
- Bom nível de conhecimento geral, principalmente em relação às áreas de tecnologia, sociologia, comportamento e psicologia do consumidor.
- Associar conhecimentos das mais diversas áreas e, com isso, gerar novas ideais que pode ser utilizadas nos produtos.
- Capacidade de comunicação, para facilitar o trabalho em equipe.

Durante a atividade de projeto, o projetista realiza uma atividade criativa cuja base está na teoria de projeto, na matemática, na física, na química, na mecânica, na termodinâmica, na tecnologia de materiais, na sociologia, na psicologia, na ergonomia, na economia, e em outras áreas do conhecimento humano. No entanto, a atividade criativa não exime o projetista da responsabilidade com os resultados. Pelo contrário, *o compromisso com a realidade ou com os requisitos especificados é essencial na busca de soluções.*

O projetista cria projetos e produz brinquedos, produtos comerciais, médicos, domésticos, industriais, e também prepara modelos e protótipos desses produtos para verificá-los antes da produção. Algumas vezes, o projetista desenvolve novos produtos, outras vezes apenas atualiza e melhora produtos já existentes.

Dentre as **tarefas** geralmente realizadas pelo projetista, estão:

- Fazer levantamentos de desejos, necessidades e expectativas dos consumidores, transformando-os em requisitos de projeto.
- Considerar fatores de influência no projeto, como custos, seleção de materiais, seleção de métodos de produção, segurança, ergonomia, tendências, meio ambiente, mercado consumidor e novas tecnologias.
- Estimar custos de produção.
- Realizar desenhos detalhados e listas de peças, que podem ser feitos em *software* de CAD (projeto auxiliado por computador).

Existem muitos tipos de projetistas: arquitetos, urbanistas, **designers** de interiores, **designers** de móveis, engenheiros, técnicos e desenhistas industriais, por exemplo. Em geral, esses profissionais tentam extrair das metodologias os procedimentos universais ou aplicáveis ao seu campo de atuação.

> **» DEFINIÇÃO**
> A **atividade de projeto** é uma intersecção entre os conhecimentos culturais e técnicos, em que convergem vários conhecimentos humanos de diversas áreas.

> **» PARA REFLETIR**
>
> O projetista iniciante deve ser receptivo aos problemas de projeto apresentados. Não aborde os problemas tentando encontrar a "resposta correta", pois ela não existe. Seja audacioso, tente algo radical! Depois, faça testes e analise os resultados. Se descobrir que o que fez não funcionou, não fique decepcionado: perceba que aprendeu mais sobre o problema. Resultados negativos ainda são resultados! Aprendemos com nossos erros e podemos projetar uma solução melhor da próxima vez.

» Agora é a sua vez!

1. Pense em uma experiência de compra mal sucedida. O produto que você adquiriu pode ter sofrido erros de projeto. Você consegue identificar que erro (ou erros) visto nesta seção poderia se aplicar ao caso que você imaginou?

2. Quais são as principais habilidades e tarefas do projetista?

capítulo 2

Projeto informacional

A primeira fase do desenvolvimento de um produto é o projeto informacional, também chamado de definição da tarefa ou planejamento do produto. Para realizar essa etapa, é preciso identificar e analisar as necessidades do consumidor, descrever a ideia do produto e determinar os requisitos e as especificações do projeto. Neste capítulo, você reconhecerá a importância e as particularidades do projeto informacional.

Objetivos de aprendizagem

» Identificar as necessidades humanas, que estão profundamente relacionadas às necessidades de consumo.

» Reconhecer os principais teóricos e as técnicas que analisam o comportamento do consumidor.

» Descrever a ideia de um produto, com suas principais características, funções e público-alvo.

» Reconhecer o que são os requisitos de um projeto, distinguir os principais tipos e identificar as fontes para a sua elaboração.

» Diferenciar as maneiras de transformar os requisitos em especificações.

> **NO SITE**
> O **NeDIP** tem como objetivo desenvolver, aprimorar e disseminar conhecimento em desenvolvimento integrado de produtos, contribuindo com a formação de profissionais altamente qualificados, com o avanço da pesquisa no Brasil e desenvolvimento da indústria nacional. Para ter acesso ao site oficial do núcleo, acesse o ambiente virtual de aprendizagem Tekne: **www.bookman.com.br/tekne**.

Introdução

O **projeto informacional** é a primeira fase do desenvolvimento de um produto, quando são definidas as características desejadas. Essa fase inclui o estudo das necessidades do consumidor, a descrição da ideia do produto a ser projetado, a elaboração da lista de requisitos e a transformação dos requisitos em especificações.

Existem diferentes nomenclaturas para essa primeira fase do desenvolvimento de produtos, como "definição da tarefa" ou "planejamento do produto". Neste livro, adotamos a nomenclatura "projeto informacional", criada pelo Núcleo de Desenvolvimento Integrado de Produtos (NeDIP), da Universidade Federal de Santa Catarina, correntemente utilizada por projetistas brasileiros.

Percepção e análise das necessidades do consumidor

O ser humano é um produto social e reflete a cultura do grupo ao qual pertence. Suas necessidades individuais são reflexo das necessidades da sociedade em que está inserido (KRECH; CRUTCHFIELD, 1974). Contudo, as necessidades básicas continuam tendo seu espaço no rol de exigências mínimas para a sobrevivência biológica. Exemplo disso é a imperativa busca por alimento.

Mesmo dentro de uma sociedade, existem diferenças individuais que distinguem um consumidor em particular de seu grupo social, devido à maneira como ele percebe o ambiente em que vive. Pessoas diferentes expressarão comportamentos distintos sob as mesmas situações, mesmo quando condicionadas à cultura do grupo social ao qual pertencem. Isso ocorre porque cada indivíduo vive em seu próprio mundo, que está subordinado ao ambiente físico, ao ambiente social e à própria natureza biológica do indivíduo (KRECH; CRUTCHFIELD,1974).

As necessidades humanas são estabelecidas de acordo com as mudanças ocorridas no ambiente (NICOSIA, 1966). Essas transformações geram novas situações que alteram o comportamento do indivíduo, havendo necessidade de adaptação a cada nova situação. Assim, o **comportamento do consumidor** é influenciado por **fatores externos** e é adaptativo ao ambiente. Fisher e Price (1992) reforçam essa constatação, relatando mudanças de comportamento devido a mudanças sociais.

O comportamento de consumo também pode ser alterado devido a **mudanças internas**. Essas alterações são consideradas variáveis **independentes** apenas quando o indivíduo não tiver o controle ou o poder de modificá-las. Isso normalmente ocorre com as mudanças externas ou ambientais, quando o indivíduo está sujeito às mudanças e não o contrário, significando que recebeu um estímulo e apenas respondeu a ele. Quando o indivíduo tem controle sobre as variáveis, dizemos que elas são dependentes.

As **mudanças ambientais ou externas** podem ser divididas em seis grupos principais (veja o Quadro 2.1).

> **CURIOSIDADE**
> A maneira como é satisfeita a necessidade de alimento é determinada pela sociedade, e varia amplamente. Em algumas sociedades de maioria cristã, a carne de porco é um dos alimentos mais consumidos. Já em sociedades muçulmanas, esse é um alimento considerado impuro e proibido.

Quadro 2.1 » Exemplos de mudanças ambientais ou externas

Tipos de mudanças	Exemplos
Demográficas	Explosão demográfica, migrações, êxodo rural e redução de nascimentos devido a políticas de controle da natalidade.
Sociais	Inclusão de novos costumes, perdas de tradições, novas crenças e novos modismos.
Geográficas	Ocorrência de enchentes e de terremotos, mudança de estações durante o ano e alterações climáticas.
Biológicas	Surgimento de epidemias, extinção de espécies, desmatamento, surgimento de novas doenças.
Econômicas	Reduções ou melhorias salariais, lançamento de planos econômicos e ocorrência de inflação.
Tecnológicas	Descobertas científicas, lançamento de novos produtos, surgimento de novas tecnologias e inovações administrativas.

> **» DEFINIÇÃO**
> Mudança ambiental ou externa é uma variável sobre a qual o indivíduo não possui domínio, podendo apenas responder a ela.

» EXEMPLO

O surgimento do televisor (mudança tecnológica) é um bom exemplo de como uma mudança altera o comportamento dos consumidores. Quase todo mundo possui uma televisão, e isso ainda desencadeou o surgimento de uma grande variedade de novos produtos visando aproveitar melhor suas potencialidades (Figura 2.1).

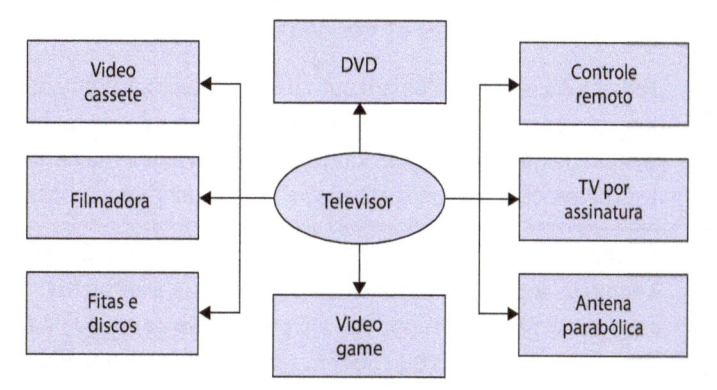

Figura 2.1 Produtos criados a partir do surgimento do televisor.
Fonte: do autor.

As mudanças devido à inovação ou ao surgimento de novas tecnologias podem ser analisadas sob o aspecto da curva S das tecnologias (veja a Figura 2.2).

>> **DEFINIÇÃO**
Tecnologia é qualquer forma de produzir algo ou um produto (FOSTER, 1988).

>> **PARA SABER MAIS**
Para saber mais sobre inovação e desenvolvimento de novos produtos, consulte o livro *Gestão da Inovação e Desenvolvimento de Novos Produtos*, 4.ed., de Paul J. Trott (TROTT, 2012).

>> **DICA**
A percepção física não é suficiente para reter uma informação. Assim, é necessária a percepção cognitiva, que resulta na interiorização da mensagem.

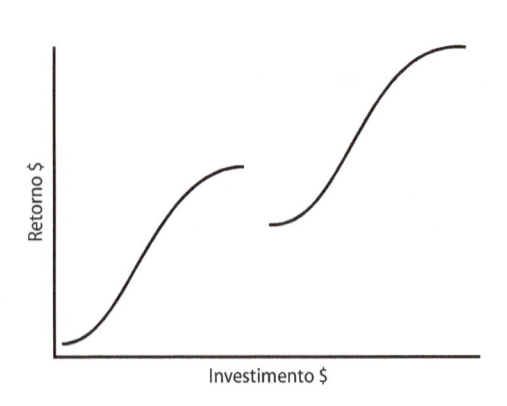

Figura 2.2 Curva "S" das tecnologias.
Fonte: Foster (1988).

Essa curva das tecnologias relaciona custos ou investimentos com retornos financeiros. No início do desenvolvimento de uma tecnologia, há um grande investimento ou custo financeiro para um pequeno retorno. Quando a tecnologia é dominada e compreendida, os custos caem, e o retorno aumenta consideravelmente, já que pequenas evoluções ou modificações podem torná-la cada vez mais lucrativa. Após essa fase lucrativa, a tecnologia entra em saturação, quando, para obter pequenos aumentos de retorno, os investimentos ou custos se tornam elevados. Então, a tecnologia se torna ultrapassada e provavelmente será substituída por outra mais moderna e atual. Essa tecnologia mais moderna também se comportará conforme uma curva S.

As **mudanças internas**, que ocorrem aos indivíduos, serão consideradas como variáveis dependentes, que são:

- Mudanças biológicas: por exemplo, uma pessoa exposta a uma nova doença epidêmica fica doente e sofre uma mudança interna biológica, devido a uma mudança ambiental do grupo biológico.
- Mudanças psicológicas: por exemplo, um consumidor vê uma propaganda de um novo produto (mudança ambiental do grupo tecnológico) que lhe desperta o desejo de comprá-lo (mudança interna e psicológica).

Ferber e Wales (1960) afirmam que também é necessário entender a percepção individual da situação, a intenção e o significado que tem para o indivíduo, a fim de conhecer as necessidades que cada mudança é capaz de gerar, pois o indivíduo reage ao seu ambiente de acordo com sua percepção (BLISS, 1970). Essa percepção é alterada pela experiência adquirida pelo consumidor (FORGUS, 1971).

Quando uma mudança ambiental ou externa ocorre, o consumidor a percebe de forma física ou cognitiva. A **percepção física** de uma mudança ambiental consiste na percepção da informação feita por órgãos dos sentidos. Já a **percepção cognitiva** é uma combinação de pré-disposições, atitudes e motivações que podem ser evocados por um estímulo e operar sobre a seleção da informação, gerando ou não a retenção da informação.

Com a interiorização da mensagem ou a retenção da informação, os consumidores ficam motivados a se adaptarem a mudanças (WOODWORTH; MARQUIS, 1975). Essa motivação para reagir provém da insatisfação do indivíduo com a mudança, guiando um processo mental que determina o comportamento. Isso consiste em certas condições de tensão ou de desequilíbrio que o indivíduo possui, com a intenção de restabelecer o equilíbrio ou relaxar a tensão gerada por uma mudança, resultando num motivo e, posteriormente, gerando uma forma de adaptação.

A necessidade faz com que o indivíduo busque formas para adaptar-se, incluindo novos produtos, serviços, formas de executar tarefas, entre outros. A fase da concretização da forma de adaptação é a **formulação da resposta**. Assim, o indivíduo expressa a maneira como irá buscar a satisfação, objetivamente.

Segundo Nicosia (1966), sob o ponto de vista comportamental, a formulação da resposta pode variar de um evento randômico a um exclusivamente dependente das condições circunstanciais. Em uma formulação da resposta, o indivíduo considera o tempo, a subjetividade e a possibilidade de erro. Pondera ainda que a formulação da resposta depende do impacto de cada componente na decisão final, sendo que a resposta é uma variável dependente.

A compra de produtos tem como objetivo satisfazer necessidades, e o estímulo externo que inicia o processo de compra deverá ser o mesmo estímulo que gera a necessidade, ou seja, a ocorrência de mudanças no ambiente.

Segundo Maslow (1970), os indivíduos buscam satisfazer as necessidades de acordo com uma hierarquia, para a qual ele criou uma classificação. A **classificação das necessidades humanas feita por Maslow** é válida para qualquer tipo de necessidade humana. Ela inicia do nível mais baixo, com a satisfação das necessidades fisiológicas; a partir de então, as necessidades vão diminuindo de importância: após uma ser satisfeita, outra toma o seu lugar. Por exemplo: após os imperativos fisiológicos serem satisfeitos, é a vez da segurança ser atendida.

> **» IMPORTANTE**
> A compra de produtos é um processo que se inicia com estímulos externos (mudanças), passa por variáveis internas e se encerra com o ato da compra (resposta) (NICOSIA, 1966).

As necessidades humanas podem ser tipificadas dentro da classificação de Maslow, que são as seguintes:

- Necessidades fisiológicas.
- Necessidade de segurança.
- Necessidade de afeto e amor (reconhecimento social).
- Necessidade de estima.
- Necessidade de autorrealização.

Em relação aos produtos, Juran (1992), ao perceber que as necessidades humanas parecem ser ilimitadas, tanto em volume quanto em variedade, e que sua complexidade é demasiadamente elevada devido a variáveis como a cultura predominante na sociedade, nível de tecnologia, entre outros fatores, classificou as necessidades como declaradas, reais, percebidas, culturais e atribuíveis a usos inesperados.

Necessidades declaradas são aquelas em que o consumidor deseja comprar em termos de bens, enquanto as **necessidades reais** são aquelas de que o consumidor realmente precisa. Quando os consumidores as declaram baseadas em suas percepções, são classificadas como **necessidades percebidas**. Algumas dessas necessidades estão relacionadas aos produtos: os consumidores percebem a diferença entre dois produtos e pagam por isso.

As **necessidades culturais** são aquelas cujo atendimento possibilita a inserção e aceitação social do consumidor, o que inclui respeito próprio, ser respeitado por outros indivíduos, manutenção de hábitos já desenvolvidos, entre outras necessidades classificadas como decorrentes da interação entre pessoas, dentro da cultura de uma determinada sociedade. A última das classificações de Juran diz respeito ao cliente que, às vezes, utiliza um produto de forma diferente do planejado, com base no uso pretendido. Formam-se, assim, as **necessidades atribuíveis a usos inesperados**.

>> Agora é a sua vez!

1. O que é definido no projeto informacional?
2. Exemplifique cada um dos tipos de mudança ambiental ou externa.
3. O que são mudanças internas?
4. Quais são os tipos de necessidades humanas, segundo Maslow?

>> Método para percepção de necessidades do consumidor

A percepção antecipada das necessidades dos consumidores é uma vantagem competitiva que possibilita desenvolver produtos antes que as necessidades sejam declaradas pelos consumidores. Existe um método para percepção de necessidades de consumidores criado por Carpes Júnior (1995). Esse método possui oito etapas:

- Definição do caso a ser estudado
- Definição do mercado de atuação da empresa
- Definição dos clientes
- Coleta de informações
- Pesquisa e avaliação das mudanças ocorridas
- Pesquisa e avaliação das alterações percebidas
- Concepção e avaliação das formas de adaptação
- Concepção e avaliação das ideias de produtos

Veja cada uma a seguir, em detalhes.

Definição do caso a ser estudado

A primeira etapa inicia pela definição da finalidade da aplicação do método e dos objetivos que se deseja alcançar. Nessa etapa, também se definirão parâmetros para obtenção de uma ideia capaz de gerar produtos que serão limitadores da aplicação do método. Por exemplo: pode-se desejar somente uma atualização de um produto já existente. Nesse caso, a aplicação do método é condicionada por essas restrições, resultando em ideias que exprimam tendências para esse produto que já existe. Alguns desses parâmetros serão dados pela definição da empresa e por suas características.

Definição do mercado de atuação da empresa

A segunda etapa consiste em definir o mercado de atuação da empresa. Para tanto, é necessário levantar detalhadamente todas as atividades desenvolvidas, que devem estar em conformidade com as metas estabelecidas para a empresa. Como as metas são alvos móveis e mudam para acompanhar novas tecnologias, novos concorrentes, alterações sociais, ameaças e oportunidade, sugere-se uma avaliação contínua e periódica das metas (JURAN, 1992).

Definição dos clientes

Na terceira etapa do modelo, busca-se identificar quem são os clientes potenciais. Para isso, pressupõe-se que as necessidades devem originar produtos que satisfaçam um grupo de indivíduos, e não um único indivíduo. Assim, as mudanças devem atingir um grupo de indivíduos que façam parte da população a ser estudada.

Essa população é formada pelos clientes potenciais, que podem ser definidos por meio do uso de *brainstorming* pelos membros da equipe de projeto. Clientes óbvios aparecerão rapidamente, seguidos por clientes adicionais e, assim, um grupo de clientes potenciais será formado, e poderá ser atingido pelos produtos que serão lançados.

» PARA SABER MAIS

O *brainstorming* é uma técnica genérica utilizada por um grupo de pessoas no intuito de gerar, refinar e desenvolver ideias. Diversas regras têm sido sugeridas para tornar uma sessão de *brainstorming* bem-sucedida (veja algumas a seguir). Para os requisitos, dois fatores centrais de sucesso são, em primeiro lugar, que os participantes devem saber os objetivos dos usuários que o produto apoia, e, em segundo lugar, que nenhuma ideia deve ser criticada ou debatida (Robertson e Robertson, 2006; Kelley, 2004). Algumas outras sugestões para *brainstormings* bem-sucedidos de requisitos são (ROGERS; SHARP; PREECE, 2013):

1. Inclua participantes de uma ampla variedade de disciplinas e com graus variados de experiência.

2. Não proíba "coisas tolas". Ideias não convencionais muitas vezes se transformam em requisitos realmente úteis.

3. Use catalisadores para mais inspiração. Construa uma ideia em cima de outra. Kelley (2004) sugere também voltar a uma ideia anterior ou considerar interpretações alternativas quando o nível de energia dos participantes baixar. Se você ficar emperrado, use uma palavra extraída aleatoriamente de um dicionário de ideias prontas relacionadas ao produto.

4. Registre. Toda ideia deve ser aceita, sem censura. Numere as ideias para que possa encontrá-las mais facilmente. As paredes e mesas da sala devem estar cobertas de papel e os participantes devem ser estimulados a rabiscar, desenhar o mapa mental e os diagramas de ideias, incluindo a manutenção do fluxo de ideias, uma vez que a memória espacial é muito forte e isso pode facilitar a recordação.

5. Molde o foco. Inicie o *brainstorming* com um problema bem nítido. Isso ajudará a ter um bom início e tornará mais fácil fazer com que as pessoas voltem ao tópico principal se a sessão ficar vaga.

6. Faça um aquecimento. O grupo vai precisar de um aquecimento caso não tenha trabalhado junto antes, caso a maioria do grupo não faça *brainstorming* regularmente ou caso o grupo esteja muito envolvido em outros compromissos. Exercícios de aquecimento podem assumir a forma de jogos de palavras ou a exploração de itens físicos relacionados ou não com o problema em questão.

Coleta de informações

Na quarta etapa do método, são coletadas informações sobre as mudanças ocorridas, gerando uma base de dados. Essas informações devem incluir tendências, perspectivas de futuros desenvolvimentos, valores, tendências, comportamentos, aparecimentos de nichos em um mercado, mudanças de valorização ecológica, ponto em que se encontram os concorrentes na curva S em função da tecnologia empregada, entre outros.

A qualidade das informações garante o sucesso da aplicação do método. A coleta de dados pode ser feita em jornais, revistas e periódicos em geral, bem como em anúncios e mensagens publicitárias. Também é possível obter informações por meio de pesquisas e análises de mercado, de consultas à opinião dos clientes e da análise de dados geográficos, econômicos, tecnológicos e demográficos.

Pesquisa e avaliação das mudanças ocorridas

Na quinta etapa, as mudanças ocorridas são registradas, visando selecionar a mais importante. Devido ao número elevado de transformações ocorridas diariamente, as mudanças devem ser previamente analisadas, permitindo selecionar qual deve ser estudada. Essa análise deve ser feita de acordo com critérios condizentes com a empresa, seus clientes e o respectivo mercado de atuação. São critérios para avaliação e seleção de mudanças:

- O grau de influência da mudança sobre o ambiente.
- O grau de relacionamento entre a mudança ocorrida e ramo de atuação da empresa; o número de pessoas afetadas pela mudança.
- A relação entre as pessoas afetadas e os clientes potenciais.
- O tempo estimado para a duração da mudança.
- O grau de importância dos acontecimentos decorrentes da mudança.
- A distância geográfica entre o mercado de atuação e o local onde ocorreu a mudança.

Pesquisa e avaliação das alterações percebidas

A partir de uma mudança selecionada, podemos localizar as alterações provocadas que são percebidas pelo indivíduo, ou seja, de que forma a mudança afetou sua vida. Isso é feito na sexta etapa, onde se pesquisa e avalia as alterações percebidas pelos clientes. Essas alterações podem ser definidas como a forma como a mudança impacta o indivíduo. Certamente, haverá uma série de alterações para cada mudança ocorrida, devendo-se listar aquelas de maior influência para o indivíduo.

Para garantir o sucesso da aplicação dessa etapa, é preciso julgar as alterações percebidas segundo os critérios abaixo:

A relação entre as alterações percebidas e o mercado de atuação: esse critério verifica se a alteração percebida decorrente de uma mudança no ambiente está relacionada ao ramo de atuação da empresa que aplica esse método. Muitas alterações percebidas estarão totalmente fora do mercado de atuação e, por esse motivo, não poderão ser aproveitadas para dar continuidade ao método. A avaliação será mais pertinente para a alteração ligada ao ramo de atuação da empresa, enquanto a menos pertinente será dada para a alteração que tiver menos relação. Como exemplo, uma alteração percebida por usuários de transporte coletivo urbano não está diretamente relacionada com a indústria alimentícia.

A relação entre alterações percebidas e os clientes potenciais: esse critério relaciona as alterações com os clientes potenciais, isto é, se as mudanças ocorridas produziram alterações percebidas nesses clientes.

A possibilidade de originar formas de adaptação: somente algumas alterações podem oferecer ou gerar formas de adaptação. Isso ocorre porque o conhecimento sobre um determinado fato muitas vezes é limitado. Assim, uma alteração percebida pode não possuir formas de adaptação, impossibilitando a geração de produtos.

O impacto da alteração percebida: alterações percebidas mais fortemente fazem com que os indivíduos tomem decisões e façam escolhas. Isso ocorre devido à necessidade de restaurar a satisfação perdida com a mudança ocorrida.

A duração da alteração percebida: muitas alterações percebidas existem por períodos relativamente curtos, não sendo viável dar sequência a esse método. Como o resultado desse método é a geração de produtos, não seria economicamente viável conceber e produzir produtos para ciclos de vida extremamente curtos.

A capacidade do indivíduo de adaptar-se a uma alteração percebida: quando um indivíduo é capaz de adaptar-se sem ajuda externa a uma alteração percebida, a mudança normalmente não necessita de produtos para ajudar na adaptação. É como se o indivíduo absorvesse a alteração percebida, sem que isso acarretasse qualquer transtorno.

Concepção e avaliação das formas de adaptação

Na sétima etapa, as formas de adaptação são concebidas e avaliadas. Uma forma de adaptação é uma maneira de amenizar os efeitos causados pela alteração. Para cada alteração percebida, podem ser criadas determinadas opções ou formas de adaptação, visando diminuir os efeitos das alterações percebidas e promover melhor adaptação à nova situação.

O resultado final dessa etapa é a escolha de uma forma de adaptação, a qual será utilizada como entrada na etapa de concepção e avaliação de ideias, após avaliação prévia. A escolha da forma de adaptação mais viável para dar procedimento ao método é realizada de acordo com os seguintes critérios:

A forma de adaptação soluciona plenamente o problema do cliente? Esse critério verifica se a forma de adaptação proposta satisfaz plenamente o cliente ou se é apenas uma solução parcial.

A forma de adaptação cria outros problemas? Formas de adaptação podem resolver o problema do cliente, mas, ao mesmo tempo, ocasionar outros problemas, às vezes até maiores do que a questão original. A forma ideal de adaptação é a que não crie outros problemas.

Qual é a capacidade de realização da forma de adaptação? Algumas formas de adaptação podem satisfazer plenamente o cliente e evitar novos problemas, mas também podem ser difícil ou até mesmo impossível de realizar. Essa dificuldade está relacionada a vários fatores, como a limitação do conhecimento científico, a falta de tecnologia apropriada, a vontade política e a indisponibilidade do capital necessário.

> » **IMPORTANTE**
> As formas de adaptação possuem caráter genérico, podendo, cada uma delas, formar uma gama de opções de produtos ou serviços.

Concepção e avaliação das ideias de produtos

A oitava etapa consiste em conceber e avaliar ideias de produtos geradas a partir da escolha da forma de adaptação. Essa opção pode originar várias alternativas de produtos, que são consequência da situação, das circunstâncias, do tempo e do conhecimento da equipe de projeto.

Em relação às chances de sucesso, Wilkie (1986) afirma que, para um produto ter sucesso e se difundir rapidamente, deve ter seis dimensões associadas a ele. Essas dimensões podem ser utilizadas como critérios de análise e são as seguintes: vantagem relativa, complexidade, comunicabilidade, compatibilidade, divisibilidade e risco percebido.

Ainda sobre o projeto, convém observar a chamada **curva de sobrevivência dos produtos**. Segundo Baxter (1998), de cada 100 ideias geradas para novos produtos, aproximadamente 21 chegam ao início do projeto tendo as especificações determinadas e apenas 18 atingem a fase de projeto conceitual. Na fabricação, apenas 17 ideias são fabricadas, sendo que 12 são vendidas e apenas 5 ideias dão lucro. Isso mostra que a taxa de mortalidade de novos produtos atinge 95%.

Também de acordo com Baxter (1998), após ter estudado cerca de 14 mil novos produtos de mil empresas diferentes, os produtos com forte orientação para o mercado têm cinco vezes mais chances de sucesso do que aqueles considerados semelhantes aos já existentes. Eles possuem forte diferenciação dos concorrentes a partir da interpretação das necessidades, desejos e valores, enfatizando benefícios potenciais, características valorizadas pelos consumidores e maior valor agregado.

Os produtos que têm planejamento e especificações definidos previamente, incluindo estudos de viabilidade, têm aproximadamente três vezes mais chances de sucesso do que aqueles sem qualquer planejamento e especificações. Isso inclui o planejamento e o projeto do produto, além do planejamento da produção e dos estudos de viabilidade econômica, financeira e técnica. Produtos com alto nível de atividades relacionadas ao projeto de produto têm cerca de 2,5 vezes mais chances de ter sucesso do que aqueles que não têm um projeto de produto bem realizado.

» Aplicação do método

Para ilustrar o método para percepção de necessidades do consumidor de forma simples, vamos tomar como caso a "oferta de um aplicativo para *smartphones* visando à ampliação da utilização da telefonia móvel" (**definição do caso a ser estudado**). Assim, temos como **mercado de atuação** a telefonia móvel. Como **clientes potenciais** de um novo aplicativo, temos os consumidores de idade avançada.

Na **coleta de informações** sobre o assunto, constatou-se que os clientes de telefonia móvel estão gastando cada vez mais recursos com prevenção de problemas cardíacos decorrentes do envelhecimento da população brasileira. Além disso, observou-se que os novos telefones celulares do tipo *smartphone* têm capacidade de acesso constante à Internet e possuem cada vez mais aplicativos e recursos.

Assim, entre as **alterações percebidas**, foi verificada a diminuição do contato com a família, gerando preocupação para os filhos, visto que muitos idosos moram sozinhos. Nesses casos, os filhos têm dificuldade de supervisionar os pais idosos – e têm-se nos novos aplicativos para telefones móveis (mudanças ocorridas) a chance de reduzir o impacto dessas alterações percebidas.

Como **formas de adaptação** para as alterações percebidas, visando reduzir os problemas, é possível utilizar o aparelho celular para maior supervisão dos pais já idosos. Dentre as **ideias de produtos novos**, podem surgir: um aplicativo para telefones móveis que informa a outro ou outros telefones móveis a localização do idoso (baseado no Sistema de Posicionamento Global – GPS) e, por meio do microfone, identifica a respiração e os batimentos cardíacos, bastando para isso que o telefone móvel esteja próximo ao tórax do idoso. Ainda, esse aplicativo poderia também identificar o estado do idoso: dormindo, nervoso, entre outros, podendo emitir uma mensagem de alarme caso identifique anomalias ou problemas na respiração ou nos batimentos cardíacos. Poderia também fazer gráficos de batimentos cardíacos e respiração identificando históricos de problemas.

Assim como ocorre na utilização de uma metodologia de projeto, o resultado da aplicação do método irá variar conforme as informações disponíveis e a abrangência do conhecimento dos projetistas.

» Agora é a sua vez!

1. Quais são as oito etapas do método para percepção de necessidades do consumidor criado por Carpes Júnior?
2. O *brainstorming* é utilizado em qual dessas etapas?
3. Quais são os principais tipos de coleta de informações, na investigação das necessidades do consumidor?

» Descrição da ideia do produto

A **ideia de um produto** deve ser detalhada e especificada com todos os detalhes concebidos originalmente. Essa etapa é fundamental, pois a ideia de um produto novo deve servir de entrada para a metodologia de projeto de produtos adequada. Somente após a utilização correta dessa metodologia é que realmente se terá concebido o produto.

A descrição da ideia compreende os seguintes aspectos:

Qual é o produto? É importante descrever o tipo de produto que pretendemos produzir de acordo com suas características como, por exemplo, um eletrodoméstico, um alimento, uma roupa, etc.

Qual é o nome do produto? O nome deve ser simples para facilitar a fixação e memorização, além de evocar as qualidades que se deseja salientar do produto. Atualmente, devido à internacionalização de mercados, ou globalização, a utilização de nomes universais é bem aceita. O nome deve estar associado à finalidade do produto.

Qual é a necessidade ou o conjunto de necessidades que o produto irá satisfazer? É preciso saber se é uma necessidade já existente ou se será criada a partir do produto, ou por outro meio. Neste caso, deve ser feita uma descrição da necessidade ou das necessidades que o produto irá satisfazer.

Qual é a função do produto? Trata-se da descrição do que o produto faz. Em geral, um produto transforma uma situação ou estado de coisas em outra/o.

Quais características o produto deve ter? Devem ser listadas as propriedades que o produto precisa apresentar, como portabilidade, peso, velocidade, etc. Também devem ser descritas as características não desejáveis, como, por exemplo, potencial de poluição ou necessidade de manutenção.

Quem são os clientes do produto? A descrição do grupo de clientes é fundamental para o sucesso do produto. É preciso determinar a faixa etária, a classe social e econômica, o sexo, o grau de instrução, a região geográfica ou qualquer outra informação pertinente.

O perfil do consumidor também pode ser levantado. Quarante (1984) esboçou um estudo do comportamento social e, como exemplo, descreveu quatro tipos básicos de estilo de vida (detalhados no Quadro 2.2), permitindo compreender os valores dos indivíduos a partir deles.

Além de descrever a ideia do produto e estudar o perfil do consumidor, também é preciso definir se o produto é para o consumidor final ou intermediário. Para determinar o quantitativo de clientes, é possível consultar dados populacionais como os do Instituto Brasileiro de Geografia e Estatística (IBGE), por exemplo, avaliando a evolução de características referentes aos clientes potenciais, como melhoria de renda.

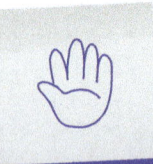

> **» ATENÇÃO**
> Os exemplos de estilos de vida do Quadro 2.2 são resultantes de análises de uma determinada época, região e cultura, e, por isso, válidos apenas para essas condições.

Quadro 2.2 » Estilos de vida segundo Quarante (1984)

Estilo de vida	Valores e características
Utilitarista	Caracterizado por pragmatismo, economia e trabalho, derivados de valores concretos e ancorados em valores tradicionais, como o apego ao trabalho, à pátria, à família e ao esforço, o sacrifício pessoal e a economia. Apreciam produtos práticos e funcionais.
Aventureiro	Encontrado em pessoas dinâmicas e empreendedoras, que valorizam a inovação e a renovação. Seus adeptos têm uma visão ampla da vida, são modernos, valorizam o progresso, aproveitam a vida e são profissionalmente competitivos, responsáveis e preocupados com o sucesso. Adaptados à civilização de consumo, não hesitam em trocar um produto antigo por um mais novo.
Conservador	Tem como representante a maioria da população. São pessoas calmas, prudentes, equilibradas, conformistas e indecisas, profundamente ligadas à família. Têm preferência por objetos clássicos, confortáveis e que inspiram qualidade.
Alternativo	Geralmente, são pessoas interessadas pelo imaginário e pelo exótico, passivas, livres de conformidades sociais e sonhadoras. Têm forte tendência ao humanismo ou romantismo, dando prioridade ao desenvolvimento pessoal. Aliam mínima conformação social com passividade, e se caracterizam pela ausência de sistema de valor em relação aos produtos.

Onde o produto será utilizado? A descrição do ambiente compreende os locais onde o produto pode ser exposto ou utilizado, como residências, indústrias, escritórios ou lojas. Isso define se o produto estará ou não sujeito a intempéries como chuva, vento, maresia, congelamento, radiação solar, entre outras.

Qual é o mercado para o produto? Como ele se comporta? A descrição do mercado compreende se o produto é para o mercado regional, nacional ou internacional. Deve-se verificar também se é um mercado em expansão ou não.

Existem concorrentes? Quais? A descrição dos concorrentes, contendo informações sobre o nome e o fabricante, é útil para que os projetistas tenham referência do produto. Pode-se também comprar, usar, testar e desmontar produtos para conhecê-los melhor, ou seja, fazer uma espécie de imersão no tipo de produto. É possível, ainda, visitar consumidores e vendedores para levantar informações sobre os concorrentes.

Quais são as vantagens e desvantagens dos concorrentes? Conversas informais com usuários podem ser bastante úteis para estudar pontos fracos e fortes dos concorrentes, como preço, por exemplo. Além disso, podem ser avaliadas as especificações técnicas dos concorrentes, verificando as vantagens e desvantagens de cada um. Com base nesse conhecimento, é possível ressaltar características para tornar o produto mais atrativo.

Existem evidências de que as pessoas irão comprar? Saber se o mercado está comprando o tipo de produto em análise (avaliação do mercado em relação à expansão ou retração) é essencial. Também é importante conhecer em que fase do ciclo de vida os concorrentes se situam, além de analisar o posicionamento da tecnologia dentro das curvas S, verificando o retorno dos investimentos, bem como a tendência de vendas do produto.

» Determinação dos requisitos do projeto

Os **requisitos do projeto** correspondem às exigências que se faz em relação ao produto. Eles têm origem nas necessidades do consumidor, nas exigências técnicas ou econômicas da empresa, nas exigências técnicas e operacionais do produto, nos fatores de mercado, nas necessidades decorrentes do uso (nem sempre especificadas pelos clientes), em fatores determinados pelos projetistas como essenciais ao projeto e à fabricação, em normas, em padrões ou em diretrizes. Os requisitos podem ser qualitativos e quantitativos, sendo estes de menor abstração.

Os requisitos representam tudo o que o consumidor ou usuário deseja do produto, acrescido de exigências ou de normas específicas. A lista de requisitos limitará o conjunto de soluções possíveis para o produto. Por exemplo: quando se define projetar um carro popular, isso limita o consumo de combustível e o custo de produção que, por sua vez, limitará o tamanho do veículo. Isso ocorre porque, quanto maior for o veículo, maiores serão os custos de materiais para fabricá-lo, e maior será o consumo de combustível.

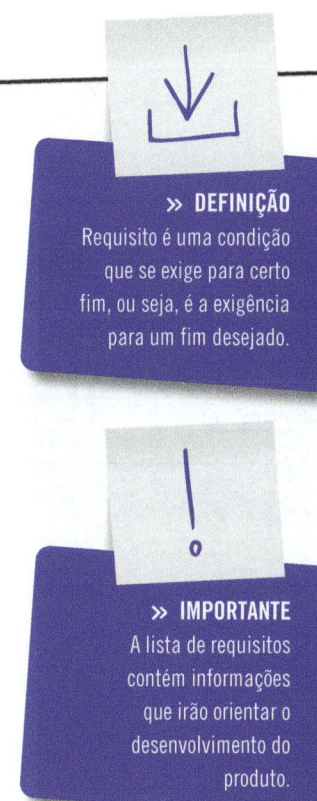

> **» DEFINIÇÃO**
> Requisito é uma condição que se exige para certo fim, ou seja, é a exigência para um fim desejado.

> **» IMPORTANTE**
> A lista de requisitos contém informações que irão orientar o desenvolvimento do produto.

> **DICA**
> Quanto melhor e mais precisa for a identificação das necessidades dos consumidores, mais realística será a lista de requisitos.

A lista de requisitos também constitui um limitador do projeto a ser desenvolvido, pois não basta a ideia de um produto que satisfaça determinada necessidade. O produto deve ser desenvolvido dentro de especificações, cuja limitação é exatamente a lista de requisitos, que diminui a abstração inicial do problema do projeto (CARPES JÚNIOR, 2001).

Os consumidores geralmente têm dificuldade em identificar suas necessidades, que expressam aspectos desejáveis da qualidade de um produto e são traduzidas em requisitos de projeto. Produtos otimizados em relação às suas qualidades são aqueles cujos requisitos de projeto foram traduzidos a partir das necessidades reais dos consumidores.

» PARA REFLETIR

Se você tivesse perguntado a alguém na rua no final dos anos 1990 do que ele "necessitava", provavelmente a resposta não seria "uma televisão interativa", "uma jaqueta de esqui com leitor de MP3 integrado" ou "um robô de estimação". Caso perguntasse à mesma pessoa considerando essas possibilidades, questionando se ela compraria esses produtos se estivessem disponíveis, então a resposta com certeza seria outra. Quando falamos sobre identificar necessidades, não se trata simplesmente de perguntar às pessoas "do que você precisa?" e fornecer isso a elas, porque as pessoas não necessariamente sabem o que é possível. Os requisitos "nunca imaginados" são aqueles que os usuários não sabem que poderiam ter. Temos de abordar esses requisitos pela compreensão das características e capacidades dos usuários, o que estão tentando obter, como atualmente os obtêm e se iriam alcançar seus objetivos de forma mais eficaz e ter uma experiência mais agradável se fossem apoiados de maneira diferente. (ROGERS; SHARP, PREECE, 2013.)

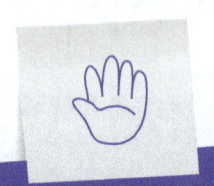

Quando os requisitos não satisfazem as necessidades dos consumidores, o produto tem grande chance de ser um fracasso, pois não está adequado ao público-alvo, estando sujeito a processos judiciais ou manutenções excessivas, por exemplo. Por outro lado, se os requisitos de projeto excedem as reais necessidades, isso pode representar um aumento dos custos de produção e do projeto. Em geral, os projetistas têm como regra, acreditando estar realizando um bom trabalho, incluir características adicionais ao produto (particularidades não estabelecidas na lista de requisitos do projeto). Essa inclusão torna o produto fora da realidade, prejudicando o seu desempenho e o da empresa (CARPES JÚNIOR, 2001).

> **ATENÇÃO**
> A inclusão de características adicionais, além daquelas previstas nos requisitos de projeto, é uma prática que deve ser evitada.

Por considerar a satisfação das necessidades do consumidor o objetivo principal do produto, a lista de requisitos deve retratá-las. Caso isso não aconteça, é sinal de que está errada ou incompleta. Como os requisitos irão determinar as características do produto quando ele estiver sendo produzido, comercializado e utilizado, muitos requisitos mal formulados ou com valores mal definidos darão origem ou margem para que haja problemas no produto.

A formulação da lista de requisitos deve ser, sempre que possível, objetiva, além de expressar uma limitação ou valor de referência de uma propriedade quantitativa, visando diminuir a subjetividade. Essas informações quantitativas podem referenciar padrões de produtos já existentes ou similares.

Para melhor definição dos requisitos, pode-se utilizar o *benchmarking*, que é baseado na lógica de um padrão de comparação. Essa técnica utiliza a análise de produtos similares ou concorrentes, visando identificar pontos positivos que agradam o consumidor, comparando-os com os pontos do produto a ser desenvolvido. Assim, é uma boa medida adotar como padrão de comparação ou referência para cada requisito as melhores características dos produtos concorrentes e que apresentam os melhores desempenhos.

Para se elaborar a lista de requisitos, pode-se consultar e obter informações de várias fontes, conforme o Quadro 2.3 (SLACK; CHAMBERS; JOHNSON, 2002).

Cada projetista ou equipe de projeto pode ter sua própria lista de perguntas para auxiliar na elaboração da lista de requisitos. A lista deve contemplar, no mínimo, as seguintes questões:

Quais são as necessidades, expectativas e desejos do consumidor que o produto deve contemplar? É preciso considerar não somente as necessidades óbvias, como as características do produto, mas também aquelas que representem desejos subjetivos do consumidor, como necessidade de *status* ou o próprio gosto individual das pessoas. Esses desejos devem ser traduzidos e fazer parte dos requisitos do produto. Exemplos: uma pessoa que compra um carro luxuoso, mais pelo *status* do que pelo o que o veículo proporciona; as crianças que são atraídas por produtos coloridos.

Que características o produto deve ter? É necessário levar em conta questões como dimensões, cores, portabilidade, massa, diâmetro, tipos de solicitações as quais estará sujeito (forças, umidade, pressão, intempéries, etc.), custos de produção e de manutenção, dimensões para alocar pessoas ou para satisfazer a antropometria, vida útil do produto, reciclabilidade, entre outros.

>> **DICA**
Com a utilização do *benchmarking*, prioriza-se a execução de melhorias no produto, com o objetivo de superar, ou pelo menos igualar, os concorrentes. Quando o produto ainda não foi criado, os pontos positivos dos concorrentes são traduzidos em requisitos de projeto.

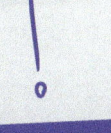

>> **IMPORTANTE**
Mesmo após o produto ter sido projetado e comercializado é importante ouvir os consumidores, visando à correção de problemas de qualidade do produto.

Quadro 2.3 >> Fontes para elaboração de requisitos

Concorrência	Os produtos concorrentes são uma fonte de informação para melhoria dos produtos. Os aspectos positivos ou vantagens dos concorrentes indicam características que podem ser incorporadas ao produto, enquanto os aspectos negativos ou desvantagens indicam erros ou problemas que devem ser evitados. Um exemplo é a engenharia reversa, ou seja, o desmonte dos produtos concorrentes para análise de suas características.
Consumidores	As necessidades, os desejos e as expectativas dos consumidores sobre um determinado produto são de extrema importância para a elaboração da lista de requisitos, pois direcionam as características do produto que será projetado. Não considerar as informações oriundas dos consumidores pode levar o produto a um fracasso comercial. Essas informações podem ser obtidas de várias formas, como a aplicação de questionários, a realização de entrevistas formais, ou ainda por meio de conversas informais.
Empregados	Todos os setores da empresa podem oferecer boas ideias para contribuir com a elaboração da lista de requisitos. Os empregados das áreas de controle da qualidade, de compras, de manufatura, de *marketing*, além do setor de projeto e desenvolvimento do produto, são excelentes fontes de informação.
Projetistas	Os conhecimentos, as técnicas de criatividade e as listas de perguntas previamente definidas dos projetistas podem ser utilizados para elaborar a lista de requisitos. As respostas às perguntas nem sempre serão os requisitos de projeto, porém podem oferecer indícios ou fazer com que os projetistas reflitam ou se lembrem de aspectos importantes, que devem ser considerados na elaboração da lista de requisitos.

Quais são as restrições para o produto? É necessária a análise do espaço disponível para sua instalação, dos tipos de energia disponíveis, do consumo máximo de energia, das limitações ou disponibilidade de uso de materiais, das limitações de transporte e de instalação, das restrições de fabricação, entre outros.

» Agora é a sua vez!

1. Quais são as principais características dos estilos de vida definidos por Quarante (1984)?
2. O que são os requisitos de um projeto?
3. Pense em um produto que você costuma consumir e liste alguns requisitos necessários à sua produção.
4. Você considera correta a afirmação "os projetistas devem incluir características adicionais ao produto, além daquelas estabelecidas na lista de requisitos do projeto"?
5. Quais são as principais fontes que auxiliam na elaboração dos requisitos?
6. Por que é importante ouvir os consumidores antes e depois da realização do projeto de um produto?

Os requisitos são baseados nas qualidades que o produto deve ter (segurança, estética, produtibilidade, ergonomia, sustentabilidade, funcionalidade, operacionalidade e economia), e podem ser obtidos conforme apresentado nas seções a seguir (e em mais detalhes nos próximos capítulos).

» Requisitos de segurança

De forma simplificada, para definição dos requisitos de segurança, devem ser respondidas as perguntas do Quadro 2.4.

Quadro 2.4 » Perguntas para os requisitos de segurança

• De que forma as condições ambientais poderão alterar a segurança do produto? • Quais condições poderão afetar a segurança do produto (umidade, calor, vento, frio, etc.)? • Como o uso do produto poderá se tornar perigoso? • Quais ações feitas pelo usuário poderão representar perigo? • Poderão ocorrer situações de perigo durante a operação, a manutenção ou a limpeza? • Quais características do produto serão inerentemente perigosas? • Há eletricidade, lançamento de fragmentos, lâminas cortantes, ruídos ou outra característica perigosa no produto? • Quais são os problemas de segurança que o produto poderá oferecer? Como esses perigos podem ser evitados?

• Quais subsistemas do produto poderão apresentar perigos? • Qual subsistema será o sistema de potência, de estrutura, de controle, ou outro? • Qual é a probabilidade de perigos inerentes aos subsistemas provocarem acidentes? • A probabilidade de acidentes é pequena, média ou grande? • Existem dados na literatura ou informações em relatórios de acidentes que indiquem a probabilidade e a intensidade dos acidentes com subsistemas? • Quais são os perigos associados aos subsistemas? • Há perigo de choque elétrico, corte, morte, ou outro?

Quadro 2.4 » Perguntas para os requisitos de segurança

• Em caso de acidente, quais serão os possíveis danos, lesões ou prejuízos financeiros? • Eles poderão ser quantificados? • Qual é a estimativa de gravidade ou de intensidade dos possíveis danos, lesões ou prejuízos financeiros? • Existem normas aplicáveis a esses produtos em relação à segurança? • Quais são? • Quais são as recomendações em relação a esses produtos? • Existem normas em relação aos tipos de perigos que o produto apresentará? • Quais são? • Quais são as recomendações em relação a esses produtos?

• Quais diretrizes serão estabelecidas para melhorar a segurança dos produtos? • Os perigos são elimináveis ou inerentes ao funcionamento do produto? • É possível produzir um produto livre de características inseguras ou perigos? • Se a resposta à pergunta anterior for negativa, é plausível construir barreiras e proteções para resguardar as pessoas das características inseguras do produto? • Se isso também não for possível, é plausível prover o usuário com instruções e avisos adequados? • Como se poderá limitar as consequências dos acidentes em relação à morte ou à lesão de pessoas, animais ou plantas, a danos em propriedades e no meio ambiente? • Os perigos e riscos semelhantes podem ser tratados uniformemente? • Como? • Quais são as necessidades de segurança para o produto, em termos de eliminação de perigos, isolamento de riscos (proteções), utilização de avisos? • Quais são os valores de propriedades que tornam o produto mais seguro? • Esses valores estão estabelecidos em normas ou em diretrizes?

» Requisitos estéticos

Para definição dos requisitos estéticos, devem ser respondidas as perguntas do Quadro 2.5.

Quadro 2.5 » Perguntas para os requisitos estéticos

Em relação aos aspectos geométricos ou formais

• Qual será o tamanho do produto? • Será um produto portátil, transportável ou móvel? • Qual será o espaço ocupado ou a necessidade de espaço do produto?
• Quais serão as dimensões do produto (altura, comprimento, espessura ou diâmetro)?
• Qual será a forma básica ou predominante do produto? • Haverá mais de uma forma básica? • Quantas? • Como serão as conexões entre elas? • Como será a distribuição dos volumes? • Quais serão as proporções entre os volumes?
• O produto será de aparência complexa ou simples? • Parecerá complexo ou ordenado? • Fará uso de bissociação?
• Qual será a textura da superfície ou o acabamento superficial? • Haverá pinturas ou outro tipo de acabamento de superfície? • Qual será a aparência dos materiais utilizados?
• O produto será colorido ou monocromático? • Quais aspectos serão ressaltados com as cores? • Haverá predominância de harmonia ou de contraste?
• Haverá utilização de luzes? • Como e para que serão utilizadas?
• Como estarão configuradas a marca, as palavras, os números, os símbolos, os logotipos ou os desenhos impressos ou escritos no produto?

Em relação aos aspectos simbólicos e semânticos

• Qual é a definição da semântica do produto? • O que ele comunicará? • Qual é a mensagem semântica?
• Qual é a definição simbólica do produto? • Que símbolo ou valor do estilo de vida do consumidor o produto comunicará?

»Requisitos de sustentabilidade

Para definição dos aspectos de sustentabilidade, devem ser respondidas as perguntas do Quadro 2.6.

> **Quadro 2.6** » **Perguntas para os requisitos de sustentabilidade**
>
> • Quais materiais poderão ser utilizados? • Qual será a variedade de materiais? • Qual será a massa do produto? • Qual será o percentual de materiais recicláveis? • É possível utilizar materiais ou componentes reutilizáveis? • Em qual percentual? • Como é a extração de materiais utilizados?
>
> • Como será o descarte? • Haverá materiais tóxicos? • O produto deverá ser recolhido ou sofrerá degradação rápida quando exposto ao ambiente natural? • Haverá grande ou pequeno impacto ambiental? • O produto trará indicações sobre o tipo de materiais utilizados para facilitar a reciclabilidade?
>
> • O produto poderá ser reutilizado ou atualizado? • É de fácil manutenção ou atualização? • Qual será a meta para o número de fixadores?
>
> • O produto terá uma vida curta ou longa?
>
> • Como será fabricado? • Os métodos fabris são de baixo impacto? • Como são as relações de trabalho no ambiente fabril?

»Requisitos de funcionalidade

Para determinar os requisitos de funcionalidade, devem ser respondidas as perguntas do Quadro 2.7.

> **Quadro 2.7** » **Perguntas para os requisitos de funcionalidade**
>
> • Qual é a principal função do produto? • O que justifica sua existência? • Qual é a tarefa que ele executa, transformando algo de um estado inicial para um estado final?
>
> • Quais são as funções parciais que, somadas, resultam na função principal?
>
> • A função principal e as funções parciais foram definidas por um verbo no infinitivo mais um substantivo? • O verbo exprime uma ação, e o substantivo, um objeto que sofreu essa ação? • Evitou-se utilizar os verbos ser, estar, haver e ter?
>
> • Com qual eficiência ou rendimento o produto deve executar a função principal e as funções parciais? • Existirão perdas, fricção ou geração de calor? • Haverá necessidade de ventilação, de resfriamento, de armazenamento, de conversão de energia? • Haverá geração de pressão ou aumento de temperatura? • O suprimento ou a disponibilidade de energia é suficiente para executar as funções?
>
> • Existem outras funções que o produto deve executar que não contribuem com a função principal? • Quais são? • Elas são necessárias?
>
> • Existem restrições para execução das funções pelo produto? • Existe alguma tarefa ou processo de transformação que não deve ser executado?
>
> • Quais são as condições exigidas para a execução das funções? • Existem restrições quanto ao tipo e direção de movimentos, à velocidade e à aceleração? • E em relação à direção, à frequência e à magnitude das forças? • Ou ainda, em relação ao peso, às solicitações, às deformações, à resistência ou à elasticidade?

» Requisitos de ergonomia

Para o levantamento dos requisitos ergonômicos, devem ser respondidas as perguntas do Quadro 2.8.

Quadro 2.8 » Perguntas para os requisitos de ergonomia

- Quais serão as dimensões do corpo humano necessárias para o dimensionamento do produto? • Os alcances estarão dentro da possibilidade do usuário? • Qual é o biotipo físico dos futuros usuários? • Haverá conforto físico?

- Quais serão as cargas e solicitações impostas pelo produto ao usuário?

- Quais tipos de mostradores serão utilizados? • Quais serão as chances de erro de leitura? • Serão adequados ao ambiente? Serão adequados aos operadores? • Em que número?

- Quais tipos de comandos serão utilizados? • Em que número?

- Como será a iluminação no ambiente de uso? • O produto terá iluminação própria? • Haverá utilização de cores na iluminação? • Quais serão utilizadas? • Com qual objetivo?

- Qual será a duração do ciclo de operação do produto ou o tempo médio de utilização? • Na operação, haverá excesso ou pouco estímulo? • O usuário estará sujeito à fadiga ou à monotonia? • Haverá automação na operação?

- Haverá ruídos? • De qual frequência e intensidade? • A que tipo de vibrações o usuário estará sujeito?

» Requisitos de produtibilidade

Para definir os requisitos de produtibilidade, devem ser respondidas as perguntas do Quadro 2.9.

Quadro 2.9 » Perguntas para os requisitos de produtibilidade

- Quais são os processos de fabricação disponíveis ou preferidos?

- Quais são as limitações dos processos acerca dos tamanhos, das tolerâncias, dos tempos, das quantidades e das possibilidades de automação?

- Qual será a quantidade produzida?

- Quais são os materiais disponíveis, mais baratos ou mais adequados?

- Quais são as exigências para o controle de qualidade, com relação a testes, medições, recomendações de normas e padrões?

- A produção será própria ou terceirizada?

- Haverá necessidade de gabaritos?

- Haverá necessidade de montagens?

» Requisitos de economia

Para definir os requisitos de economia, devem ser respondidas as perguntas do Quadro 2.10.

Quadro 2.10 » Perguntas para os requisitos de economia

- Qual será o preço de venda sugerido para o produto? • Ele é capaz de cobrir as despesas de produção e o retorno sobre o capital investido?

- Quais são os preços dos concorrentes?

- Qual é a vantagem econômica do produto sobre os concorrentes?

- Qual é o perfil de custos do produto?

- Quais são os custos do produto ao usuário durante a utilização?

- Qual é a classe social dos possíveis clientes? • O produto é projetado para clientes de qual faixa de renda?

» Requisitos de operacionalidade

Para facilitar a definição dos requisitos de operacionalidade, devem ser respondidas as perguntas do Quadro 2.11.

Quadro 2.11 » Perguntas para os requisitos de operacionalidade

- Qualquer pessoa poderá utilizar o produto? • Que características ele possui para tornar isso possível? • Como a equidade de utilização será garantida?

- O produto será flexível no uso? • Como isso será contemplado? • Ele é adaptável às características dos usuários? • É utilizável por destros e sinistros?

- O produto poderá ser de uso intuitivo? • Como as pessoas de baixo nível de instrução poderão utilizá-lo? • Que aspectos garantem sua simplicidade?

- O produto se comunicará com o usuário? • De que forma ele apresentará informações sobre seu estado ou desempenho? • Haverá redundância na forma de comunicação?

- O produto será tolerante com os erros de utilização? • Como isso será contemplado? • A falha segura está prevista? • De que forma? • Como erros de uso e utilização inadvertida serão suprimidos?

- Qual será a postura física do operador durante o uso? • Ela é confortável? • Os esforços físicos e mentais serão aceitáveis? • Os tempos de aplicação dos esforços são curtos? • As ações repetitivas serão suprimidas? • De que forma?

(continua)

Quadro 2.11 » **Perguntas para os requisitos de operacionalidade** (*continuação*)

• O tamanho do produto será adequado para a operação? • Que dimensões ele terá? • Quais serão os valores máximos dos cursos dos comandos? • Qual será a distância entre os mostradores e o usuário? • Os mostradores serão legíveis? • O produto permitirá a utilização por pessoas com deficiências? • Será possível operá-lo utilizando uma cadeira de rodas, muletas ou outros dispositivos de assistência? • Quais serão as dimensões do espaço de acesso e aproximação? • Haverá espaço para o auxílio de terceiros ao usuário? • O produto poderá ser utilizado por pessoas com qualquer tamanho, formato ou aderência das mãos?

• O produto estará sujeito a agentes externos agressivos, tais como chuva, umidade, frio, calor, poeira ou vibrações? • Haverá condições capazes de ocasionar acidentes, mau funcionamento ou deterioração precoce do produto? • Como será o isolamento e o aterramento elétrico do produto? • O produto estará sujeito à corrosão? • Como ela será evitada? • Como será o amortecimento de choques e de vibrações? • Haverá isolamento de umidade e poeira? • Qual será a faixa de temperatura de funcionamento, tanto do ambiente quanto do interior do produto? • Como os problemas térmicos serão solucionados?

• Quais serão a forma e a intensidade de utilização do produto? • Ele será descartável? • Será um produto que será utilizado somente até ser descartado, quando houver necessidade de manutenção? • Será um produto de uso doméstico ou profissional?

• Qual será o tipo de usuário que irá utilizá-lo? • Será o tipo médio ou o tipo extremo? • O produto será utilizado por faixas de usuário? Ou por usuários especiais?

• Qual será a confiabilidade do produto? • De que forma a confiabilidade será melhorada? • O produto será robusto? • Quais serão as condições externas ou variáveis de entrada que afetarão seu desempenho ou estado?

• É possível fazer a manutenção do produto? • Haverá espaço suficiente para acesso? • Será possível inspecionar e manter o produto com a utilização de ferramentas comuns? • A desmontagem será fácil? • Como se poderá evitar que as falhas de componentes danifiquem os componentes vizinhos? • Haverá componentes autorreguláveis ou autobalanceáveis? • Os procedimentos de inspeção, manutenção e de início de operação serão simples e com mínima chance de erros? • Como isso poderá ser contemplado? • Os componentes utilizados serão padronizados? • Qual será o tipo de manutenção utilizada? • Será corretiva, preventiva ou preditiva? • Como o produto poderá ser adequado ao tipo de manutenção escolhido?

• Quais aspectos positivos do produto serão salientados na propaganda? • Como ele cumpre esses aspectos? • Qual será o diferencial do produto em relação aos seus concorrentes? • Esse diferencial será óbvio ou necessita ser salientado no projeto e na propaganda? • Como isso poderá ser feito? • Os aspectos negativos serão salientados na propaganda? • De que forma? • Como se poderá evitar que os aspectos negativos causem acidentes, uso incorreto ou decepção do consumidor?

• O produto terá embalagem? • Qual é a necessidade da embalagem? • Quais são as funções da embalagem? • Haverá somente um nível de embalagem ou mais de um?

• Como será a distribuição do produto? • Ele será projetado para ser distribuído em partes ou inteiro? • Quanto representará o custo de transporte sobre o custo total do produto? • Quais meios de transporte são disponíveis? • O produto será adequado a eles? • O produto será distribuído em contêineres? • Suas dimensões com embalagem serão adequadas à distribuição em contêineres?

> **DICA**
> Tornar mensurável aquilo que não é diminui a subjetividade.

» Determinação das especificações do projeto

A subjetividade e a margem para variação ou interpretação geram incertezas, divergências e conflitos. Já o ato de especificar, que significa pormenorizar algo, é essencial em projetos. *Especificar ou determinar as especificações do produto significa transformar os requisitos – desejos, expectativas e necessidades em relação ao produto – em uma linguagem menos moldada em interpretações subjetivas, reduzindo com isso a possibilidade de erros de projeto.*

Os requisitos são as referências para o desenvolvimento do produto. Porém, geralmente são subjetivos ou pouco precisos. Por exemplo: um carro leve pesa em torno de 750 kg, mas esse peso é demasiado para uma motocicleta. Por isso, os requisitos devem ser transformados em valores quantitativos e mensuráveis (especificações do produto), estabelecidos a partir do conhecimento do projetista e da análise de produtos concorrentes.

Existem várias formas de transformar os requisitos em especificações, mas as duas mais comuns são:

- a utilização de uma tabela, como no exemplo da Tabela 2.1, onde estão relacionados os requisitos (que são transformados em especificações mensuráveis, com suas devidas unidades) e verifica-se as especificações dos principais concorrentes, que servirão de referência para definição das especificações;
- a utilização da Casa da Qualidade do *Quality Function Deployment* (QFD, ou Desdobramento da Função Qualidade).

A tabela mostra há um limite de valores que são baseados nas práticas do mercado e nas necessidades técnicas ou nos desejos dos consumidores. Os valores obtidos orientarão o projetista no desenvolvimento do produto.

Tabela 2.1 » **Especificações de projeto de um produto**

Produto: Secador de cabelo			Empresa: ABC		Projetista: José Carlos	
Requisitos	**Especificações**	**Unidade**	**Especificações do concorrente A**	**Especificações do concorrente B**	**Valor ótimo ou alvo**	**Observações**
Leve	Massa	kg	10	11	7,5	Menor é melhor
Portátil	Altura	M	0,30	0,28	0,28	Nas alças, o número de duas é ótimo
	Largura	M	0,12	0,15	0,12	
	Profundidade	M	0,25	0,30	0,20	
	Alças	Número	4	2	2	
Não enferruja	Peças inoxidáveis	%	65	78	100	Quanto mais, melhor
Baixo consumo	Consumo de energia elétrica	W	1.000	900	800	Menor é melhor

O **QFD** foi desenvolvido no Japão pelo estaleiro Mitsubishi, situado em Kobe. Posteriormente, passou a ser amplamente utilizado pelo fabricante de veículos Toyota (SLACK; CHAMBERS; JOHNSON, 2002), tornando-se conhecido e utilizado por projetistas em todo o mundo.

Ele possui quatro matrizes e, devido ao formato das matrizes utilizadas, também é conhecido como **Casa da Qualidade** (Figura 2.3). *Essa técnica, em sua primeira matriz, busca transformar os requisitos de projeto (ou o que se quer em relação ao produto) em especificações do produto (como isso pode ser conseguido).*

Segundo Clausing (1994), o primeiro passo no desenvolvimento de um novo produto é o seu *planejamento*. As capacidades, as características e os custos do produto são planejados em resposta aos consumidores que pertencem ao segmento de mercado ao qual o produto está endereçado.

A Casa da Qualidade é uma matriz e compõe-se dos seguintes campos:

1. Requisitos do produto.
2. Importância para o consumidor.
3. Avaliação dos concorrentes.
4. Relacionamento entre o consumidor e o fabricante.
5. Especificações do produto.
6. Quantificação das especificações.
7. Correlação entre as especificações e requisitos do produto.
8. Importância ou prioridade das especificações.
9. Relacionamento entre as especificações do produto.

O resultado final da Casa da Qualidade é a escolha das especificações ou dos requisitos do produto que irão satisfazer o consumidor. Porém, a Casa da Qualidade não é um fim em si mesmo, mas um meio para obter o melhor conceito de produto e a orientação para o desenvolvimento desse conceito (CLAUSING, 1994).

> **» IMPORTANTE**
> A Casa da Qualidade auxilia no planejamento, para o qual é necessário ouvir a voz do consumidor de forma cuidadosa e sistematicamente desdobrada em especificações esperadas do produto.

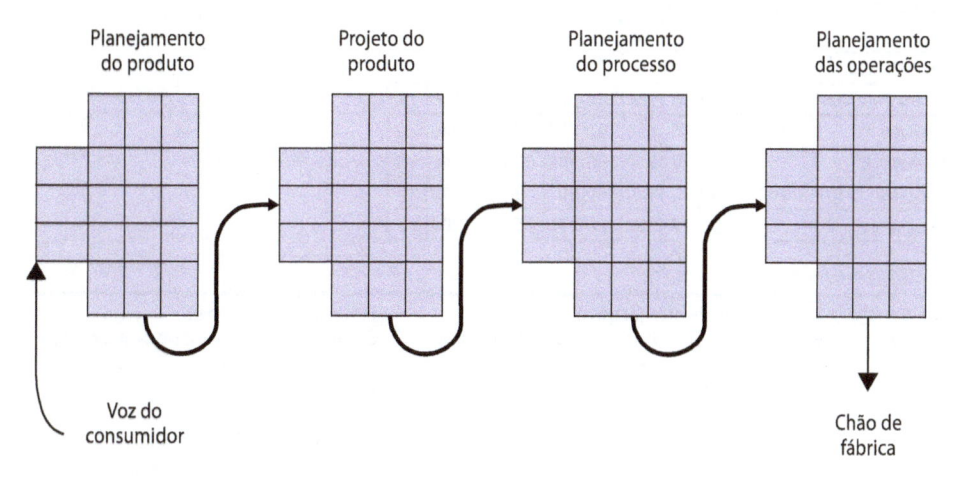

Figura 2.3 Desdobramento da função qualidade.
Fonte: Clausing (1994).

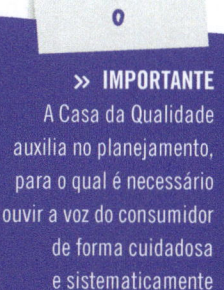

A matriz da Casa da Qualidade possui 9 campos, sendo que o **primeiro** a ser preenchido é o dos requisitos, que são aspectos relevantes da qualidade do produto (Figura 2.4). Esse campo também é conhecido como campo dos "o quês", dos "atributos do consumidor" ou da "voz do consumidor". Junto a esse campo, há o campo de "importância para o consumidor", no qual se avalia a importância de cada requisito para os consumidores. A pontuação máxima para o campo é de 10 pontos para importância máxima e de 1 ponto para a importância mínima. Esse é o **segundo campo** a ser preenchido.

Posteriormente, avaliam-se competitivamente os produtos concorrentes ou similares em relação ao atendimento dos requisitos, comparando-os, se possível, com o produto da empresa. Trata-se

Requisitos	Queijo Catupiry	Tempo de cozimento	Queijo	Calabresa	Farinha de trigo	Diâmetro	Fermento	Temp. de cozimento	Preço	Importância para o consumidor	Avaliação dos concorrentes	Valor alvo	Taxa de melhoramento	Peso absoluto	Peso (%)
Massa macia		△		●		●			○	4		4	1,3	5,3	5,6
Picante				●						7		5	1,2	8,7	9,2
Temperada	○		○	●				●		10		4	1	10	10,6
Grande			○	○	○	●	○	●		9		5	1,7	15	15,8
Tostada no ponto		●					●			7		4	1	7	7,4
Não é gordurosa		○								3		4	1,3	4	4,2
Recheada	△	○	●					○		10		5	1,7	16,7	17,6
Borda recheada	●							○		3		4	4	12	12,7
Barata	○	○	○	○		●		●		8		5	1,2	10	10,6
Bom aroma		○	●				○			6		4	1	6	6,3
														94,8	100
Prioridade absoluta	195	104	195	473	98	237	98	102	423	1925					
Prioridade (%)	10	6	10	25	5	12	5	5	22	100					
Unidade de medida	g	min	g	g	g	cm	g	°C	$						
Nosso produto	150	30	180	300	320	30	18	200	19						
Produto A	170	27	150	200	250	28	20	200	22						
Produto B	230	35	210	250	290	32	15	250	18						
Produto competitivo	170	30	180	250	250	32	20	250	18						
Valor alvo	180	27	180	270	270	35	28	300	15						

Campo 1 – Requisitos; Campo 2 – Importância para o consumidor; Campo 3 – Avaliação dos concorrentes; Campo 4 – Valor alvo, Taxa de melhoramento, Peso absoluto, Peso (%); Campo 5 – Especificações; Campo 6 – (valores de especificações); Campo 7 – (relacionamentos requisitos × especificações); Campo 8 – Prioridade absoluta, Prioridade (%); Campo 9 – (telhado, relacionamentos entre especificações)

Legenda

Nosso produto ☐
Produto A ◣
Produto B ■

Relacionamentos:
Requisitos × especificações
Forte ● (=9)
Médio ○ (=3)
Fraco △ (=1)

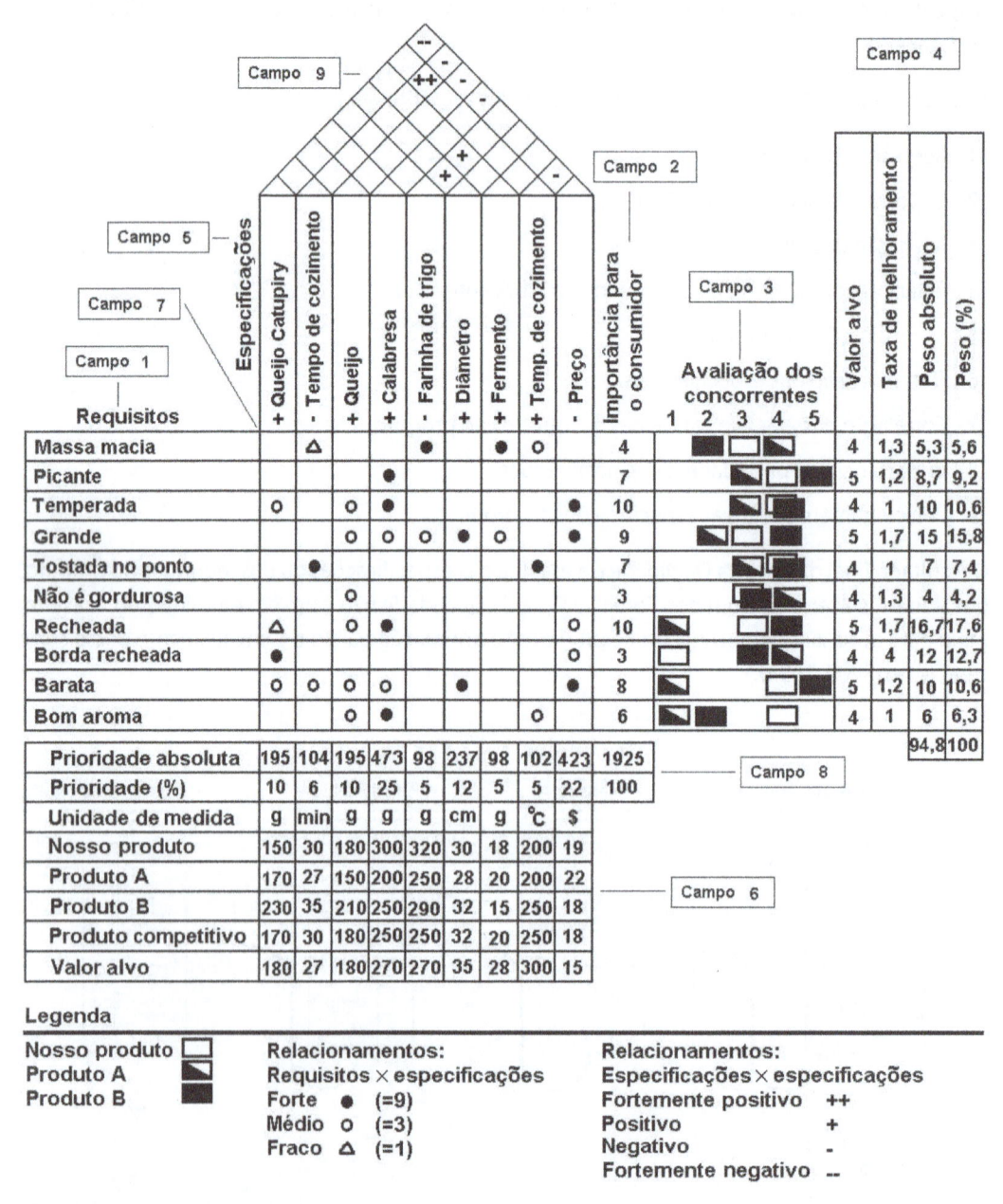

Relacionamentos:
Especificações × especificações
Fortemente positivo ++
Positivo +
Negativo -
Fortemente negativo --

Figura 2.4 Exemplo preenchido da matriz da casa da qualidade.

Fonte: do autor.

do **terceiro campo**. E caso a empresa ainda não possua um produto similar, apenas se comparam os concorrentes. As pontuações variam entre 1 ponto para atendimento mínimo ao requisito e 5 pontos para atendimento máximo ao requisito.

Como já vimos, essa técnica é conhecida como *benchmarking*: toma-se como alvo as melhores formas de atendimento aos requisitos pelos concorrentes, devendo-se igualá-los ou superá-los principalmente naqueles requisitos que o consumidor julgue importantes. Por exemplo: se o produto do concorrente líder recebe 4 pontos, mas os projetistas ainda consideram a pontuação baixa, o valor a ser alcançado, ou valor do alvo, pode ser fixado em 5 pontos, estabelecendo, assim, o objetivo de superação da concorrência.

No **quarto campo**, calcula-se a taxa de melhoramento e o peso percentual de cada requisito. A taxa de melhoramento é calculada dividindo a melhor avaliação obtida por um concorrente pela avaliação obtida pelo produto da empresa. Caso não haja um produto da empresa, a taxa de melhoramento é "1".

Antes de se calcular o peso percentual, calcula-se o peso absoluto de cada requisito, multiplicando a taxa de melhoramento pela importância para o consumidor. Então, os pesos absolutos são somados e é obtido o somatório geral do peso absoluto. O peso percentual é calculado dividindo o peso absoluto de cada requisito pelo somatório geral do peso absoluto. Isso possibilita identificar o percentual de importância de cada requisito, considerando a importância para o consumidor e a necessidade de atendimento ao requisito do produto da empresa.

O **quinto campo** a ser preenchido é o campo das especificações técnicas do produto, também conhecidas como características do projeto de engenharia. Nesse campo, busca-se transformar os requisitos em características mensuráveis. Por exemplo: quando o consumidor deseja que um determinado produto seja portátil (requisito), ele deve ter valores de dimensões ou de massa máximos (especificações) que tornem possível transportá-lo. A determinação dos valores das dimensões ou da massa do produto, que são características mensuráveis, reduz significativamente a subjetividade e a possibilidade de erro, visto que os valores de massa e dimensões que tornam um produto portátil podem ser diferentes para outros produtos.

O campo destinado às unidades das especificações, **sexto campo** a ser preenchido, deve ser preenchido juntamente com o campo das especificações de projeto. Isso inclui o preenchimento dos valores das especificações dos concorrentes e do produto da empresa, que foram comparados pela técnica do *benchmarking* no quarto campo, devendo-se evidenciar qual produto foi o mais competitivo sob essa especificação. Esse campo estabelece uma referência de valores para a determinação dos valores ótimos para as especificações. Posteriormente, preenchem-se os valores ótimos ou a serem atingidos pelo produto em desenvolvimento, permitindo que o produto tenha melhor qualidade aos olhos dos consumidores.

O campo central da Casa da Qualidade é a matriz central ou de relacionamentos entre os requisitos e as especificações. Esse relacionamento é analisado em termos de intensidade, podendo ser classificado em quatro níveis: relacionamento forte, médio, fraco ou nenhum, aos quais são atribuídas as pontuações 9, 3, 1 e 0, respectivamente. Por motivos práticos, quando o relacionamento entre requisitos e especificações for nenhum, em vez de atribuir o valor "0", simplesmente deixa-se o campo em branco. É o **sétimo campo** a ser preenchido.

O **oitavo campo** a ser preenchido é o da importância ou da prioridade das especificações. Para isso, deve-se seguir os seguintes passos:

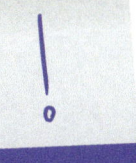

> **» IMPORTANTE**
> O julgamento ao atendimento dos requisitos é realizado segundo a opinião do consumidor.

> **» ATENÇÃO**
> O preenchimento do quinto campo é um dos momentos mais críticos na utilização da Casa da Qualidade, pois o projetista deve compreender os requisitos e utilizar seus conhecimentos, criatividade e habilidades para executar uma transformação precisa e correta, buscando abranger todos os aspectos dos requisitos.

> **DICA**
> Uma especificação ser conflitante com outra significa que o atendimento de uma prejudica o atendimento de outra.

- Calcular a importância ou prioridade absoluta, que é obtido por meio da multiplicação do peso percentual pela pontuação obtida na matriz de relacionamento, sendo que os valores obtidos são totalizados por especificação.
- Fazer o somatório total de pontos para a importância ou prioridade absoluta.
- Obter a importância ou prioridade relativa, dividindo-se a importância ou prioridade absoluta de cada especificação pelo somatório total de pontos da importância ou prioridade absoluta.

Com isso, obtém-se uma escala de importância para as especificações, identificando qual é a especificação mais importante, e qual é a menos importante, possibilitando que os projetistas possam eleger quais especificações merecem mais atenção.

O **nono campo** a ser preenchido é o "telhado" da Casa da Qualidade e é onde se verificam os relacionamentos entre as várias especificações, que podem ser avaliados como:

- "Fortemente positivos": para quando as especificações contribuírem muito entre si.
- "Positivos": para quando as especificações contribuírem entre si.
- "Negativo": para quando as especificações conflitarem entre si.
- "Fortemente negativo": para quando as especificações forem extremamente conflitantes entre si.

Ao final da utilização da Casa da Qualidade, obtêm-se as especificações técnicas do produto, resumidas na Tabela 2.2.

Tabela 2.2 » **Exemplo de especificações do produto, oriundas do exemplo da Casa da Qualidade da Figura 2.4**

Especificação	Valor	Unidade de medida	Grau de importância
Calabresa	270	g	1º
Preço	15	$	2º
Diâmetro	35	cm	3º
Queijo	180	g	4º
Queijo catupiry	180	g	4º
Tempo de cozimento	27	mín.	5º
Temperatura de cozimento	300	°C	6º
Farinha de trigo	270	g	7º
Fermento	28	g	7º

Com as especificações e as respectivas unidades e grandezas definidas, têm-se a lista ou relação das especificações técnicas do produto. Essa lista delimita o desenvolvimento do produto, servindo como base aos próximos capítulos. Assim, finalizou-se a primeira etapa da metodologia de projeto, o projeto informacional e pode-se iniciar a segunda etapa: o projeto conceitual.

» Agora é a sua vez!

1. Elabore dois requisitos de segurança e dois estéticos para um liquidificador doméstico.
2. O que significa determinar as especificações de um produto?
3. Defina a técnica da Casa da Qualidade.
4. O que representa o "telhado" da Casa da Qualidade?

capítulo 3

Projetos conceitual, preliminar e detalhado

Depois de desenvolvido o projeto informacional, a metodologia de projeto engloba as fases conceitual, preliminar e detalhada. Por meio delas, são determinados os princípios de solução viáveis para o produto, é criada sua configuração e gerada a documentação capaz de possibilitar sua produção. Neste capítulo, você distinguirá os principais conceitos relacionados a essas fases.

Objetivos de aprendizagem

» Identificar as principais características das fases conceitual, preliminar e detalhada.

» Diferenciar os dois principais métodos de desenvolvimento dos conceitos do produto.

» Reconhecer a importância da busca de alternativas para cada parte do produto.

» Avaliar o impacto da determinação da configuração do produto para a sua produção.

» Reconhecer as diferenças entre configuração integrada e modular.

» Distinguir os componentes do produto e analisar a integração dos seus aspectos.

>> Introdução

A fase de **projeto conceitual** é a segunda fase da metodologia de projeto – precedida pelo projeto informacional. Ela inicia com a entrada da lista de especificações do produto, provenientes da fase anterior. Já o **projeto preliminar** (terceira fase da metodologia) é quando se determina a configuração do produto, iniciando com os princípios de solução escolhidos, configurados de forma a permitir a sua produção e funcionamento.

O **projeto detalhado** é a última fase da metodologia de projeto e tem por função originar uma documentação que permita a produção do produto, o que inclui diversas informações sobre a sua configuração. Veja a seguir cada uma dessas fases em detalhes.

>> Projeto conceitual

A segunda fase da metodologia de projeto tem por finalidade **gerar os conceitos ou princípios de solução viáveis para o produto**. Após a fase de projeto informacional, é iniciada a fase do projeto conceitual, com a entrada da lista de especificações do produto. Posteriormente, o problema relacionado com o conceito do produto é analisado, definido e dividido em partes. Os princípios de soluções alternativas são elaborados utilizando técnicas de criatividade.

O resultado dessa fase é um **conjunto de princípios de solução** que são avaliados de acordo com critérios técnicos e econômicos. No projeto conceitual, a divisão do produto é concebida em partes, que são solucionadas separadamente, visando facilitar a resolução do problema do projeto como um todo. Essa divisão do problema do projeto deriva do método científico criado por René Descartes, simplificando o processo de solução.

> **>> DICA**
> Os princípios de solução também são conhecidos como princípios de trabalho ou de funcionamento (do inglês, *working principles*).

>> Desenvolvimento dos conceitos do produto ou do projeto conceitual

Existem duas formas comumente utilizadas para desenvolver os conceitos do produto. Uma delas consiste em identificar os problemas essenciais, estabelecer a estrutura de funções, buscar por princípios de solução alternativos, combinar e escolher entre alternativas de solução e, finalmente, avaliar de acordo com critérios técnicos e econômicos. Essa forma é utilizada por autores como Pahl e Beitz (1996), por exemplo. É preferida por projetistas de origem alemã, em que predominam aqueles que seguem a escola semântica. Essa forma será denominada de **método A ou método da síntese de funções**.

Outra forma de desenvolver os conceitos do produto consiste em identificar os problemas essenciais, dividir o produto em partes ou subsistemas, buscar por soluções alternativas e selecioná-las, utilizando critérios técnicos e econômicos. Nesse caso, são utilizados procedimentos simples, diretos e preestabelecidos, que devem ser executados pelo projetista para obtenção dos conceitos do produto. Essa forma é mais utilizada por projetistas que seguem a escola sintática. Essa forma será denominada **método B**.

Enquanto o método A busca definir a função global do produto e dividi-la em uma estrutura de funções, o método B busca definir o objetivo do produto e dividi-lo em parâmetros que possibilitem o seu cumprimento.

Método A: síntese de funções

Antes de abordar a síntese de funções, vamos explicar como descrever as funções. A descrição da função global, ou principal, assim como das subfunções ou das funções elementares, é feita por meio de um verbo no infinitivo e um substantivo, que pode ser simples ou composto. Uma função indica que um objeto, que pode ser material, energia ou informação, sofre uma transformação do estado inicial para o estado final. Assim, o verbo denota o tipo de transformação que o objeto sofre ou ação executada que transforma o objeto. São exemplos de funções:

- "Acumular água potável."
- "Unir partes."
- "Transmitir energia mecânica."

O primeiro passo para estabelecer o método da síntese de funções é determinar a **função global ou principal do produto**. Essa função descreve ou sintetiza a finalidade ou o objetivo do produto, descrevendo a tarefa que ele executa e que justifica a sua existência.

A função global ou principal pode ser determinada de duas formas. A primeira é respondendo à pergunta "o que faz o produto?". A resposta deve sintetizar tudo o que o produto faz e que justifica a sua existência. Por exemplo: a função de uma máquina de lavar roupa é lavar a roupa suja, e sua função principal, ou global, será "lavar roupa suja". A outra forma de determinar a função global é por meio da abstração dos requisitos.

O segundo passo é a **divisão do produto em partes**. Para isso, utiliza-se a síntese funcional, na qual se divide a função principal, ou global, em subfunções até que se atinja o nível mais baixo de divisão. A partir desse nível, a divisão não é mais possível: é quando a estrutura funcional obtida satisfaz a divisão do produto em partes.

Porém, é preciso resolver como dividir a função global do produto. Uma maneira de fazer isso é perguntando como executar a função global. Por exemplo: "como lavar a roupa suja"? As possíveis respostas para essa pergunta são: "adicionar água", "adicionar sabão", "bater a roupa" e "enxaguar a roupa". Essas respostas são a primeira divisão da função global. Esse processo deve ser repetido até que se atinja o nível funcional mais baixo. Assim, deve-se perguntar, por exemplo: "como bater a roupa?".

Outra maneira de obter a estrutura funcional é elaborar uma lista de funções do produto que denote tudo que o produto faz. Para isso, pode-se utilizar uma técnica de criatividade, como o *brainstorming* ou a técnica 635. Após a obtenção da lista de funções, elas são ordenadas obedecendo à hierarquia e à lógica.

Para que se confira se a relação hierárquica e lógica entre funções que estão em um nível superior e outras que estão em um nível inferior está correta, pergunta-se: "como executar a função superior?". A resposta deverá ser "executando a função de nível inferior". Por exemplo, supondo que se

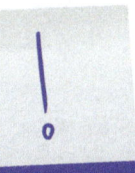

>> **IMPORTANTE**
Os métodos são diferentes até a divisão do produto em partes; a partir desse ponto, eles se tornam semelhantes.

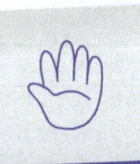

>> **ATENÇÃO**
Para a descrição de funções, deve-se evitar os verbos "ser", "estar", "ter" e "haver", pois são verbos que não indicam transformação, mas estado.

>> **DICA**
A estrutura funcional é formada pelo conjunto de funções e suas relações, como no exemplo apresentado na Figura 3.1.

> **DEFINIÇÃO**
> O **método 635** é um método de criatividade no qual um grupo de seis pessoas utiliza um formulário com três colunas e seis linhas. Depois de lançado um problema, cada participante anota três ideias no formulário e o passa adiante após um tempo predeterminado. Isso se repete cinco vezes, até que o formulário chegue ao participante que o iniciou. Então as ideias são avaliadas e, as melhores, detalhadas. O nome do método vem de sua dinâmica: 6 participantes, 3 ideias de cada um e 5 rodadas.

> **IMPORTANTE**
> É interessante desconstruir a visão que o projetista possui sobre determinado assunto por meio de pesquisas ou de técnicas de criatividade.

> **DICA**
> Projetistas com experiências prévias diferentes produzem estruturas funcionais diferentes.

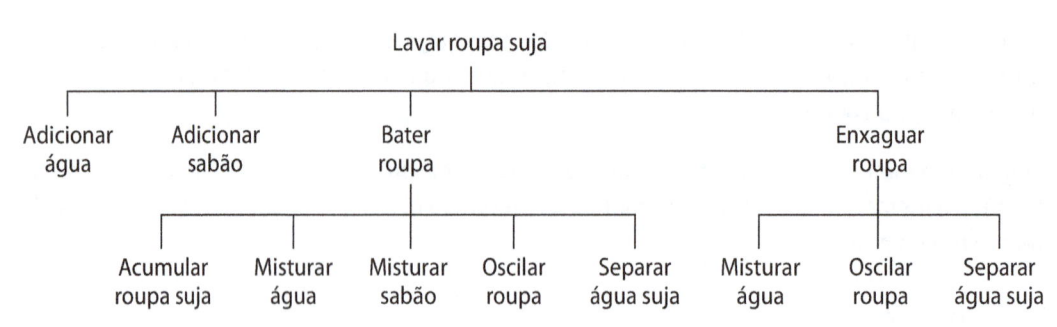

```
                        Lavar roupa suja
   ┌──────────┬──────────┬──────────┬──────────────────┐
Adicionar  Adicionar    Bater                      Enxaguar
  água       sabão      roupa                        roupa
                ┌────┬────┬────┬────┐          ┌────┬────┬────┐
            Acumular Misturar Misturar Oscilar Separar Misturar Oscilar Separar
            roupa suja água   sabão   roupa  água suja  água   roupa  água suja
```

Figura 3.1 Estrutura funcional de uma máquina de lavar roupa, com as funções dispostas em árvore.
Fonte: do autor.

pergunte "como lavar a roupa suja?", a resposta será "adicionando água, adicionando sabão, batendo a roupa e enxaguando a roupa". Ainda se deve perguntar: "por que adicionar água?". A resposta será para "lavar a roupa suja". Nesse caso, a resposta está completa e satisfaz a pergunta, significando que a divisão da função de nível superior está completa (BAXTER, 1998).

Muitas vezes, os projetistas determinam a estrutura funcional apenas considerando as funções de uso ou aquelas que permitem a execução da finalidade ou funcionamento do produto. Além dessas, existem as funções de estima, que tornam o produto atrativo e aumentam o desejo do consumidor de possuir, utilizar e adquirir o produto. Elas tornam o produto mais agradável ao consumidor, estando normalmente relacionadas aos aspectos estéticos, como forma, cor e estilo ou, ainda, com inovação, ergonomia e segurança.

Quando monta a estrutura funcional, o projetista visualiza mentalmente como a função global do produto é executada, baseando-se em suas próprias experiências ou visão sobre o processo. Por exemplo, um projetista que desenvolve uma máquina de lavar roupas visualiza alguém executando o processo de lavagem de roupas. Então, ele transporta as etapas que a pessoa executa ao lavar a roupa para as funções que devem ser executadas, a fim de cumprir a função global. Por consequência, a estrutura funcional reflete o que foi imaginado pelo projetista, que é baseado em suas experiências anteriores, limitando-o a elas.

A busca de soluções alternativas para as subfunções, assim como os demais passos para a execução do projeto conceitual, é igual para o método A e para o método B, por isso será apresentada após a explanação do método B.

Método B: estruturação do produto em parâmetros

O primeiro problema a ser resolvido durante o projeto conceitual diz respeito à **finalidade do produto**. Trata-se, essencialmente, da determinação do que o produto faz, para que ele serve ou qual necessidade irá satisfazer.

Esse problema em geral é verificado na fase de projeto informacional, durante a descrição do produto. Sua solução é o ponto de partida para a divisão do produto em partes. Esse fracionamento facilita o desenvolvimento do produto e pode ser feito por meio da divisão do produto em parâmetros.

A **divisão do produto em parâmetros** consiste em fracionar o produto em blocos ou subsistemas, identificando os subsistemas necessários para que o produto funcione ou para que cumpra a função global. Por exemplo, pode-se dividir um carro em sistema motor, de suspensão, estrutural, de freios, etc.

Os subsistemas de potência, de combustível, estrutural, sensor, operador, de controle, de comunicação, de propulsão, de controle ambiental, de lubrificação e de segurança são exemplos de sistemas que compõem um produto genérico. Evidentemente, cada produto possui alguns subsistemas destes ou talvez alguns outros mais específicos.

>> **DEFINIÇÃO**
A finalidade do produto é a razão de ele existir, ou aquilo que justifica a sua existência.

>> Busca de alternativas para cada parte do produto

Para buscar alternativas de solução, é necessário utilizar a **matriz morfológica**, que consiste em um quadro no qual se insere os parâmetros do produto ou as subfunções que se deseja buscar, bem como alternativas de solução ou princípios físicos aplicáveis.

O Quadro 3.1 mostra um exemplo de utilização da matriz morfológica a fim de buscar soluções para os parâmetros do produto. Essa busca de soluções também pode ser feita para as subfunções do produto, como na Figura 3.2. A imagem representa uma das linhas de uma matriz morfológica que pode ser construída para que o projetista analise as alternativas possíveis. Nesse caso, a coluna que contém os parâmetros será substituída por uma coluna que contenha as subfunções mais baixas na hierarquia funcional.

>> **IMPORTANTE**
O método de divisão do produto em parâmetros é mais simples do que a síntese funcional.

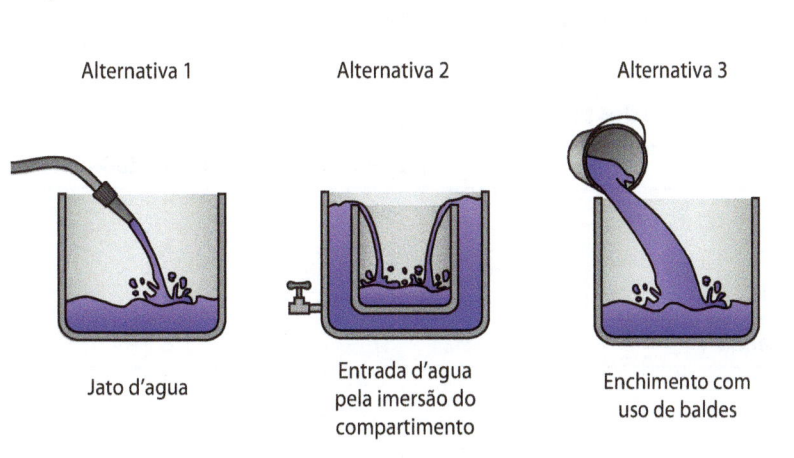

Alternativa 1 — Jato d'agua
Alternativa 2 — Entrada d'agua pela imersão do compartimento
Alternativa 3 — Enchimento com uso de baldes

Figura 3.2 Alternativas para a subfunção "adicionar água na máquina de lavar roupas".
Fonte: Thiago André Severo de Moura.

>> **NO SITE**
Acesse agora o ambiente virtual de aprendizagem Tekne (www.bookman.com.br/Tekne) e tenha acesso a um texto exclusivo que detalha as mais importantes técnicas de estímulo à criatividade.

Quadro 3.1 >> Busca de soluções alternativas para um pequeno barco

Parâmetros	Alternativa 1	Alternativa 2	Alternativa 3	Alternativa 4
Propulsão	Vapor	Eólica	Motor a diesel	Motor a gasolina
Casco	Duplo tipo catamarã	Simples	Tipo canadense	Inflável

A busca de alternativas é feita utilizando técnicas de estímulo da criatividade, como a técnica 635, o *brainstorming*, pesquisa na literatura e nos catálogos de projeto, análise de sistemas existentes e a técnica da galeria.

As soluções que o projetista encontrar para os parâmetros ou para as subfunções determinarão se o produto será uma mera cópia (utilizará conceitos conhecidos) ou se será um produto inovador, ousado e moderno, que surpreenderá o consumidor por suas características.

» Seleção das alternativas encontradas

Nessa etapa, é feita a avaliação das alternativas encontradas na etapa anterior, visando selecionar as mais adequadas ao produto. Primeiramente, devem ser decididos os **critérios de avaliação**. Em geral, os critérios estão relacionados com economia, segurança, fabricabilidade, reciclabilidade, confiabilidade, operacionalidade, mantenabilidade, estética, etc.

O projetista deve ter em mente o que é realmente importante para o seu produto. Por exemplo: para produtos populares, economia é um critério importante, o que não ocorre com produtos de alto padrão. No caso de produtos cujo funcionamento inadequado coloca em jogo a vida das pessoas, como aviões e equipamentos médicos, a segurança é um critério fundamental. A importância dos critérios vai depender do entendimento do projetista, que pode buscar referências em pesquisas de mercado. Para facilitar a avaliação, normalmente se utiliza uma tabela (na Tabela 3.1, por exemplo, a alternativa mais viável é o motor a diesel).

Tabela 3.1 » Avaliação dos parâmetros de projeto (propulsão)

Alternativas	Segurança	Economia	Confiabilidade	Total
Vapor	3	5	7	15
Eólica	8	10	5	23
Motor a diesel	9	6	9	24
Motor a gasolina	7	7	8	22

O método de Pugh é utilizado para selecionar as melhores alternativas de solução (Tabela 3.2). O método consiste em comparar as soluções entre si, em relação a critérios previamente estabelecidos.

Nesse método, uma solução é escolhida como referência e comparada com as soluções alternativas. Se uma solução é melhor do que a solução alternativa tomada como referência em relação à satisfação de determinado critério, ela recebe um "+", que vale um ponto. Se for igual, recebe um "=", que vale zero, e, se for pior, recebe um "–", que vale menos um ponto.

Tabela 3.2 » Exemplo do processo de seleção de conceitos de Pugh

Critérios	Soluções alternativas			
	1	2	4	
Segurança	+	=	+	
Confiabilidade	–	+	–	Referência solução alternativa 3
Economia	–	+	+	
Total	–1	2	1	

> **» DICA**
> A busca de alternativas de solução é o momento mais propício para inovação e exige criatividade do projetista.

> **» DICA**
> O **método de Pugh** também é conhecido como processo de seleção de conceitos.

> **» DICA**
> Para iniciar o processo de avaliação, deve-se escolher como referência a solução alternativa que parecer melhor do que as outras em relação à satisfação dos critérios. Isso evita iterações desnecessárias.

Na Tabela 3.2, na avaliação do critério segurança, a solução alternativa "1" recebeu um "+" em relação à solução alternativa tomada como referência, o que significa que ela atende melhor ao critério "segurança" do que a referência. Na próxima iteração do método, a solução alternativa "2" passará a ser a referência. Se na próxima avaliação nenhuma outra solução alternativa receber pontuação positiva, o processo de avaliação estará concluído.

O inconveniente é que nem sempre o projetista pode fazer julgamentos sobre dados ou informações confiáveis, restando então utilizar a intuição e o bom senso como base de julgamento. Por isso, muitas vezes é necessário escolher mais do que uma única solução, para que, com elas, sejam feitos testes e análises mais acurados, inclusive construindo modelos quando necessário para melhor avaliação e escolha mais criteriosa.

> **» IMPORTANTE**
> Muitas das soluções que serão utilizadas podem não ter sua origem em uma única solução, mas na combinação de aspectos positivos de várias soluções alternativas.

» Agora é a sua vez!

1. Qual é a semelhança entre as duas formas utilizadas para desenvolver os conceitos do produto?
2. Pense em um produto que você utilize regularmente e crie uma lista de funções para ele.
3. Defina função global ou principal do produto.
4. Qual é a finalidade do método de Pugh?

» Projeto preliminar

O projeto preliminar é a terceira fase da metodologia de projeto. É neste momento que se determina a configuração do produto, iniciando com os princípios de solução escolhidos, configurados de forma a permitir a produção e o funcionamento, em conformidade com as especificações.

O princípio que deve orientar o projeto preliminar é a **busca do cumprimento das especificações**, mantendo a ideia de desenvolver um produto simples e claro em sua essência. Produtos complexos e difíceis de entender em relação aos seus aspectos, principalmente os funcionais, são produtos problemáticos, podendo surgir a necessidade de reprojeto, *recall* e manutenção antecipada, além de modificação na fabricação e na montagem.

> **DICA**
> A opção por arquitetura modular ou integrada pode ser resultado de determinadas exigências ou restrições contidas na lista de especificações.

> **CURIOSIDADE**
> As montadoras de automóveis estão entre as empresas que mais utilizam a modularização. Possivelmente, isso tenha uma relação com a história de inovações da indústria automotiva.

» Arquitetura: configuração geral do produto

O primeiro passo no projeto preliminar é a determinação da configuração do produto como um todo, para a qual se deve decidir se o produto será ou não formado por blocos. Caso o produto seja dividido em blocos, eles serão os embriões dos módulos. A decisão de formar blocos ou não determinará a arquitetura geral do produto, que pode ser em **blocos** (modular) ou **sem blocos** (integrada) (BAXTER,1998).

Configuração integrada

Na configuração integrada, uma função pode estar distribuída por várias partes do produto, não havendo uma relação visível entre os subsistemas e as funções que eles executam. É utilizada em produtos simples ou de fabricação única e sob demanda, e a maioria das peças é fabricada com exclusividade. Nesse caso, não há blocos ou fronteiras entre as funções que são desempenhadas pelos componentes e, às vezes, o produto é um bloco único.

Uma vantagem da configuração integrada é a **maximização do desempenho**. No entanto, a desvantagem é a dificuldade de implementar modificações no projeto. Em geral, o reprojeto parcial ou de um componente requer grandes mudanças em boa parte do produto.

Configuração modular

Na configuração modular, os módulos têm funções bem definidas e não compartilham funções com outros módulos, sendo independentes. Quando se opta por uma configuração modular, devem-se decidir quantos e quais serão os módulos que o produto terá. No caso do produto modularizado, no qual cada módulo é independente, tem-se a possibilidade de projetar e produzir cada módulo separadamente, bastando padronizar as interfaces ou acoplamentos entre os módulos.

Os módulos podem ser combinados para montar um número maior de variações de um produto ou mesmo produtos diferentes. A montagem de vários produtos, a partir de módulos, apresenta **redução do custo de produção**, devido ao maior volume de módulos produzidos. Além disso, possibilita, aos fornecedores dos módulos, a venda para diferentes empresas, como ocorre com as montadoras de automóveis.

> **» NA HISTÓRIA**
>
> **Henry Ford**, para resolver os problemas de compatibilidade entre componentes durante a produção, criou o conceito de intercambiabilidade de componentes, possibilitando a produção em massa. Esses problemas de produção consistiam basicamente em questões dimensionais dos componentes dos automóveis. Até então, cada trabalhador que fabricava componentes possuía seu próprio sistema de medidas, sujeitando os componentes à necessidade de ajustes no momento da montagem. Neste caso, a intercambiabilidade exigiu a padronização e homogeneização dos sistemas de medidas, reduzindo drasticamente a necessidade de ajustes na montagem e, como consequência, aumentando significativamente a produtividade.

Pode-se traçar um paralelo entre a intercambiabilidade e a modularidade, pois a modularidade pressupõe a presença de interfaces que possibilitam montagens e combinações entre subsistemas de um produto, ou seja, permite a intercambiabilidade de subsistemas funcionais. Por outro lado, diferentemente da intercambiabilidade, a modularidade, além de outras características, forma módulos funcionais no produto. Nesses módulos funcionais, agregam-se vários componentes que, em conjunto, executam uma ou mais subfunções que contribuem para a execução da função principal do produto.

Existem ainda os módulos construtivos que são construídos para atender a necessidades construtivas, não para implementar funções. São mais utilizados quando o produto é dividido em parâmetros ou subsistemas.

Como os módulos podem ser produzidos em vários tamanhos, os produtos modulares também são produzidos em vários tamanhos. Além disso, novos produtos modulares podem ser produzidos a partir de módulos já existentes, sendo necessário desenvolvimento e testes apenas para eventuais módulos criados especificamente. Também é comum, mesmo em produtos modulares, que algumas funções não se transformem em blocos ou módulos, mas sejam distribuídas por todo o produto. Elas podem ser chamadas de funções não modularizáveis.

A modularização é recomendada para produtos que necessitam de modificações frequentes, atualização, adaptação às novas realidades de mercado, flexibilidade, nova estética e facilidade na reutilização de módulos.

Entre as **vantagens da modularização** (HUANG, 2000), podemos citar:

- Economia em escala.
- Aumento da possibilidade de modificações no produto ou em seus componentes.
- Ampliação da variedade de produtos.
- Redução do tempo de preparação das máquinas de manufatura.
- Facilidade na manutenção, atualização e descarte.
- Divisão da função do produto, o que resulta em funções de menor complexidade.

Entre as **desvantagens da modularização** dos produtos encontram-se:

- Aumento de custos devido à redundância física.
- Superdimensionamento para que o produto atenda às condições extremas.
- Similaridade excessiva entre produtos.

Divisão do produto em módulos

O produto pode ser dividido em módulos por meio de duas formas distintas. A primeira é mais simples, mas também mais sujeita a erros e imprecisões. Ela é aplicável no caso dos projetistas optarem por *fazer a divisão do produto em partes por meio dos subsistemas ou parâmetros, durante o projeto conceitual*. Nesse caso, para desenvolver um produto modular, basta desenvolver cada parâmetro ou subsistema como um módulo.

Entretanto, isso nem sempre é possível, pois a ideia da modularização está fortemente enraizada na descrição do produto segundo uma estrutura funcional. Para ilustrar, pode-se tomar como exemplo o Quadro 3.1 e a Tabela 3.1 (respectivamente, busca de soluções alternativas para um pequeno barco e avaliação do parâmetro propulsão). Por ter sido considerada a melhor alternativa, haverá no produto (pequeno barco) um módulo de propulsão formado por um motor movido a óleo diesel.

A segunda forma de estabelecer os módulos é por meio da transformação das subfunções em módulos funcionais. Nesse caso, utilizam-se as funções elementares, que são as subfunções que estão no nível mais baixo da estrutura funcional e não podem mais ser divididas.

>> **DEFINIÇÃO**
Intercambialidade é a qualidade de algo que é intercambiável, ou seja, que pode ser trocado ou substituído por outro similar sem necessidade de ajustes ou adaptações.

>> **DEFINIÇÃO**
Produtos modulares são aqueles produtos que cumprem diversas funções principais por meio da combinação de blocos ou módulos construtivos distintos (PAHL; BEITZ, 1996).

A princípio, cada função elementar se torna um módulo, mas às vezes é necessário ou mais viável técnica e economicamente unir várias dessas funções em um único módulo. Tomando como exemplo as subfunções apresentadas na Figura 3.1 (estrutura funcional de uma máquina de lavar roupa, com as funções dispostas em árvore), o produto (máquina de lavar roupa) tem como função global "lavar roupa suja". A função global foi decomposta em subfunções, que serão os módulos, para os quais, supõe-se, já se conhecem as soluções alternativas selecionadas.

No entanto, caso o projetista deseje acumular em um único módulo as subfunções "misturar água", "misturar sabão" e "oscilar roupa", ele certamente poderá fazê-lo, pois essas três subfunções podem ser executadas pelo mesmo módulo. Para isso, deve unir os princípios de solução selecionados para execução das subfunções.

Os módulos funcionais são classificados conforme o Quadro 3.2.

Quadro 3.2 » Classificação dos módulos funcionais

Módulos básicos	Implementam subfunções cujo desempenho possibilitam a execução da função global.
Módulos auxiliares	Implementam funções auxiliares e, quando em conjunto com os módulos básicos, possibilitam a criação de diferentes produtos.
Módulos adaptativos	Implementam funções adaptativas que possibilitam adaptar um componente ou módulos aos outros módulos ou produtos.
Não módulos	Implementam funções específicas para atender às necessidades dos consumidores.

Além da classificação dos módulos funcionais, os produtos também podem apresentar três classes básicas de modularidade (HUANG, 2000), conforme o Quadro 3.3.

Quadro 3.3 » Classificação da modularidade

Modularidade de substituição	Ocorre quando a substituição dos componentes unidos aos módulos cria produtos diferentes, mas pertencentes à mesma família de produtos. Exemplo: modelos diferentes de automóveis da mesma linha, que se diferenciam pela presença ou não de equipamentos de som, ar-condicionado e direção hidráulica.
Modularidade de compartilhamento	Ocorre quando módulos compartilham o mesmo componente básico, criando diferentes produtos de diferentes famílias. Exemplo: veículos diferentes, como camionetes e automóveis, que utilizam os mesmos motores.
Modularidade de combinação	Ocorre quando um módulo pode ser combinado com qualquer número de componentes básicos. Exemplo: computadores pessoais que podem ser conectados, através das portas de entrada e saída de dados, a impressoras laser, *plotters*, *scanners*, entre outros.

Caso se deseje montar uma linha de produtos de diferentes tamanhos partindo-se de alguns módulos, deve-se estudar a necessidade de **séries de módulos** de diferentes tamanhos. Para desenvolvê-las, é preciso ter em mente que módulos que executam a mesma função, porém possuem diferentes tamanhos, respeitam as mesmas regras de similaridade.

Existem várias **regras de similaridade** que uma série de módulos de diferentes tamanhos pode respeitar, como geométrica, temporal, elétrica, térmica, luminosa e de forças. Por exemplo: em uma série de módulos, o menor apresenta 20 × 30 × 60 centímetros de comprimento, largura e altura, respectivamente, apresentando uma relação entre comprimento e largura de 0,67, e entre comprimento e altura de 0,33. O maior módulo apresenta 126 × 189 × 378 centímetros de comprimento, largura e altura, respectivamente, apresentando a mesma relação entre comprimento e largura e entre comprimento e altura.

Em geral, as regras de similaridade baseiam-se em parâmetros dimensionais, denotados pela letra φ, como os apresentados no Quadro 3.4.

> » **IMPORTANTE**
> No exemplo ao lado, o fator de acréscimo pelo qual as dimensões do módulo menor foram multiplicadas é de 6,3, obtendo as dimensões do módulo maior. Esse fator se mantém constante para todas as dimensões, apesar da variação do tamanho dos módulos.

Quadro 3.4 » Regras de similaridade

Similaridade	Variáveis	Regras de similaridade
Geométrica	Dimensões (L)	$\varphi = L_1/L_0$
Temporal	Tempo (t)	$\varphi = t_1/t_0$
Elétrica	Carga elétrica (Q)	$\varphi = Q_1/Q_0$
Luminosa	Intensidade Luminosa (J)	$\varphi = J_1/J_0$
Cinemática	Velocidade (V)	$\varphi = V_1/V_0$
Estática	Força (F)	$\varphi = F_1/F_0$
Dinâmica	Hooke (Ho) onde $Ho = \dfrac{F}{E \cdot L^2}$	$\varphi = Ho_1/Ho_0$
Dinâmica	Newton (Ne) onde $Ne = \dfrac{F}{\rho \cdot v^2 \cdot L^2}$	$\varphi = Ne_1/Ne_0$
Dinâmica	Cauchy (Ca) onde $Ca = \dfrac{Ho}{Ne} = \dfrac{\rho \cdot v^2}{E}$	$\varphi = Ca_1/Ca_0$
Dinâmica	Froude (Fr) onde $Fr = \dfrac{v^2}{g \cdot L}$	$\varphi = Fr_1/Fr_0$
Dinâmica	Relação entre força elástica e gravitacional, que é uma variável sem nome (SN) onde $SN = \dfrac{E}{\rho \cdot g \cdot L}$	$\varphi = SN_1/SN_0$
Dinâmica	Reynolds (Re) onde $Re = \dfrac{L \cdot v \cdot \rho}{\eta}$	$\varphi = Re_1/Re_0$
Térmica	Temperatura (T)	$\varphi = T_1/T_0$
Térmica	Biot (Bi) onde $Bi = \dfrac{h \cdot L}{\lambda}$	$\varphi = Bi_1/Bi_0$
Térmica	Fourier (Fo) onde $Fo = \dfrac{\lambda \cdot t}{c \cdot \rho \cdot L^2}$	$\varphi = Fo_1/Fo_0$

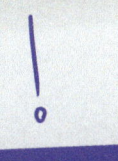

Respeitando as regras de similaridade, é possível criar **séries de produtos**. Para isso, basta ter os valores para determinada característica do menor e do maior módulo. No exemplo anterior, as dimensões do módulo maior são 6,3 vezes as dimensões do módulo menor. Caso fosse necessário criar dois módulos de tamanhos intermediários, seriam feitos os seguintes cálculos:

$$N = \frac{\text{Valor da Propriedade do Maior Módulo}}{\text{Valor da Propriedade do Menor Módulo}} = \varphi^n$$

Onde:

N = fator de acréscimo ou de multiplicação entre o menor e o maior módulo da série, também chamado de número característico.

n = número de passos intermediários. O número total de módulos da série será $z = n + 1$, ou seja, quando se deseja uma série com 4 módulos distintos, o número de passos intermediários será 3.

φ = fator de acréscimo ou de multiplicação entre os módulos consecutivos. Para obtê-lo, utiliza-se a equação:

$$\varphi = \sqrt[n]{N}$$

Substituindo na equação anterior, tem-se:

$$N = \varphi^n = \frac{126}{20} = 6{,}3$$

Nesse caso, o fator de acréscimo ou de multiplicação entre os módulos consecutivos (φ) será:

$$\varphi = \sqrt[n]{N} = \sqrt[3]{6{,}3} = 1{,}85$$

As dimensões dos módulos estão apresentadas na Tabela 3.3.

Tabela 3.3 » Dimensões dos módulos da série

Comprimento	Largura	Altura	Ordem
20	30	60	1 (menor)
37	55	111	2
68	102	205	3
126	189	378	4 (maior)

Observa-se que os valores de comprimento, largura e altura foram arredondados, o que constitui uma prática comum quanto se trata de criar séries. Isso também ocorre com os chamados números normalizados, utilizados para a criação de séries de produtos (Tabela 3.4).

Tabela 3.4 » **Escala de números normalizados para séries de produtos com** $N = 10$

R5	R10	R20	R5	R10	R20
1,00	1,00	1,00		3,15	3,15
		1,12			3,55
	1,25	1,25	4,00	4,00	4,00
		1,40			4,50
1,60	1,60	1,60		5,00	5,00
		1,80			5,60
	2,00	2,00	6,30	6,30	6,30
		2,24			7,10
2,50	2,50	2,50		8,00	8,00
		2,80			9,00

Alocação dos módulos no produto

Após decidir quantos e quais módulos o produto terá, deve-se decidir sua disposição dentro do produto (Figura 3.3). A **disposição dos módulos no produto** poderá ser:

1) lateral (um módulo ao lado do outro);

2) parcialmente embutido;

3) totalmente embutido (um módulo fica totalmente alocado dentro de outro).

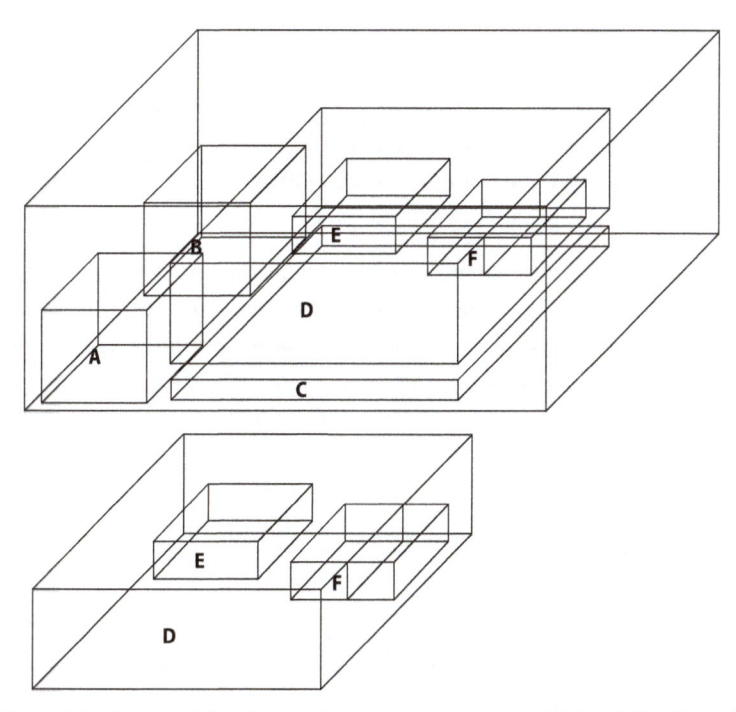

Figura 3.3 Disposição dos módulos dentro de um produto, com módulos D, E e F em destaque.
Fonte: do autor.

A disposição lateral compreende a disposição lateral superior e inferior. Acima de três módulos, a disposição lateral pode se configurar, ainda, como linear, perpendicular ou outra que o projetista conceber. Essas disposições estão ilustradas na Figura 3.4.

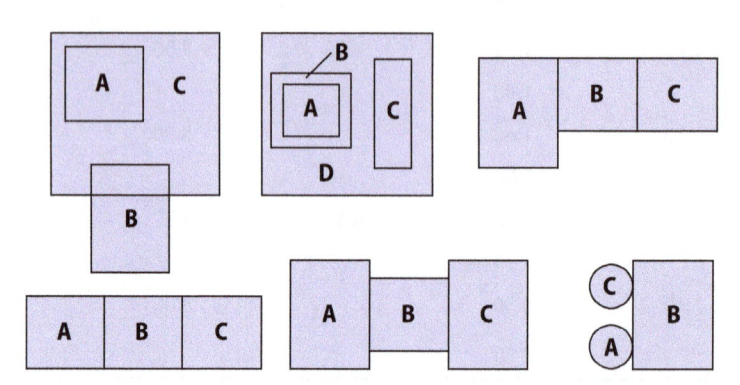

Figura 3.4 Exemplos de algumas disposições possíveis para os módulos de um produto.
Fonte: do autor.

Ao decidir sobre a disposição dos módulos, os projetistas devem atentar para a necessidade de interface e compatibilidade entre eles. Em relação à **compatibilidade**, deve-se verificar se a proximidade ou a distância entre módulos não originará problemas devido à geração de calor, indução eletromagnética e vibrações, por exemplo. Nesses casos, um módulo que dê origem a um campo magnético intenso pode ocasionar mal funcionamento ou queima de componentes no módulo vizinho.

Em relação à necessidade de **interface** entre módulos, é preciso observar três aspectos básicos, conforme abaixo:

O relacionamento físico entre módulos: trata das questões dimensionais que determinam o acoplamento físico entre módulos para transmissão de energia ou massa, a fixação dos módulos na estrutura do produto ou na estrutura do módulo vizinho, as dimensões, as formas e a distância entre módulos. Isso determina a montagem, o acesso para manutenção e a limpeza, entre outros aspectos.

O relacionamento funcional: trata das entradas e saídas dos módulos que determinam a execução correta de suas funções. O projetista deve projetar para que a disposição dos módulos não afete a relação entre entradas e saídas dos módulos, evitando interferências na interface de conexão entre entradas e saídas. São exemplos de problemas no relacionamento funcional as entradas erradas, indesejadas, nulas (não há nada na entrada, mas algo é esperado), excessivas, não programadas ou distorcidas.

» EXEMPLO

Imagine que um módulo necessita de uma corrente de 1A e tensão de 12V para funcionar perfeitamente. Essa, então, deve ser a corrente eletrônica e a saída do módulo vizinho, que o alimenta.

O relacionamento dos fluxos: trata da transmissão de massa e de energia entre módulos, bem como das conexões físicas da interface para essa transmissão. Diferentemente do relacionamento funcional, que se preocupa com os valores de referência de entradas e saídas para o funcionamento dos módulos, no relacionamento de fluxos se verifica a forma e o objeto que é transmitido.

> **» EXEMPLO**
>
> Fluxos de água, óleo, ar, calor, radiação, eletricidade – cujos problemas de conexão, estocagem ou liberação inadvertida podem ocasionar combustão, perda de material, corrosão, contaminação, entre outros – são exemplos do relacionamento dos fluxos.

Para determinar as disposições possíveis, o projetista deve determinar as necessidades de espaço requerido para que cada princípio de solução seja realizado fisicamente. Após a necessidade de espaço físico ter sido determinada, pode-se estudar as possibilidades da disposição de um módulo em relação ao outro dentro do produto.

Uma ferramenta que pode ser utilizada para isso é o **MESCRAI**, cuja sigla são as iniciais de modificar (aumentar, diminuir, curvar, dispor de outra forma, deformar, etc.), eliminar, substituir, combinar, rearranjar, adaptar e inverter. Essa ferramenta é útil para efetuar mudanças simples ou que não estejam na essência do objeto de modificação. Por exemplo, se uma disposição linear de quatro módulos não é possível, devido à falta de espaço físico, pode-se rearranjar os módulos lateralmente dois a dois, na forma de um quadrado.

» Agora é a sua vez!

1. Qual é o primeiro passo no projeto preliminar?
2. Quais são as diferenças entre configuração integrada e modular?
3. Relacione as vantagens e desvantagens da modularização.
4. Como podem ser classificados os módulos funcionais?
5. Cite algumas das regras de similaridade existentes.
6. Qual é a importância da compatibilidade e da interface entre os módulos?

> **IMPORTANTE**
> A compatibilidade espacial visa verificar se há espaço suficiente para as partes do produto e se as necessidades de espaço para entradas e saídas de cada subsistema são compatíveis com as de seus vizinhos.

> **DICA**
> Os materiais são selecionados, primeiramente, quando fatores como propriedades e custos dos materiais são mais importantes, determinando uma seleção posterior dos processos de fabricação.

> **DICA**
> Quando a opção for por utilizar um *software* de desenho técnico, o ideal é que seja um *software* paramétrico. Assim, torna-se bastante fácil fazer as alterações necessárias conforme a evolução das ideias.

» Esboço dos componentes e do produto

Após determinar quais módulos são necessários, deve-se efetuar um esboço dos componentes e do produto como um todo, listando todos os componentes e indicando os materiais e processos de fabricação que serão utilizados para a produção (conforme exemplificado nas Figuras 3.5 e 3.6 e no Quadro 3.5). Esse esboço ou desenho preliminar dá forma física às alternativas escolhidas e possibilita verificar a compatibilidade espacial das diversas partes do produto, considerando os valores definidos em suas especificações.

Durante o esboço dos componentes há a definição dos processos de fabricação e dos materiais que serão utilizados. Para isso, é preciso considerar as especificações de projeto e a disponibilidade de materiais e de processos de fabricação. Em geral, a decisão por um ou outro processo de fabricação, assim como por um ou outro material a ser utilizado, conjuga as necessidades, as disponibilidades e as restrições existentes para a produção do produto, sendo muitas vezes determinada pela lista de especificações. No entanto, não raro a necessidade de materiais com determinadas características determina a escolha do processo de fabricação. Por exemplo, se algum componente do produto deve ser leve e não sofrer corrosão, algum material plástico provavelmente será escolhido para

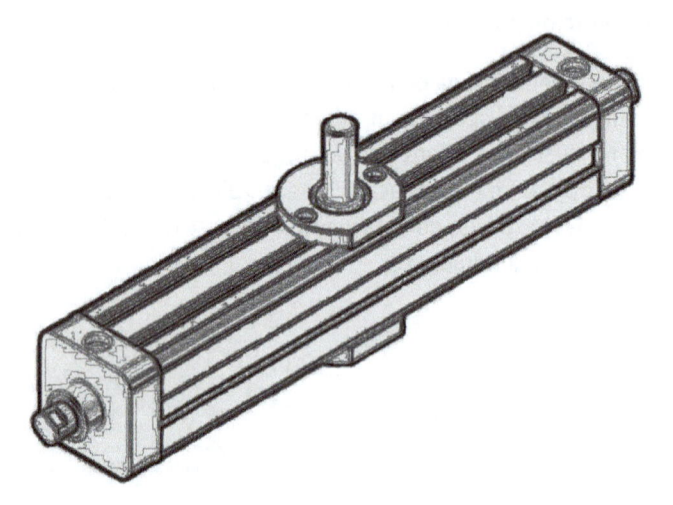

Figura 3.5 Esboço de um cilindro pneumático rotativo.
Fonte: Cortesia de Felício José Gesser.

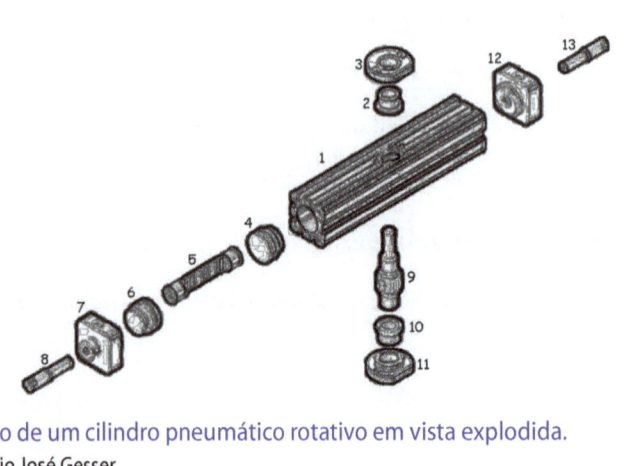

Figura 3.6 Esboço de um cilindro pneumático rotativo em vista explodida.
Fonte: Cortesia de Felício José Gesser.

a fabricação desse componente. Como consequência, o processo de fabricação escolhido deve ser capaz de efetuar a fabricação de componentes plásticos, como os processos de injeção, conformação a vácuo ou termoformagem.

Por outro lado, se há disponibilidade apenas de alguns processos de fabricação específicos, os materiais que serão utilizados devem ser compatíveis com esses processos de fabricação. Os processos são, então, selecionados primeiramente quando existirem restrições de custos e disponibilidade de processos, além de restrições em relação às quantidades a serem produzidas. Portanto, a escolha dos processos de fabricação define os materiais que serão utilizados.

O esboço do produto pode ser feito à mão ou por um *software* de desenho técnico. Ao final do esboço dos componentes e do produto, deve-se produzir uma lista de todos os componentes que compõe o produto, indicando as quantidades de cada componente, os processos de fabricação, os materiais que serão utilizados e a folha ou local onde o desenho do componente está localizado.

Quadro 3.5 » **Lista de componentes, materiais e processos de fabricação**

Número do componente	Componentes	Materiais	Processo de fabricação
1	Camisa	Alumínio	Extrusão, furação e corte
2 e 10	Bucha do mancal	Bronze	Torneamento
3 e 11	Mancal	Alumínio	Torneamento e fresamento
4 e 6	Embolo	Alumínio	Torneamento
5	Cremalheira	Aço ABNT 1020	Torneamento e fresamento
7 e 12	Tampa do cilindro	Alumínio	Fundição, torneamento e fresamento
8 e 13	Batente ajustável	Alumínio	Torneamento e fresamento
9	Eixo do pinhão	Aço ABNT 1020	Torneamento e fresamento

» Integração dos aspectos do produto

A integração dos aspectos do produto tem por objetivo fazer com que seus esboços e os dos componentes atendam as especificações, além de harmonizar as estruturas físicas que cumprem as funções ou atendam os parâmetros do produto. Isso significa que o produto também precisa atender às recomendações de projeto para segurança, estética, produtibilidade, ergonomia, sustentabilidade, funcionalidade, operacionalidade e economia.

A **segurança** dos consumidores durante a utilização do produto é fundamental. Por isso, é importante que os esboços do produto e de seus componentes sejam aprimorados, para que seja isento

> **DICA**
> Para se orientar nas definições estéticas do produto, o projetista também pode construir um painel do produto, contendo fotografias e figuras dos concorrentes ou de produtos semelhantes.

de perigos, tenha seus riscos isolados e apresente avisos, por exemplo. Para isso, deve-se considerar as recomendações de segurança do Capítulo 5.

A **estética** do produto é o que atrai o consumidor para a compra, por isso não deve ser desprezada. Em geral, projetistas de formação mais técnica tendem a desconsiderar as formas, cores, texturas e outros aspectos estéticos, construindo um produto de aparência questionável, porém de bom funcionamento. Para amenizar esse problema, pode-se conformar o esboço do produto com as funções de estima ou os aspectos da "boa" estética explicados no Capítulo 6.

A **produtibilidade** visa adequar o produto às formas compatíveis com os processos selecionados e às solicitações que os materiais estarão sujeitos, entre outros aspectos. As recomendações para a produtibilidade são discutidas no Capítulo 7. Em relação às solicitações torna-se necessário efetuar os cálculos de dimensionamentos, verificando se os componentes são resistentes a estas solicitações, que podem ser de natureza elétrica, estática, dinâmica ou outra.

Com relação à **ergonomia**, deve-se considerar, ao menos, as dimensões necessárias para que o usuário utilize o produto de forma confortável. Também se devem considerar as forças e as solicitações às quais o usuário estará sujeito durante a operação, como solicitação visual, ruídos, vibrações, calor, umidade, forças de operação e manuseio. As recomendações para um bom projeto ergonômico estão no Capítulo 8.

A **sustentabilidade** do produto se refere ao uso de materiais, consumo de energia, reutilização de componentes, reciclagem, descarte, geração de lixo e materiais tóxicos, ou seja, aqueles aspectos que causam impactos ambientais. A sustentabilidade pode ser considerada observando as recomendações discutidas no Capítulo 9.

Se por um lado aspectos estéticos proporcionam a atratividade do produto, a execução de funções ou a **funcionalidade** é o que proporciona sua consistência. Mesmo que o produto seja belo e atrativo, não será útil se não executar as funções para as quais foi projetado. Considerar a funcionalidade significa considerar as funções principais e suas subfunções, além de propriedades cinemáticas e dinâmicas, conversões de energia, de matéria e de sinais. As recomendações para melhorar a funcionalidade estão no Capítulo 10.

A **operacionalidade** do produto também deve ser considerada nesta etapa do processo de projeto, o que inclui a confiabilidade, a manutenção, a embalagem, a instalação, a assistência técnica, a durabilidade e o ambiente de utilização, entre outras variáveis a ser consideradas. As recomendações para tornar o produto mais operacional estão no Capítulo 11.

Os custos de projeto, fabricação, operação, manutenção, etc., são relacionados à **economia** do produto e devem ser analisados visando buscar reduzir custos, tanto para o fabricante quanto para o consumidor. Esse perfil econômico e os demais aspectos da economia a serem considerados durante o projeto são discutidos no Capítulo 12.

A **integração do** produto é a atividade de combinar ou conjugar todos os aspectos anteriores, a fim de que o produto forme um conjunto ou configuração harmônicos. Quando o produto é um acessório para algo já existente ou quando forma um conjunto com outros produtos, também é preciso cuidado para formar um conjunto harmônico. Uma forma de fazer essa integração é analisar os componentes do produto e redesenhá-los. Por exemplo, se algum componente foi esboçado com cantos vivos e cortantes, estes devem ser eliminados, e um novo desenho com cantos arredondados deve ser criado.

Otimização do projeto preliminar

A otimização do projeto preliminar se refere à análise e correção de problemas, erros e distúrbios, além da construção de modelos, se houver necessidade. Assim, para otimizar um produto, pode-se utilizar experimentação, equações ou formulações matemáticas. Também são úteis os testes com modelos que representem o produto, total ou parcialmente.

Na utilização de **experimentação** para otimizar o produto, estuda-se o fenômeno físico ou químico relacionado a ele. Por exemplo, para escolher uma liga que suporte determinadas solicitações, como fadiga, pode-se estudar separadamente a liga que responda melhor à fadiga por meio de experimentação realizada pelo método estatístico completo ou pelo método de Taguchi. A experimentação é utilizada para desenvolver aspectos específicos do produto.

A utilização de **equações e formulações matemáticas** envolve a descrição do fenômeno que ocorre no produto por meio da matemática, o que resulta em fórmulas, sistemas de equações e modelos matemáticos computacionais. Seu uso é bastante comum no projeto e abrange cálculos de resistência dos materiais, elementos de máquinas, movimentação de massa, transmissão de calor, fluxo e carga elétrica. Esses cálculos são necessários, geralmente, para evitar o super ou o subdimensionamento de componentes e módulos.

Devido aos avanços na informática, é cada vez mais comum a utilização de códigos ou *software* computacionais para simulação dos problemas encontrados nos produtos. Códigos ou *software* permitem cálculos de solicitações de qualquer natureza de forma mais precisa e confiável do que os cálculos manuais. Eles são comumente utilizados em simulações e cálculos de resistência dos materiais, de mecânica dos fluídos, de transferência de calor, de compatibilidade espacial e de mecanismos. As técnicas mais utilizadas nestes códigos ou *software* são as de elementos finitos e a de volumes finitos.

Os testes com modelos envolvem a necessidade de construção de laboratórios, o que normalmente é dispendioso. Porém, em muitos casos é a única forma de ter certeza que o produto se comportará segundo as expectativas.

> **PARA SABER MAIS**
> As equações para realização de cálculos de resistência dos materiais, elementos de máquinas, movimentação de massa, transmissão de calor, fluxo e carga elétrica são encontradas em bibliografia especializada, como nos livros *Elementos de Máquinas de Shigley*, 8.ed. (BUDYNAS; NISBETT, 2011) *Transferência de Calor e Massa*, 4.ed. (ÇENGEL, 2012), e *Mecânica dos Materiais*, 5.ed. (BEER, 2011).

> **NO SITE**
> Acesse agora o ambiente virtual de aprendizagem Tekne e tenha acesso a um texto exclusivo que detalha a utilização de modelos em projetos.

Projeto detalhado

A fase de projeto detalhado é a última fase da metodologia de projeto e tem como função gerar uma documentação capaz de permitir a produção do produto. Isso inclui informações sobre a configuração do produto, as formas, as dimensões e as tolerâncias dos componentes, os acabamentos superficiais, a seleção de materiais, métodos de produção, máquinas e ferramentas para fabricação, os procedimentos para montagem e os custos. Pode incluir ainda os procedimentos de operação.

A atividade principal no projeto detalhado são os **desenhos dos componentes**, que permitirão sua produção. As **instruções para montagem** do produto completo a partir dos componentes também são necessárias nessa etapa do projeto. Como instruções de montagem, podem-se utilizar

> **DICA**
> Nessa fase, também podem ser necessárias informações sobre transporte e embalagem do produto.

desenhos de vistas explodidas ou um fluxograma, indicando a sequência de montagem e outras informações adicionais que forem necessárias.

As **tolerâncias**, assim como os acabamentos superficiais, devem ser compatíveis com os processos de fabricação escolhidos para obtenção dos componentes.

Os **materiais e os processos de fabricação** escolhidos anteriormente, no projeto preliminar, devem ser detalhados, nessa fase, para a realidade comercial existente. Por exemplo, ao optar por determinada liga ou material, em função de suas propriedades, é comum que o projetista não a encontre comercialmente. Assim, surge a necessidade de especificar materiais comerciais e adaptar as definições anteriores do produto a essa escolha.

O projeto detalhado deve ser constituído, portanto, de desenhos completos dos componentes, com as respectivas medidas, tolerâncias e acabamentos superficiais, e de uma lista de componentes com a especificação dos materiais, os processos de fabricação e as instruções de montagem. Essas são as informações básicas para executar a fabricação de um produto. Os desenhos e a lista de componentes estão exemplificados nas Figuras 3.7, 3.8 e 3.9 e no Quadro 3.6.

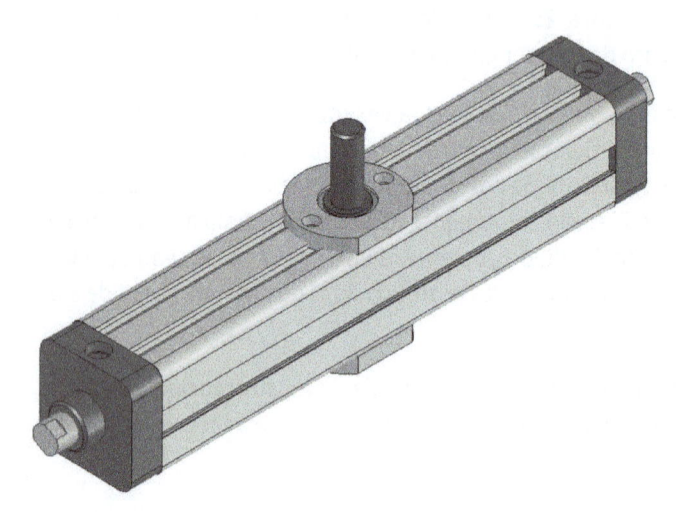

Figura 3.7 Desenho do conjunto em perspectiva.
Fonte: Cortesia de Felício José Gesser.

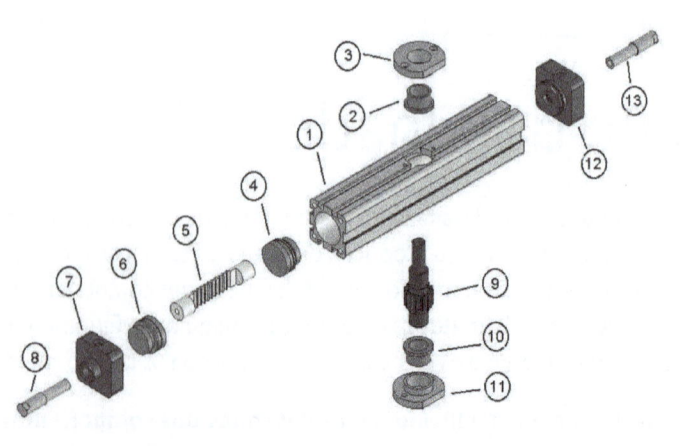

Figura 3.8 Desenho do conjunto em vista explodida.
Fonte: Cortesia de Felício José Gesser.

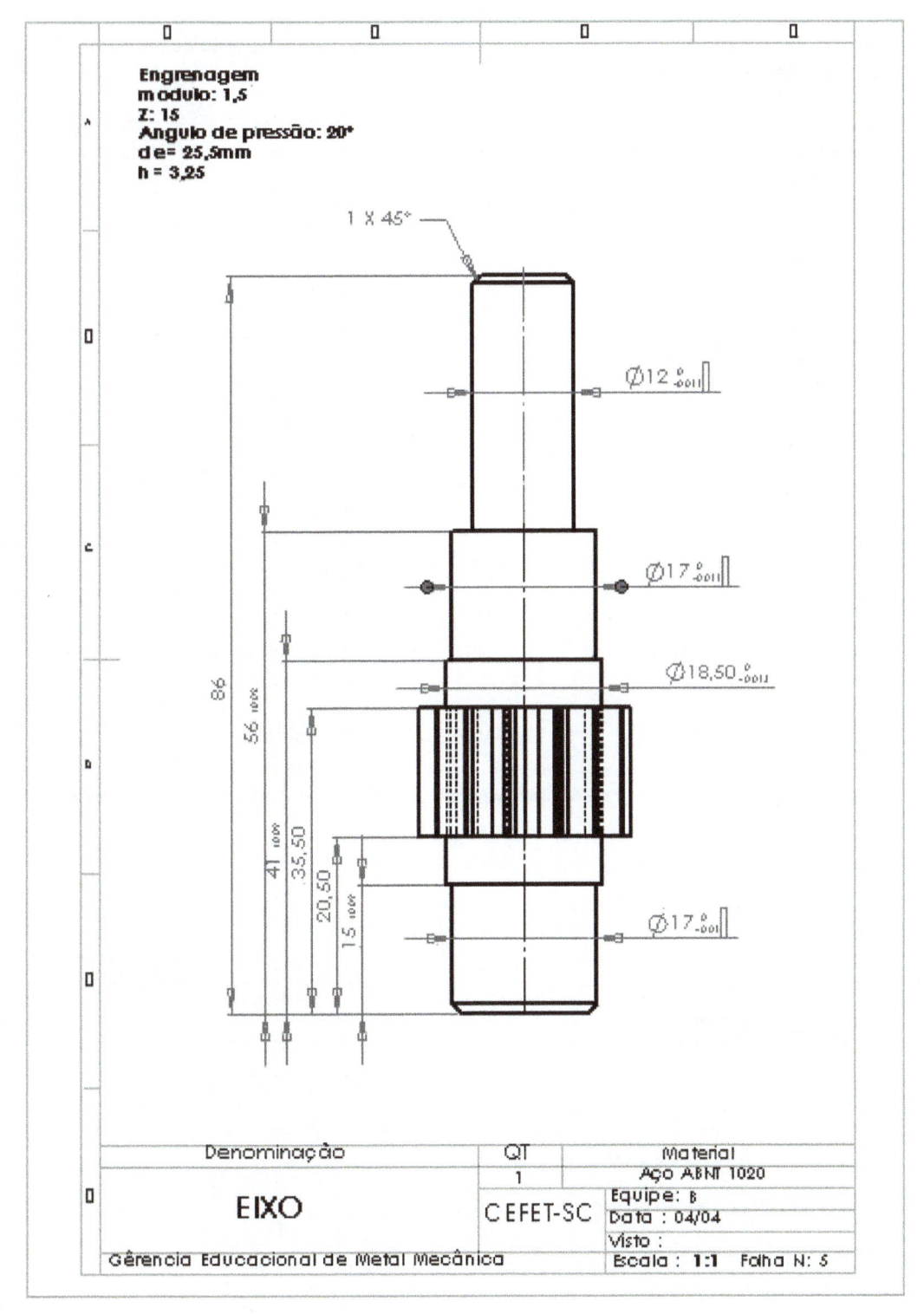

Figura 3.9 Desenho de um componente (eixo).
Fonte: Cortesia de Felício José Gesser.

Quadro 3.6 » Lista de componentes, materiais e processos de fabricação do produto ilustrado nas Figuras 3.7, 3.8 e 3.9

Número do componente	Componentes	Materiais	Processo de fabricação	Número da folha
1	Camisa	Alumínio	Extrusão, furação e corte	1
2 e 10	Bucha do mancal	Bronze	Torneamento	3
3 e 11	Mancal	Alumínio	Torneamento e fresamento	4
4 e 6	Embolo	Alumínio	Torneamento	2
5	Cremalheira	Aço ABNT 1020	Torneamento e fresamento	6
7 e 12	Tampa do cilindro	Alumínio	Fundição, torneamento e fresamento	8
8 e 13	Batente ajustável	Alumínio	Torneamento e fresamento	7
9	Eixo	Aço ABNT 1020	Torneamento e fresamento	5

» Agora é a sua vez!

1. De que forma é feito o esboço de um produto?
2. No que consiste a integração dos aspectos do produto?
3. Quais são as técnicas utilizadas na otimização do projeto preliminar?
4. Quais são as principais etapas do projeto detalhado?

capítulo 4

Gerenciamento de projeto

Cada projeto tem características únicas, que variam de acordo com sua complexidade. O gerenciamento de projetos ajuda a equipe envolvida a avaliar cada singularidade e a trabalhar pelo sucesso de uma ideia. Neste capítulo, abordamos as principais etapas de gerenciamento de projetos, como a definição dos objetivos, escopo, restrições e recursos, o levantamento de dados e informações, a comunicação e a programação, e controle e avaliação das atividades.

Objetivos de aprendizagem

- Definir o que é gerenciamento de projetos.
- Identificar as principais etapas do gerenciamento de projetos.

❱❱ Introdução

A utilização de uma metodologia de projeto para desenvolver um determinado produto é restrita às atividades de projeto e não considera outras informações necessárias, como o tempo, o capital e o pessoal disponível. Ou seja, enquanto a metodologia de projeto foca o desenvolvimento de um produto, *o gerenciamento de projeto foca os objetivos e os recursos que serão utilizados para o seu desenvolvimento.*

Cada projeto tem uma complexidade inerente, que é consequência de seu tamanho, sua abrangência e do conjunto de atividades que serão desenvolvidas. Outra característica do projeto é que cada um é único, devido à singularidade da combinação de restrições, condições e situações. Um projeto é desenvolvido dentro de determinado período de tempo e, sob esse aspecto, cada momento é único.

A incerteza é outra característica do projeto. Nada garante que um projeto resultará no produto desejado. Quanto mais tecnologia estiver envolvida, maiores serão os riscos de fracasso do projeto. Por outro lado, se houver pouca tecnologia envolvida, os riscos de fracasso serão menores. Esse risco é inversamente proporcional aos lucros, pois, geralmente, quanto maiores os riscos, maiores os lucros.

Dependendo do tipo de **arquitetura do produto**, se modular ou integrada, o gerenciamento pode ter características diferentes. A **arquitetura modular** exige mais cuidado no gerenciamento das fases de definição da configuração de todo o produto, dos módulos e de suas interfaces. Após essas fases, o projeto de cada módulo pode ser desenvolvido individualmente, inclusive por equipes diferentes de projeto, que podem ser até externas à empresa. A prática de **terceirização de projetos** de módulos ou de componentes de produtos é corrente na indústria automobilística, que determina as especificações de um módulo, entregando a responsabilidade de desenvolvimento a um fabricante especializado no projeto e na fabricação do módulo, como ocorre na produção dos freios de veículos, por exemplo.

O projeto de produtos modulares possibilita a engenharia simultânea ou concorrente, na qual várias etapas de projeto são executadas paralelamente, dispensando a conclusão de uma etapa anterior antes de iniciar a seguinte. A principal vantagem da engenharia simultânea é a redução do tempo necessário para o desenvolvimento do projeto.

O gerenciamento do projeto de um produto de **arquitetura integrada** é menos problemático nas fases iniciais. Porém, nas fases seguintes, torna-se mais complexo, exigindo ajustes para solução de conflitos, principalmente no projeto detalhado (BAXTER, 1998).

❱❱ Agora é a sua vez!

1. Quais são as principais características de um projeto?
2. Defina gerenciamento de projetos.
3. O que diferencia o gerenciamento de projetos para produtos modulares daquele para produtos de arquitetura integrada?

» Etapas do gerenciamento de projetos

Um projeto, sob a ótica do gerenciamento, é um conjunto de atividades com um estado inicial e um estado final desejados, decorrentes da meta e dos recursos disponíveis. Do ponto de vista econômico, é um plano de investimentos, no qual ocorre um comprometimento prévio de recursos com o objetivo de retornos futuros, dentro de um período de tempo razoável (HOLANDA, 1983).

Antes de iniciar a utilização de uma metodologia de projeto para desenvolvimento de um produto, deve-se fazer o planejamento das atividades, que permite estimar custos e benefícios que serão obtidos a partir dos investimentos. A seguir, explanamos cada uma dessas etapas necessárias ao gerenciamento de projetos.

> **» DICA**
> O projeto é um esforço que resulta em ação definida e organizada racionalmente.

» Definições iniciais

A primeira atividade para o gerenciamento de projeto é a **definição dos objetivos**, que são geralmente divididos em gerais e específicos. O **objetivo geral** identifica o produto que se deseja desenvolver. Ele aponta para o resultado desejado, que retrata o estado final do projeto.

Os **objetivos específicos** identificam as definições de prazos, qualidades e custos. Eles abrangem tanto o planejamento dos investimentos quanto o dos retornos esperados. O estabelecimento dos objetivos também visa determinar aonde a empresa quer chegar com o projeto. Como os objetivos são utilizados para identificar os alvos e verificar o sucesso do projeto, devem ser claramente definidos e mensuráveis, de maneira que se possa quantificá-los.

O **escopo** do projeto identifica o conteúdo do projeto, ou seja, quais assuntos serão trabalhados. Ele trata também da abrangência do projeto, especificando suas dimensões os assuntos que serão, ou não, tratados.

Para completar as definições iniciais necessárias ao gerenciamento do projeto, têm-se, ainda, as **restrições**. Trata-se da especificação das limitações que devem ser superadas ou contornadas, que podem ser de natureza ambiental, tecnológica, econômica, financeira, social, política, entre outras.

» EXEMPLO

Eis um exemplo de objetivos, escopo e restrições:

Objetivo geral: desenvolver uma lavadora de louças.

Objetivos específicos:
- A lavadora deve ser desenvolvida em 6 meses.
- Sua produção deve ser iniciada em 1 ano.
- Os custos de desenvolvimento não devem exceder R$ 300.000,00.
- A economia propiciada, em relação ao modelo anterior, deve ser de 20% de consumo de água.

Escopo: a lavadora é de uso residencial; a utilização industrial está descartada.

Restrição: o preço final do produto deve ser acessível às famílias com renda de até cinco salários mínimos.

» Definição dos recursos

Após a definição dos objetivos, do escopo e das restrições do projeto, é necessário definir os **recursos** para a sua realização, como tempo, capital, ambiente, pessoal, materiais, ferramentas, e equipamentos necessários.

Em relação ao **tempo** disponível para execução do projeto, visando melhorar a visibilidade desse recurso, sugere-se a utilização de um cronograma (Figura 4.1) e da ferramenta de PERT/COM (Figuras 4.2 e 4.3).

O **capital** necessário serve para cumprir as obrigações financeiras, entre as quais pagamento de mão de obra, de *software*, de ambientes, de equipamentos, de materiais.

O **ambiente** pode contribuir, e muito, no desenvolvimento do projeto. Ambientes claros, silenciosos, organizados e próprios para esse uso são fundamentais. Incluem-se, aí, os ambientes de trabalho individual, as salas de reunião ou os ambientes de uso coletivo. Durante o gerenciamento do projeto, deve-se determinar a quantidade e os tipos de ambientes que serão utilizados.

O **pessoal** que desenvolverá o projeto é um dos fatores mais importantes para seu sucesso. A equipe deve contar com projetistas devidamente formados ou instruídos para a tarefa de projeto, além de outros profissionais com formação diferenciada, que possam contribuir e ser solicitados sempre que necessário, principalmente em momentos de avaliação e tomadas de decisão. Entre esses profissionais, podem-se citar psicólogos, especialistas em *marketing*, em fabricação, em compras, em qualidade, etc.

Outros recursos importantes e necessários são os **equipamentos e materiais** para o desenvolvimento do projeto. Nessa categoria, incluem-se os materiais de escritório, como papéis, móveis em geral, canetas, entre outros, e também computadores, impressoras, *scanners*, *software*, acesso à Internet e outros recursos de informática. Além desses recursos, ainda pode ser necessária a montagem ou contratação de um laboratório para testes e ensaios.

Como o que é necessário nem sempre está disponível, vale enfatizar se os recursos estão ou não disponíveis, e, caso não estejam, qual é o déficit de recursos, conforme exemplo mostrado na Tabela 4.1.

> » **DICA**
> É importante identificar e solicitar a participação, mesmo que esporádica, de pessoas ligadas às diversas fases do processo produtivo, como fabricação e compras, ou que conheçam o comportamento do consumidor e as fases posteriores à produção. É necessário determinar em que fases do projeto elas contribuirão.

Tabela 4.1 » Listagem dos recursos necessários ao projeto

Recursos	Capital	Ambiente	Mão de obra	Tempo	Outros
Disponíveis	R$ 100.000	5 salas individuais, 3 baias	5 projetistas, 3 desenhistas, 1 especialista em fabricação	6 meses	8 computadores e 7 *software* CAD
Necessários	R$ 130.000	7 salas individuais, 3 baias e 1 sala de reuniões	5 projetistas, 3 desenhistas, 1 esp. fabricação, 1 esp. em *marketing*	5 meses	9 computadores, 9 *software* CAD e 1 impressora
Déficit	R$ 30.000	2 salas individuais, e 1 sala de reuniões	1 esp. em *marketing*		1 computador, 2 *software* CAD e 1 impressora

» Definição dos métodos

A **definição dos métodos** deve incluir quais métodos ou metodologias serão utilizados. Como exemplo, citam-se as metodologias de Asimow (1962), de Back (1983), de Pahl & Beitz (1996), ou ainda a apresentada neste livro, nos Capítulos 3 e 4. Aqui, relacionam-se as fases principais da metodologia de projeto de produtos empregada, o que permitirá a programação das atividades.

» Levantamentos de dados e informações

O levantamento de dados, tanto internos quanto externos, é extremamente importante para justificar a necessidade do projeto, para atualizar os membros da equipe e para determinar se o projeto obteve ou não sucesso.

Antes de iniciar o desenvolvimento de um novo produto, é necessário conhecer os possíveis consumidores, o tamanho e as características socioeconômicas do mercado de consumo e outros dados demográficos sobre os consumidores. Além disso, é necessário conhecer quem são os concorrentes, bem como seus potenciais. Todas essas informações de **origem externa** servem para reduzir os riscos de um novo investimento.

Além das informações de origem externa, também é necessário pesquisar dados de **origem interna**, como potencial para produção e distribuição do produto, por exemplo. Outra informação importante é o histórico do produto no mercado, incluindo suas tendências e projeções. Isso contribuiu para a redução do risco de investimento e auxilia a equipe de desenvolvimento do produto a situar-se perante o problema.

As diferenças entre os recursos presumidos e os reais, que supostamente estariam disponíveis durante o projeto, também devem ser anotadas. O levantamento de informações durante o desenvolvimento do projeto permite que se faça o acompanhamento das atividades, avaliando se o projeto está caminhando, ou não, para o sucesso.

> **» IMPORTANTE**
> A certeza do sucesso ou do fracasso do projeto somente virá com o acompanhamento das vendas, que identificará a aceitação do produto pelo consumidor.

» Programação de atividades

O primeiro passo dessa fase é desmembrar as atividades do projeto, identificando os relacionamentos e as dependências entre elas.

> **» PARA REFLETIR**
> Há uma relação de dependência entre as várias atividades do projeto de um produto. Não é possível fazer o projeto detalhado sem antes realizar o projeto preliminar. Nesse caso, é necessário que as atividades sejam realizadas em série. Porém, há outros casos em que as atividades são independentes, podendo-se, assim, executá-las em paralelo. Esses casos devem ser identificados pelo gerente do projeto.

Após o desmembramento das atividades, deve-se verificar as limitações da programação, que normalmente dependem dos recursos, sejam de tempo, de ambiente, de mão de obra ou de capital. Quando se programa considerando a limitação de um determinado recurso mais escasso, por exemplo, é comum exceder na utilização dos demais recursos como forma de compensar a limitação imposta.

As atividades a serem desenvolvidas são as seguintes:

1. **Projeto informacional**

    1.1 Percepção e análise das necessidades do consumidor.

    1.2 Descrição da ideia do produto.

    1.3. Determinação dos requisitos do projeto.

    1.4. Determinação das especificações do projeto.

2. **Projeto conceitual**

    2.1. Desenvolvimento dos conceitos do produto.

    2.2. Busca de alternativas para as partes do produto.

    2.3. Seleção das alternativas encontradas.

3. **Projeto preliminar**

    3.1. Estabelecimento da arquitetura ou configuração geral do produto.

    3.2. Esboço dos componentes e do produto.

    3.3 Integração dos aspectos do produto.

    3.4. Otimização do projeto preliminar.

4. **Projeto detalhado**

O segundo passo para a programação das atividades é a elaboração de um **cronograma de atividades**, conforme apresentado na Figura 4.1.

Atividades	Duração (dias)	Mês 1	Mês 2	Mês 3	Mês 4	Mês 5
1. Projeto informacional	20					
1.1 Percepção e análise das necessidades do consumidor.	8					
1.2 Descrição da ideia do produto.	3					
1.3 Determinação dos requisitos do projeto.	5					
1.4 Determinação das especificações do projeto.	4					
2. Projeto conceitual	40					
2.1 Desenvolvimento dos conceitos do produto.	15					
2.2 Busca de alternativas para as partes do produto.	15					
2.3 Seleção das alternativas encontradas.	10					
3. Projeto preliminar	45					
3.1 Estabelecimaneto da arquitetura ou configuração geral do produto.	10					
3.2 Esboço dos componentes e o produto.	15					
3.3 Integração dos aspectos do produto.	10					
3.4 Otimização do projeto preliminar.	10					
4. Projeto detalhado	45					

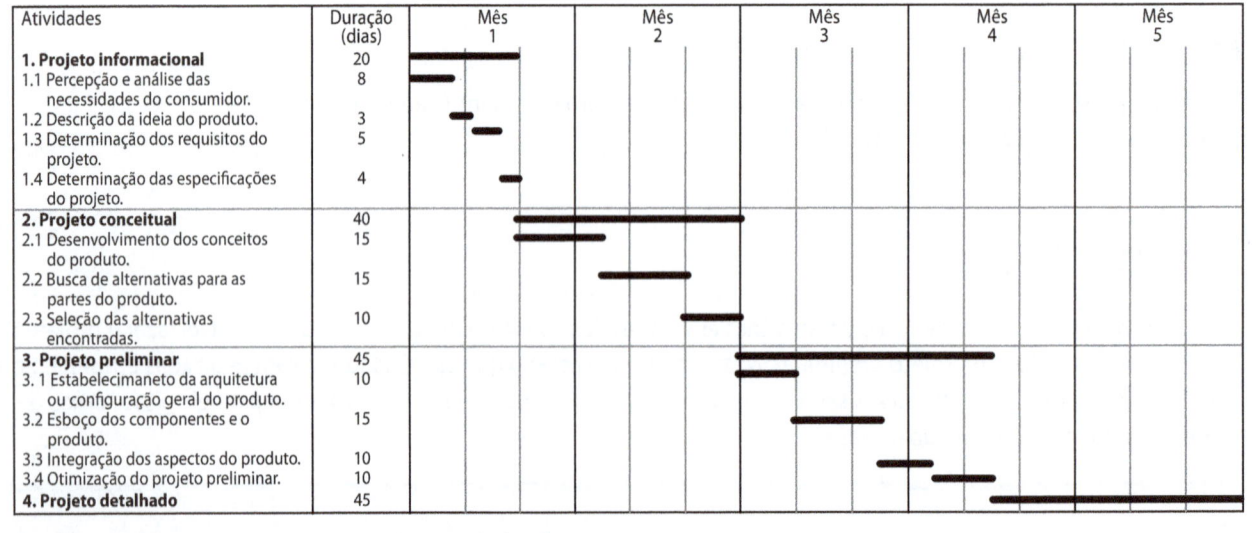

Figura 4.1 Exemplo de cronograma das atividades de projeto.
Fonte: do autor.

Outra ferramenta capaz de auxiliar na programação e no controle do projeto é o **diagrama do método do caminho crítico** (CPM, do inglês, *critical path method*). Ele facilita a compreensão dos relacionamentos entre as várias etapas do projeto por meio de um esquema que representa seu desenvolvimento, no qual há encadeamento das atividades, e permite a identificação do caminho mais longo ou caminho crítico. Na Figura 4.2, o caminho crítico é composto pelas atividades A, B e D.

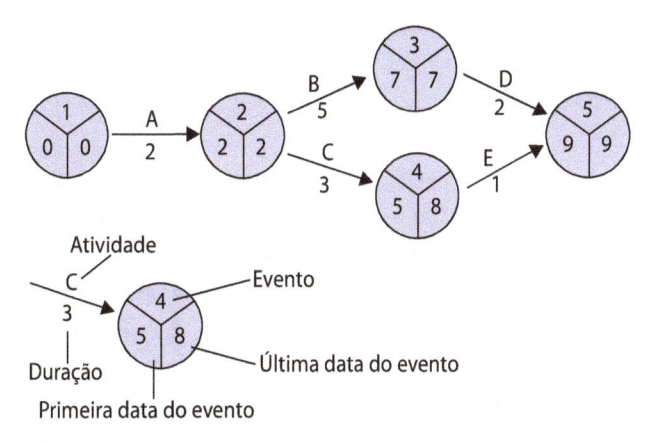

Figura 4.2 Exemplo de diagrama COM.
Fonte: do autor.

O primeiro passo para realizar o diagrama CPM é identificar as atividades e suas respectivas durações. O segundo passo é inserir os eventos de início ou de fim de atividades, denotados pelas circunferências. O evento recebe um número de identificação, e são anotadas no interior da circunferência a primeira e a última datas para que ele ocorra, sem que a data final de entrega do projeto atrase.

Há uma alternativa ao método do caminho crítico: a **colocação das atividades nos nós**, conforme exemplificado na Figura 4.3.

> » **DICA**
> Para encurtar o tempo de desempenho das atividades, considerando que o tempo é limitado pelo caminho crítico, são necessários recursos adicionais que possibilitem a contratação de mais trabalhadores ou trabalho com pagamento de horas-extras.

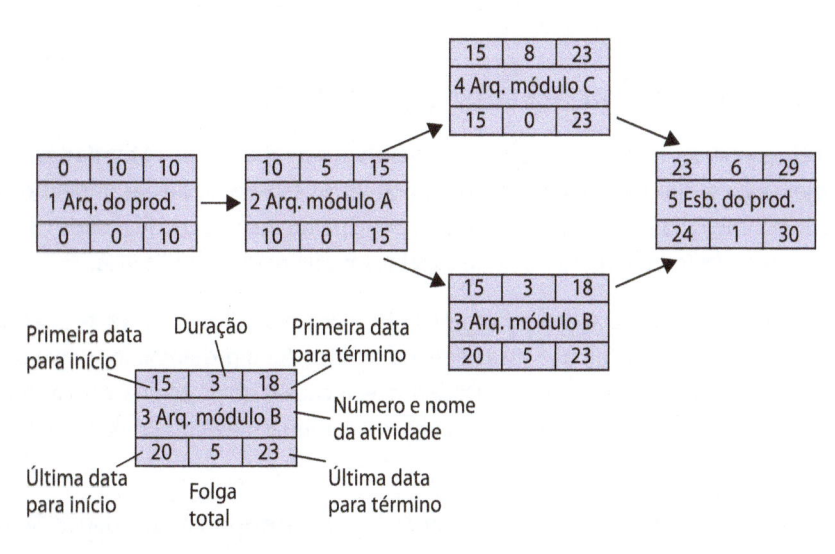

Figura 4.3 Exemplo de alternativa do CPM: colocação das atividades nos nós.
Fonte: do autor.

❯❯ Comunicação

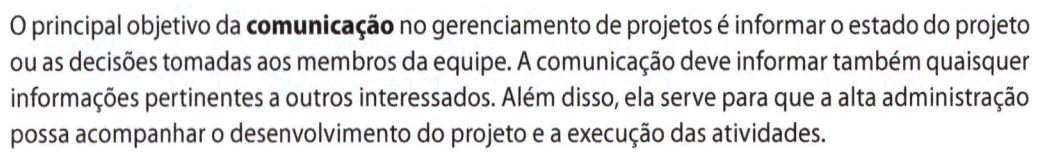

O principal objetivo da **comunicação** no gerenciamento de projetos é informar o estado do projeto ou as decisões tomadas aos membros da equipe. A comunicação deve informar também quaisquer informações pertinentes a outros interessados. Além disso, ela serve para que a alta administração possa acompanhar o desenvolvimento do projeto e a execução das atividades.

> ### ❯❯ PARA REFLETIR
>
> A comunicação é muito importante no processo de projeto! Dentro muitas funções, serve para conectar as pessoas interessadas, medir o desenvolvimento do projeto, gerenciar a comunicação entre pessoas-chave no processo de projeto, garantir a geração, distribuição, armazenamento, recuperação e descarte das informações necessárias ao projeto, registrar e disseminar as reuniões e decisões tomadas, e direcionar e relatar as atividades.

A comunicação pode ocorrer por meio de memorandos, *e-mails*, avisos ou informes em reuniões, etc. Sempre que possível, deve-se priorizar o texto escrito, para evitar equívocos e esquecimentos.

Para que a comunicação no projeto funcione adequadamente, é necessário que haja um responsável, pessoa ou setor, por planejar, gerenciar e controlar e as comunicações do projeto. Algumas definições iniciais e básicas ao planejamento das comunicações são tipo, mídia, formato e periodicidade dos meios utilizados e identificação dos interessados que irão se comunicar.

Quando se trata da comunicação no gerenciamento de projetos, ocorrem alguns problemas típicos: alguns membros da equipe de projeto normalmente não sabem qual é o orçamento e quais são os prazos do projeto e da etapa pela qual são responsáveis. *A comunicação deficiente no gerenciamento de projetos é considerada a maior causa de falhas ou problemas nos projetos.* A falta de comunicação confiável e no prazo adequado prejudica a tomada de decisões, resultando em problemas de qualidade, desrespeito aos prazos e aumento dos custos.

❯❯ Controle e avaliação das atividades

Em um projeto, sempre é necessário realizar o **controle e a avaliação das atividades**, para verificar se o projeto está sendo realizado dentro dos parâmetros esperados de desempenho. Isso pode ser verificado por meio da utilização dos recursos, principalmente custos, qualidade de resultados e tempo. Para isso, faz-se a comparação entre os recursos planejados e utilizados.

Caso se perceba uma diferença acentuada entre o planejado e o utilizado, deve-se intervir no processo de projeto, visando corrigir as causas dessa diferença. Se o problema for grave ou intenso, antes de intervir no processo, deve-se ter certeza das reais causas do problema, com a consequente consulta aos demais envolvidos para buscar soluções e comunicar eventuais alterações no processo de projeto.

Outra avaliação necessária no projeto de um produto é a **auditoria** das atividades. Seu objetivo é verificar, ao término de cada fase do processo, se as atividades e, consequentemente o projeto, foram executados adequadamente.

> **» EXEMPLO**
>
> Ao término da fase de projeto informacional, deve-se auditar a documentação gerada para verificar se:
> - As necessidades e desejos do consumidor foram levantados corretamente.
> - A ideia do produto está descrita com precisão.
> - A lista de requisitos retrata os desejos, as necessidades e as expectativas do consumidor e da empresa em relação ao produto.
> - Os requisitos foram corretamente traduzidos em especificações de projeto.

Caso sejam encontrados problemas de execução das atividades do projeto, o auditor ou a equipe de auditoria deve anotá-los e estabelecer um determinado período de tempo para a correção. Na auditoria seguinte, é preciso verificar se as ações corretivas foram eficazes. Caso o prazo tenha expirado e nenhuma ação corretiva tenha sido tomada, a alta administração da empresa deve ser comunicada.

A auditoria deve fazer um exame formal das atividades executadas e de seus resultados, como seleções de materiais, de componentes, de configurações, entre outros, visando verificar se os objetivos estão sendo cumpridos e se há problemas reais ou potenciais. Quando um problema for detectado, deve ser documentado, juntamente com as ações corretivas para eliminá-lo ou controlá-lo.

É aconselhável que haja participação de pessoas de todos os departamentos da empresa no grupo que realiza a auditoria do projeto. É importante frisar que determinada tarefa não pode ser auditada pela mesma pessoa que a executa, pois os resultados da auditoria ficam comprometidos.

O auditor deve avaliar a adequação das atividades de projeto em relação ao cumprimento dos objetivos, ao respeito ao escopo e às restrições, à utilização dos recursos, ao emprego do método e ao levantamento e à utilização correta dos dados. Também deve levar em consideração se a programação das atividades está sendo cumprida, se a comunicação está sendo utilizada corretamente e se o relatório final está sendo elaborado.

> **» IMPORTANTE**
> É necessário confirmar a eficácia das ações corretivas tomadas.

» Relatório final

Para a elaboração de um **relatório final** do projeto, deve-se armazenar informações e dados obtidos ao longo de seu desenvolvimento, o que inclui relatórios de auditorias, documentação sobre o desenvolvimento e modificações no projeto, desenhos e esboços dos produtos, atas de reuniões de tomada de decisão, entre outros. A documentação sobre as mudanças deve conter os motivos ou razões para que elas ocorressem.

O relatório final inclui a documentação do projeto que possibilita a fabricação, a montagem, a distribuição e o uso do produto, além das informações sobre o gerenciamento do projeto. Ele deve ser elaborado conforme as normas para relatórios técnicos da Associação Brasileira de Normas Técnicas (Associação Brasileira de Normas Técnicas, 2011).

Agora é a sua vez!

1. Quais são as principais etapas do gerenciamento de projetos?
2. Diferencie objetivos gerais de objetivos específicos.
3. Imagine-se projetando um produto que você usa cotidianamente e defina o escopo e as restrições para o seu desenvolvimento.
4. Quais são os principais itens que devem ser definidos na etapa de definição de recursos?
5. Cite dois exemplos de informação de origem externa e interna.
6. Qual é a importância da elaboração de um cronograma de atividades para um projeto?
7. No que consiste o diagrama do método do caminho crítico?

capítulo 5

Segurança

Muitas vezes a segurança é subvalorizada pelos projetistas. Isso pode acontecer devido à confusão existente entre segurança e confiabilidade, à existência de poucos métodos de projeto aplicáveis e adequados à inclusão da segurança, e à fácil suposição de que o operador é o responsável pelo acidente. Além disso, a segurança é difícil de ser traduzida em especificações. Neste capítulo, serão detalhados possíveis erros e acidentes, bem como maneiras de aperfeiçoar a segurança nos projetos.

Objetivos de aprendizagem

» Reconhecer a importância da segurança em projetos.

» Identificar as características perigosas dos produtos e seu papel em acidentes.

» Explicar o método que avalia as necessidades de segurança e as recomendações gerais para os projetos de produtos mais seguros.

> **DICA**
> A segurança em produtos está associada ao compromisso de medidas de proteção contra acidentes. Baseia-se na eliminação de perigos e no controle de riscos.

» Introdução

Segurança é um conceito subjetivo. Não é possível lhe atribuir uma definição estanque ou única. No entanto, assumimos aqui a seguinte definição, aplicável à segurança dos produtos: *é a condição que se opõe à ocorrência de acidentes ocasionados por produtos perigosos*. Um produto que oferece perigo de acidentes possui deficiências, e a eliminação destas configura uma característica positiva da qualidade do produto.

A segurança é comumente confundida com **confiabilidade**, que é a capacidade de um item desempenhar uma função requerida sob condições específicas, durante um dado intervalo de tempo (Associação Brasileira de Normas Técnicas, 1994a). Isso ocorre porque, muitas vezes, a segurança e a confiabilidade estão interligadas, como no caso de aviões, em que quanto maior a confiabilidade, maior a segurança. Porém, existem casos nos quais a confiabilidade é inversamente proporcional à segurança – por exemplo, em uma faca de cozinha, quanto mais cortante é o fio, menor a segurança, pois o risco de acidentes é maior.

> **DICA**
> As teorias são de fundamental importância para estudo dos acidentes com produtos.

» Teorias sobre acidentes

A palavra segurança está intimamente ligada à palavra acidente, que se relaciona com a ideia de imprevisto. Por isso, as teorias e as ideias relacionadas à segurança são fortemente relacionadas com os acidentes.

Geralmente, somente um tipo de acidente é estudado: o acidente de trabalho ou profissional. Nas primeiras discussões sobre acidentes de trabalho, foram associados à "casualidade" ou "fatalidade", tidos como consequência natural e irremediável das atividades humanas. Dessa concepção, surgiu o conceito de "risco profissional". Esse conceito criou as ações de caráter reparatório ou compensatório, com o objetivo de limitar a gravidade dos acidentes e suas consequências, em vez de eliminá-los.

Essa visão tem forte influência na política oficial e nas legislações específicas sobre acidentes de trabalho. A visão fatalista sobre acidentes de trabalho é estéril, negando qualquer formulação científica e concreta sobre eles (LIMA, 1985).

> **IMPORTANTE**
> Por causa da visão fatalista, a limitação das consequências dos acidentes se resume, muitas vezes, em proporcionar atendimento médico aos acidentados (LIMA, 1985).

As primeiras teorias criadas para explicar a ocorrência de acidentes profissionais apontam uma causa única para os acidentes. São chamadas, por isso, de **teorias monocausais** e consideram que características inerentes à personalidade ou à constituição física dos trabalhadores seriam a causa ou contribuiriam fortemente para o acidente. Entre elas, encontram-se as teorias da culpabilidade, da predisposição aos acidentes e da acidentabilidade. Essas teorias foram criadas durante a revolução industrial, quando geralmente o próprio trabalhador fabricava suas ferramentas e conhecia seus perigos inerentes.

Entretanto, após a revolução industrial, os produtos foram se tornando mais complexos, e seus riscos, menos aparentes, sujeitando os trabalhadores e usuários a perigos desconhecidos e quase sempre inevitáveis. As teorias criadas posteriormente introduziram outros componentes como cocausadores dos acidentes (como o ambiente, a natureza das atividades, os métodos de trabalho e o projeto do equipamento, p. ex.). São as chamadas **teorias multicausais**, e como exemplos podem ser citadas a análise de fatores técnicos e humanos, a tríade ecológica e a teoria dos portadores de perigos.

Estudos mais recentes têm apontado que os causadores dos acidentes são os produtos ou equipamentos utilizados, a natureza ou método de trabalho e as condições do ambiente. Reforçando essa ideia, as pesquisas mostram que as tarefas de maior risco de acidentes são aquelas que expõem o trabalhador aos perigos por mais tempo e exigem maior atenção e responsabilidade. Esse conjunto de fatores requer habilidades e responsabilidade demasiadas, o que torna a tarefa estressante e, consequentemente, mais arriscada.

Outro fator que parece ser importante é a habilidade cognitiva do trabalhador, ou seja, quanto maior sua compreensão das leis físicas e dos relacionamentos mecânicos das situações práticas, menor é a probabilidade de acidentes.

>> Erro humano, acidentes e segurança

Devido a fatores culturais e às teorias citadas na seção anterior, o erro humano é considerado a maior causa de acidentes. Porém, estudos atuais têm sugerido que o erro humano só deve ser visto como causador de acidentes quando o erro é intencional. Isso porque, em geral, as atitudes do ser humano na operação de um produto são dependentes da situação, que compreende as características do produto e do meio ambiente, e das características humanas.

A parcela de **confiabilidade humana** dependente das características das pessoas varia de acordo com diversos fatores extremamente difíceis de mensurar, como o acesso à memória e as habilidades motoras. A parcela da confiabilidade humana que depende da situação está intimamente associada às características do produto, ao tipo de tarefa realizada e ao meio ambiente, inclusive na ocorrência daqueles eventos comumente denominados "erros humanos". Por isso, o evento erro humano em geral é uma consequência, não a causa de acidentes.

Diante de tal conclusão, aponta-se para duas formas básicas de **prevenção ou eliminação de erros humanos:**

Por meio de procedimentos. Os operadores e usuários são instruídos a realizar ações preventivas ou procedimentos específicos. Exemplo: treinamento, avisos e instruções.

Por meio do projeto. Compreende a utilização de técnicas de projeto para segurança. Exemplo: uma lavadora de roupas que desliga o agitador por meio de um dispositivo projetado evita que as pessoas sejam puxadas para dentro da máquina, podendo ter dedos ou mãos arrancados caso ela esteja centrifugando.

Comparando o projeto seguro com os procedimentos seguros, a primeira opção é muito mais eficiente. Ações de projeto podem reduzir drástica e permanentemente os perigos, devido à redução

> **IMPORTANTE**
> A segurança é um problema de projeto e deve ser resolvida com a utilização de técnicas específicas.

das situações de risco, enquanto a diminuição dessas situações pela modificação dos procedimentos das pessoas é limitada e requer um reforço contínuo (HAMMER, 1993).

A utilização de procedimentos para garantir a segurança é inadequada e insuficiente, pois:

- O operador e o pessoal da manutenção nem sempre seguirão as instruções.
- Qualquer tarefa pode ser feita incorretamente e, mesmo sob a mais remota possibilidade, isso poderá eventualmente ocorrer.
- Muitas pessoas ignoram procedimentos, pois não acreditam que acidentes possam ocorrer.
- Os projetistas frequentemente acreditam que as pessoas têm conhecimentos específicos sobre o produto e terão bom senso na utilização de seus produtos, o que comumente não é verdade.

Para o sucesso do projeto no que concerne à utilização do produto, deve-se considerar (PRIEST, 1988):

- Fácil operação do produto pela utilização de técnicas de ergonomia no projeto.
- Divisão correta de tarefas entre ser humano e equipamento nas atividades de manutenção, controle e operação.
- Identificação e diminuição do erro humano pela utilização de técnicas de projeto adequadas.
- Padronização dos equipamentos.
- Tarefas com recomendações de ergonomia e segurança.

> **DICA**
> A utilização de procedimentos deve ser feita somente quando houver perigos que não puderam ser eliminados no projeto (HAMMER, 1993).

Para controlar ou diminuir a influência do erro humano nos acidentes é necessário conceber produtos cujo funcionamento ou configuração física seja mais compreensível, evitando situações que deem margem a interpretações errôneas da situação real. Também é importante não expor o ser humano a operações com elevado risco de acidente. Se isso não for possível, é preciso evitar essa exposição por longo período de tempo – o que exigiria maior atenção, aumento da responsabilidade e habilidades em demasia, tornando a tarefa estressante.

» Agora é a sua vez!

1. Diferencie as teorias monocausais das multicausais.
2. Do que depende a confiabilidade humana?
3. Quais são as duas formas básicas de prevenção ou eliminação de erros humanos?
4. Que aspectos devem ser considerados para o sucesso de um projeto?

» Como os acidentes ocorrem?

Para tornar clara a relação entre a segurança e a ocorrência de acidentes, apresentamos a seguir alguns conceitos como perigo, risco, falha, defeito, pane, acidente e confiabilidade. Ao final dessa apresentação, há um fluxograma mostrando essa relação e seu impacto na segurança dos produtos.

Muitos autores não fazem distinção entre risco e perigo; no entanto, não se tratam de sinônimos (ABBOTT, 1987). Sell (1990) conceitua **perigo** como uma energia danificadora, que, se ativada, pode provocar lesões e/ou danos materiais. Trata-se de um estado potencial: somente haverá risco quando uma pessoa entrar em contato com o perigo. E, finalmente, conforme as interações da pessoa com a condição de risco, de acordo com as condições pré-criticas na atividade e o acaso, ocorre ou não o acidente.

Essa definição vem de encontro à de Dieter (DIETER, 1983), que considera perigo uma ou mais condições de uma variável com potencial para causar danos. Uma máquina pode apresentar um perigo inerente ao seu funcionamento; porém, se forem tomados os devidos cuidados ou medidas de proteção, o risco oferecido poderá ser mínimo. Isso porque risco pode ser concebido apenas quando existir um perigo e algo de valor ou pessoa estiver em contato com ele (DIETER, 1983).

As características do perigo são as seguintes:

- Podem ser inerentes aos produtos. Muitas vezes os produtos possuem características que oferecem perigos, podendo ser chamadas de características perigosas.
- São fatores inicializadores de eventos que podem resultar em acidentes. A existência de um perigo em um produto, decorrente de suas características, possibilita a geração de uma sequência de eventos que pode resultar em acidentes.
- São geradores de riscos. Qualquer risco oferecido às pessoas ou aos objetos por um produto será consequência de um perigo preexistente.

Um **risco** é o potencial que um evento tem de resultar em consequências negativas e indesejadas (DIETER, 1983), possibilitando a materialização de danos. Pode ser inerente ao funcionamento de uma máquina ou equipamento (DE CICCO; FANTAZZINI, 1979). Segundo Dieter (1983), o risco é parte de nossa existência individual e da sociedade como um todo, e é associado ao perigo.

A determinação do **risco máximo aceitável** para um sistema é difícil de ser estimada e raramente pode ser efetuada, pois o risco máximo aceitável é normalmente determinado pelas normas sociais e pelo conhecimento técnico. Associa-se ao risco máximo aceitável o conceito de **risco limite**, que pode ser definido como o maior, porém aceitável, risco apresentado pelo produto, estando relacionado a uma situação ou processo específico (PAHL; BEITZ, 1996).

Pahl e Beitz (1996) apontam que não existe segurança absoluta – sendo segurança definida como um estado no qual o risco é menor do que o risco limite. Assim, podemos concluir que os riscos possuem as seguintes particularidades:

- Existem somente se houver perigos. Como são dependentes deles, possuem as mesmas características dos perigos que os originam. Por exemplo, o risco de choque elétrico pode ser originário somente de equipamento que apresente perigos elétricos.

> » **DICA**
> O risco decorre da exposição ao perigo.

- Para existirem, dependem também da exposição de pessoas ou de objetos ao perigo. Por exemplo, um fio elétrico ligado na rede apresenta um perigo de choque elétrico, mas se ele está eletricamente isolado e distante do contato humano, não há perigo de choque elétrico. Isso somente irá ocorrer se alguém remover o isolamento e possibilitar o acesso das pessoas.
- Não podem provocar acidentes isoladamente: dependem de um evento deflagrador de acidentes. O evento deflagrador é relacionado ao usuário ou ao produto que ocasiona o acidente pela materialização de um risco, resultando em danos. Falhas ou panes podem ser deflagradores de acidentes, mas também podem ocorrer acidentes sem qualquer falha ou pane. Como exemplo, podem-se citar os casos de acidentes com armas de fogo em que pessoas são atingidas por disparos acidentais, que normalmente ocorrem sem qualquer pane ou falha da arma.

> **DEFINIÇÃO**
> A falha se caracteriza pelo término da capacidade de um item de desempenhar uma função requerida (Associação Brasileira de Normas Técnicas, 1994a).

Já a **falha** constitui um evento indesejado, defeito, deficiência (DE CICCO, FANTAZZINI, 1979) ou mal funcionamento, que persiste ou se repete até que uma ação corretiva apropriada seja tomada (MOSS, 1985). As principais causas de falhas são o projeto deficiente, a seleção inadequada dos materiais, as imperfeições dos materiais causadas pela manufatura, as sobrecargas, a manutenção inadequada e os fatores ambientais (DIETER, 1983).

As falhas que ocorrem em sistemas podem ser classificadas em três tipos (DE CICCO; FANTAZZINI, 1979):

Falhas prematuras: ocorrem no início da operação do sistema. Após a substituição dos componentes defeituosos, verifica-se que a taxa de falha diminui sensivelmente.

Falhas casuais: resultam de causas complexas, incontroláveis e, por vezes, desconhecidas. Ocorrem no período chamado de vida útil do sistema ou componente.

Falhas por desgaste: ocorrem quando os componentes ultrapassam o período de vida útil.

A probabilidade de falha (Q) é definida como o complemento da confiabilidade (R):

$$Q = 1 - R$$

> **IMPORTANTE**
> Diferentemente da confiabilidade, a segurança de um produto está relacionada à presença de perigos e riscos.

Dessa forma, quando se analisa a confiabilidade de um produto ou de seus componentes, observa-se somente a possibilidade de ocorrência de uma falha. Isso, em boa parte dos casos, não se relaciona com a presença de perigos ou riscos no produto.

Segundo a ABNT NBR 5462, um **defeito** é desvio de uma característica de um item em relação aos seus requisitos (Associação Brasileira de Normas Técnicas, 1994a). Por exemplo, um componente foi projetado com determinadas dimensões devido às solicitações a que estará sujeito quando for utilizado; caso seja fabricado com dimensões inferiores, será um item defeituoso.

Pane, de acordo com a norma, é o estado de um item caracterizado pela incapacidade de desempenhar uma função requerida (excluindo a incapacidade durante a manutenção preventiva ou outras ações planejadas) ou pela falta de recursos externos. Eis, então, a diferença entre falha e pane: a falha é um evento e a pane é um estado. Para distinguir entre pane e falha, pode-se utilizar o seguinte exemplo: um motor de automóvel sofre um superaquecimento (evento de falha) que provoca seu trancamento (estado de pane).

A ocorrência de eventos de falha ou panes pode resultar em acidentes, que podem ser caracterizados como uma colisão repentina e involuntária entre pessoa e objeto que resulta em danos materiais e/ou lesões. Um **acidente** se diferencia de uma doença ocupacional por ser repentino;

a **doença ocupacional** requer um longo prazo para ser adquirida (SELL, 1990). Para a ocorrência de acidentes, é necessário não somente a condição de risco, mas também a ocorrência de precondições críticas e conduta insegura das pessoas. As **precondições críticas relativas às atividades** podem estar ligadas a (SELL, 1990):

- Objetos de trabalho: matérias-primas, materiais auxiliares, etc.
- Meios de trabalho: máquinas, ferramentas, equipamentos, dispositivos, etc.
- Fatores ambientais: clima, iluminação, ruído, vibração, radiação, emissão de vapores, etc.
- Planejamento e organização do trabalho: métodos e prazos, procedimentos, treinamentos, etc.
- Ambiente de trabalho e posto de trabalho: mesa, assento, bancada, etc.

Algumas **precondições críticas associadas às pessoas** determinam a conduta humana. Essas precondições críticas são (SELL, 1990):

- Falta de aptidão, conhecimento, capacidade, habilidade.
- Falta de treinamento e experiência.
- Falta de conhecimento dos perigos associados aos objetos.
- Falta de motivação: comodismo.
- Estado de saúde, fadiga.
- Problemas sociais, familiares e de relacionamento.

O resultado do acidente é o **dano**. Trata-se da perda física, funcional ou econômica (DIETER, 1983), como lesões, prejuízos a equipamentos ou estruturas, perdas de materiais de um processo ou redução da capacidade de desempenho de uma determinada função.

Baseado nos conceitos de perigo, risco, acidente e dano, o fluxograma ilustrado na Figura 5.1 exemplifica a ocorrência de um acidente. Para leitura do fluxograma, considere o seguinte:

- Pré-existência de perigo no produto, com potencial para afetar pessoas ou objetos. É o início do processo do acidente. Esse perigo é, normalmente, decorrente de determinadas características apresentadas pelo produto, como eletricidade, radiação, alta temperatura, arestas cortantes e componentes girantes com inércia elevada.
- O perigo pode se transformar em risco pela exposição de pessoas ou objetos a ele. Como exemplo, pode-se citar a retirada da proteção de um equipamento, quando o equipamento é mantido em funcionamento, expondo o operador ao perigo, ou seja, manifestando uma condição de risco.
- O acidente necessita de algum evento deflagrador que possibilite sua ocorrência. Por exemplo, uma serra circular para madeira (produto com característica perigosa), tem sua proteção retirada para facilitar o corte (situação de risco). Durante o processo, o operador involuntariamente coloca a mão na serra, causando um acidente. Nesse caso, o evento deflagrador foi a colocação involuntária da mão na serra.
- Para que ocorram danos, é necessário que alguma pessoa ou objeto seja atingido na ocorrência do acidente. No exemplo anterior, o dano foi a lesão na mão do operador.

São os perigos decorrentes de características dos produtos que propiciam a ocorrência de acidentes. Com a ausência de perigos, não ocorrem acidentes. Caso haja perigo, deve-se eliminá-lo para garantir que o produto seja inerentemente seguro.

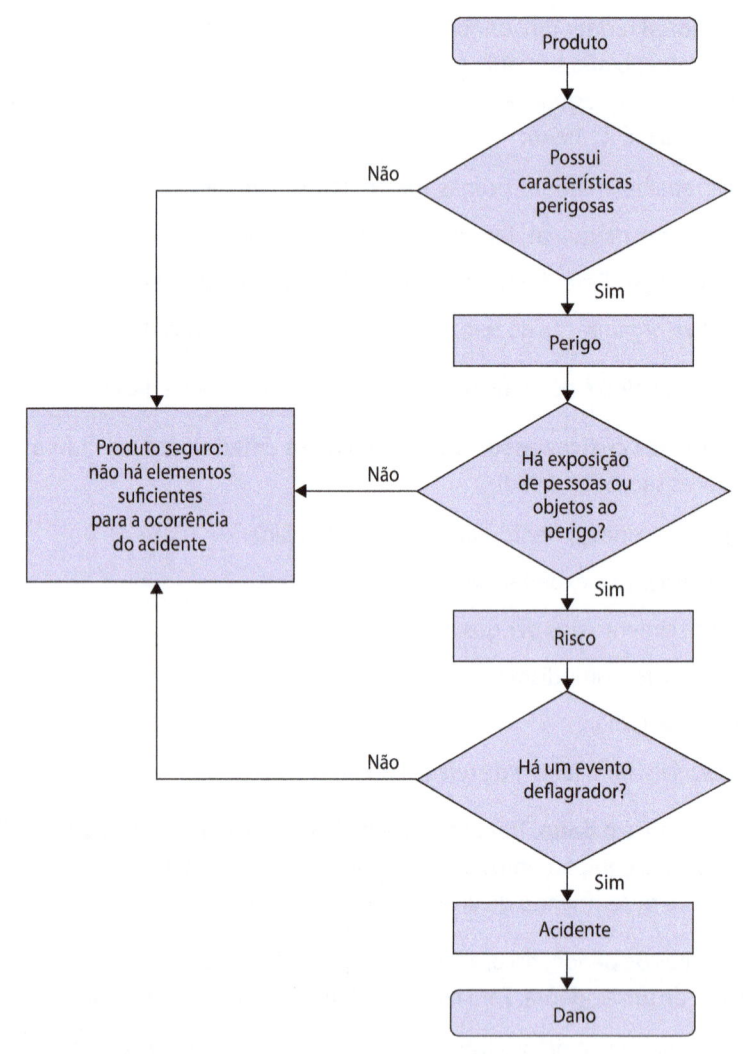

Figura 5.1 Fluxograma de um acidente, com seus principais elementos.
Fonte: do autor.

» Agora é a sua vez!

1. Conceitue perigo, risco, acidente e dano.
2. Quais são os principais tipos de falha?
3. Quais são as principais precondições para a ocorrência de acidentes?

» Método para determinar as necessidades de segurança

Os consumidores desejam que os produtos lhes ofereçam um nível aceitável de segurança. Esse anseio, muitas vezes, é difícil de traduzir em expressões que possam ser utilizadas na Casa da Qualidade e, consequentemente, transformadas em propriedades mensuráveis do produto, ou seja, em especificações do produto.

Para determinar as necessidades de segurança dos consumidores em relação a um produto, pode-se utilizar o método a seguir, que é dividido em seis etapas.

» Identificação dos problemas de segurança do produto

Para identificar os problemas de segurança do produto, podem-se utilizar informações provenientes do processo de projeto do produto, de relatórios de acidentes, de análise de produtos similares e de entrevistas com usuários. Os problemas identificados devem ser classificados dentro dos grupos ambiental, do produto e operacional.

O **grupo ambiental** é formado pelas interações entre ambiente e produto, que podem resultar em acidentes pelo prejuízo à funcionalidade do produto, como os problemas advindos de condições ambientais como chuva, frio, radiação solar e temperatura. O **grupo operacional** é composto pelas interações que ocorrem entre produto e usuário, incluindo as atividades de operação, manutenção e limpeza. O **grupo do produto** é formado pelas características do produto, inerentemente perigosas. O Quadro 5.1 ilustra esses problemas de segurança.

Quadro 5.1 » Problemas de segurança com produtos

Grupo ambiental	A umidade causa choques elétricos no operador. Os líquidos nas mangueiras congelam com o frio, provocando acidentes. Os avisos se tornam ilegíveis pelo desbotamento com a exposição ao sol.
Grupo operacional	A alimentação da máquina expõe o operador à ferramenta de corte. Devido ao pouco espaço para manutenção, ocorrem contusões nas mãos. Durante a limpeza, a máquina fica ligada, expondo o operador ao conjunto de engrenagens.
Grupo do produto	O produto é barulhento. O produto não possui aterramento elétrico. O produto possui arestas cortantes em sua estrutura.

» Identificação dos possíveis perigos

Nesse caso, as descrições genéricas dos problemas de segurança devem ser convertidas ou transformadas em descrições de perigos ou características perigosas dos produtos (incluindo as interações operacionais e ambientais), tornando-as mais concretas e objetivas e associando-as aos subsistemas e componentes do produto. Isso facilita a compreensão e contribui para distinção entre os problemas. Exemplos de possíveis perigos são mostrados no Quadro 5.2.

Quadro 5.2 » **Perigos de um produto**

Classe de perigos	Perigos	Subsistema ou componente
Grupo do produto	Lâminas cortantes	Serra
	Choques elétricos	Subsistema elétrico
	Fonte de alto nível de ruído	Motor
Grupo operacional	Manutenção com produto acionado	Subsistema de transmissão
	Alimentação perigosa do produto	Subsistema de alimentação
	Comandos e mostradores fora de padrão	Painel de controle
Grupo ambiental	Congelamento de fluidos	Freio hidráulico
	Emperramento por poeira	Subsistema de transmissão
	Corrosão ou deterioração de componentes	Estrutura

» Determinação das possíveis lesões e danos decorrentes dos perigos identificados

As possíveis lesões ou danos que podem ocorrer só são determinadas se um acidente se manifestar. Ou seja, é por meio dos acidentes que é determinado como os perigos do produto podem provocar prejuízos monetários ou afetar as pessoas e o meio ambiente. As lesões consistem em prejuízos à saúde de pessoas e os danos consistem em perda monetária ou destruição ambiental. Exemplos de consequências de acidentes são apresentados no Quadro 5.3.

Quadro 5.3 » **Consequências dos acidentes**

Perigos	Subsistema ou componente	Danos, lesões e prejuízo monetário
Lâminas cortantes	Serra	Cortes nas mãos e braços
Choques elétricos	Subsistema elétrico	Morte
Fonte de alto nível de ruído	Motor	Surdez
Manutenção com produto acionado	Subsistema de transmissão	Lesões nos dedos e mãos
Alimentação perigosa do produto	Subsistema de alimentação	Lesões e indenização
Comandos e mostradores fora de padrão	Painel de controle	Execução errada de operações e indenização
Congelamento de fluidos	Freio hidráulico	Impactos, rompimento de dutos e vazamento e contaminação do solo
Emperramento por poeira	Subsistema de transmissão	Paralisação da operação
Corrosão ou deterioração de componentes	Estrutura	Produto parado

❯❯ Verificação da existência de normas aplicáveis aos perigos ou ao produto

As normas de segurança para projetos geralmente limitam características do produto. Dessa forma, a consulta de normas aplicáveis à segurança do produto que se está projetando deve ser realizada Essas particularidades devem ser selecionadas antes de qualquer definição de especificações ou detalhes de projeto de componentes, pois isso provavelmente afetará essas atividades. Essa pesquisa poderá ser feita em manuais de projeto, bancos de dados de instituições normalizadoras, como INMETRO e ABNT, e em outras publicações relacionadas.

❯❯ Estabelecimento das diretrizes para eliminação dos perigos e suas consequências

As diretrizes para o projeto de produtos seguros identificam o desejo do projetista ou do fabricante em estabelecer os níveis de segurança. Essa postura denota, por vezes, a política de segurança estabelecida pelo fabricante do produto. As diretrizes visam estabelecer parâmetros para garantir que os acidentes sejam evitados ou tenham suas consequências diminuídas. As diretrizes são as seguintes:

- Sempre que possível, projetar, manufaturar e distribuir produtos livres de características inseguras.
- Se isso não for possível, construir barreiras e proteções para resguardar as pessoas das características inseguras do produto.
- Se isso também não for possível, prover o usuário com instruções e avisos adequados.
- Tratar uniformemente os perigos e riscos semelhantes do produto.
- Limitar as consequências dos acidentes em relação aos seguintes aspectos: o produto não deve matar ou lesionar pessoas, animais ou plantas, e não deve danificar propriedades e meio ambiente.

Além do estabelecimento das diretrizes, deve-se determinar se os perigos são elimináveis ou inerentes à funcionalidade do produto, como no exemplo do Quadro 5.4.

Quadro 5.4 ❯❯ **Determinação de normas e diretrizes aplicáveis aos perigos de um produto**

Perigos	Subsistemas ou componentes	Lesões e danos	Inerentes ou elimináveis	Diretrizes e normas aplicáveis
Alto nível de ruído	Motor	Indenização e surdez	Inerente	Proteger o operador
Lâminas cortantes	Serra	Cortes	Inerente	Proteger e avisar operador NBR 13928
Congelamento de fluido	Freio hidráulico	Impactos, rompimento de dutos e vazamento e contaminação do solo	Eliminável	Eliminar o vazamento
Alimentação perigosa do produto	Subsistema de alimentação	Lesões e indenização	Eliminável	Eliminar o problema
Corrosão ou deterioração de componentes	Estrutura	Produto parado	Eliminável	Eliminar o problema

» Determinação das necessidades de segurança

Definir as necessidades de segurança exige que se faça tudo o que for absolutamente imprescindível para garantir que acidentes de qualquer espécie não aconteçam com o produto. Portanto, a possibilidade de acidentes precisa ser eliminada. Caso isso não seja possível, ao menos suas consequências precisam ser atenuadas, por meio do estabelecimento de requisitos adequados de segurança que possam gerar informações para a elaboração da lista de requisitos. Os exemplos de necessidades de segurança estão apresentados nos Quadros 5.5 e 5.6.

Quadro 5.5 » **Exemplos de necessidades de segurança para uma serra**

Componente ou subsistema	Serra
Perigos	Lâmina cortante
Necessidades de segurança	A serra deve ser protegida para evitar o contato com o usuário durante a operação. A serra deve conter avisos sobre seus perigos.

Quadro 5.6 » **Exemplos de necessidades de segurança para um motor**

Componente ou subsistema	Motor
Perigos	Alto nível de ruído
Necessidades de segurança	A serra deve oferecer proteção acústica, limitando o ruído para o operador em 70dB(A).

» Recomendações gerais para o projeto de produtos mais seguros

O primeiro passo para projetar produtos mais seguros é determinar corretamente as necessidades de segurança que devem contemplar, transformando-as em requisitos de projeto. O segundo passo é utilizar as seguintes recomendações para o projeto de produtos mais seguros, visando a eliminação de perigos e riscos:

- Sempre que possível, projetar, manufaturar e distribuir produtos livres de características inseguras. Para isso, o projetista deve mapear os perigos e riscos oferecidos que poderão ser oferecidos pelo produto e buscar alternativas menos perigosas. Porém, isso nem sempre é possível, visto que muitos produtos possuem perigos inerentes ao seu funcionamento, como a presença de lâminas cortantes em serras de madeira ou da inércia num automóvel em movimento.

- Se isso não for possível, construir barreiras e proteções para resguardar as pessoas das características inseguras do produto. Nesse caso, devem ser tomados três cuidados. O primeiro é que a proteção não se torne um perigo (por exemplo, as chapas de proteção de um equipamento podem ter cantos vivos e cortantes). O segundo cuidado é que, no caso da remoção da proteção, o operador não fique exposto ao perigo. A não observação desse cuidado é uma das grandes causas de acidentes durante a manutenção de equipamentos. O terceiro cuidado que se deve ter é para que a proteção seja eficaz e não cause uma sensação de segurança que não há. Nesse caso, o consumidor apenas supõe estar protegido.

- Se isso também não for possível, prover o usuário com instruções e avisos adequados. Os avisos e as instruções devem ser explicativos e confeccionados em linguagem simples. O excesso de informações ou avisos confusos podem torná-los ineficazes. Para populações iletradas, é necessária a apresentação de desenhos explicativos no lugar de textos escritos.

- Tratar uniformemente os perigos e riscos semelhantes do produto. Produtos com perigos e riscos semelhantes, mas tratados de forma diferenciada, geram a sensação de que alguns são menos críticos do que outros, aumentando a probabilidade de acidentes envolvendo aqueles perigos ou riscos que foram tratados de forma menos criteriosa.

- Limitar as consequências dos acidentes em relação aos seguintes aspectos: o produto não deve matar ou lesionar pessoas, animais ou plantas e não deve danificar propriedades e meio ambiente. Essa recomendação é utilizada, por exemplo, nos automóveis. Tratam-se dos dispositivos de segurança passiva, que não evitam o acidente, mas diminuem as suas consequências. O cinto de segurança, o *airbag* e a coluna de direção retrátil são exemplos desses dispositivos.

> **» DICA**
> Para auxiliar na resolução de problemas que envolvam a remoção de proteções, expondo o usuário ao perigo, pode-se utilizar o intertravamento de proteções, ou seja, quando uma proteção é retirada, outra entra em funcionamento. Um exemplo de produto que possui o intertravamento de proteções é a máquina de lavar roupas: quando a tampa é aberta, o agitador é automaticamente desligado.

> **» DICA**
> Para os automóveis, a segurança passiva está bem desenvolvida. Para outros produtos destinados ao consumidor final e para as máquinas industriais, esse cuidado ainda é muito incipiente.

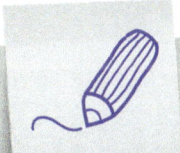

» Agora é a sua vez!

1. Quais são as principais etapas do método que determina as necessidades de segurança?
2. Imagine um produto que você utilize cotidianamente e crie um quadro referente a seus problemas de segurança (a exemplo do Quadro 5.1).

capítulo 6

Estética

A estética é a parte do produto que o consumidor identifica visualmente. Ela costuma ser um fator preponderante de atração no momento da compra e pode ser tão importante quanto os aspectos funcionais no desenvolvimento de um projeto. Neste capítulo, vamos descobrir de que forma a estética pode ser mais bem explorada na concepção dos produtos.

Objetivos de aprendizagem

- Reconhecer a importância da estética para os produtos e seu desenvolvimento.
- Identificar as leis da percepção visual.
- Reconhecer o impacto do estilo nos projetos.
- Listar as principais características das cores, bem como sua classificação.

> **DEFINIÇÃO**
> A estética de um produto é aquilo que o consumidor percebe, do ponto de vista da aparência, como a configuração das formas e das superfícies.

> **DICA**
> Um produto bem projetado é aquele que apresenta uma relação harmoniosa entre os dois tipos de projetos: abaixo e acima da linha.

>> Introdução

A estética é uma parte fundamental dos produtos. Pode ser definitiva na opção pela compra ou não do produto. Para muitos, a estética significa aparência ou aquilo que se vê superficialmente. Isso, no entanto, é apenas parcialmente correto. A palavra estética vem do grego *aisthesis*, que significa percepção sensorial resultante do processo visual e de conscientização (SANTOS, 1998). Assim, a visualização de um produto desperta sensações e sentimentos resultantes do processamento de informações, tendo como referência as experiências anteriores do observador.

Muitos projetistas de formação essencialmente técnica preocupam-se mais com os aspectos funcionais do projeto, como as dimensões, a eficiência e o desempenho das funções. Projetistas de formação fundamentalmente artística atentam mais para os aspectos estéticos, como cores, formas, relação do produto com os grupos sociais e outros fatores.

A diferença entre os enfoques técnico e artístico define o que é um projeto abaixo da linha ou um projeto acima da linha. O **projeto abaixo da linha** é o projeto no qual predominam os aspectos funcionais ou técnicos do produto, como o do motor que impulsiona, da estrutura que resiste. O **projeto acima da linha** está relacionado à aparência do produto; nele, prevalecem os aspectos relacionados à beleza e ao estilo, ou seja, à estética do produto (SANTOS, 1998). Em alguns produtos (como as motocicletas), os componentes funcionais (como escapamento, estrutura e motor) também estão relacionados com a estética. Trata-se de uma fusão entre projetos abaixo e acima da linha.

Em geral, as metodologias de projeto tendem a contemplar mais aspectos relacionados ao projeto abaixo da linha, isto é, ao projeto funcional. Por isso, apresentamos a seguir aspectos relacionados à estética dos produtos.

>> Leis de percepção

Algumas leis e diretrizes servem de orientação ou referência para os projetistas na determinação da estética dos produtos. A maioria delas está baseada nas teorias do Gestalt ou da percepção visual, que contribuem decisivamente para o estilo. São elas (SANTOS, 1998):

Lei do fechamento: linhas que estão sozinhas são percebidas como unitárias; porém, quando delineiam alguma superfície, são percebidas como contornos fechados sobre a superfície (Fig. 6.1A). Essa lei é utilizada para ressaltar uma superfície.

Lei da proximidade: a proximidade entre elementos, sejam eles pontos, figuras ou retas, forma o efeito de um conjunto. Essa lei pode ser utilizada para destacar, enfatizar ou indicar uma função de uso do produto ou algum outro aspecto. Os referidos elementos sobressaem dentro do produto (Fig. 6.1B).

Lei da igualdade: elementos que tenham forma ou aspecto semelhantes tendem a ser percebidos como um conjunto único (Fig. 6.1C).

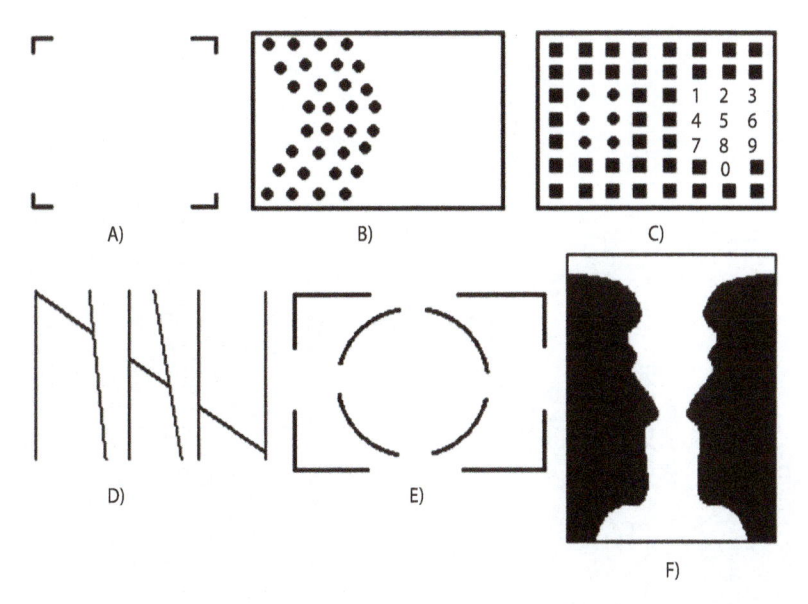

Figura 6.1 Exemplos para leis: A) do fechamento, B) da proximidade, C) da igualdade, D) da continuidade, E) da precisão e F) da percepção separada de imagens.
Fonte: do autor.

Lei da continuidade: a percepção tende a dar continuidade, trajetória ou prolongamento aos elementos (Fig. 6.1D).

Lei da precisão: a percepção tende a fechar ou complementar elementos (Fig. 6.1E).

Lei da percepção separada de imagens: a percepção tende a distinguir uma parte da imagem, destacando-a em relação à outra. Assim, uma parte da imagem parece um fundo, enquanto a outra fica em destaque – o inverso também acontecer, criando uma ambiguidade visual (Fig. 6.1F). Quanto mais simétrica, relativamente pequena, contornada e orientada horizontal ou verticalmente for uma imagem, mais facilmente será identificada.

Lei da simplicidade: a simplicidade visual dos produtos ocorre quando há simetria e suas linhas são simples. O resultado visual tende a ser minimalista, e muitos projetistas perseguem esse ideal de simplicidade associada à elegância. Produtos mais antigos eram mais complexos visualmente, e seu visual foi, progressivamente, modificando-se até apresentarem formas mais limpas (Fig. 6.2). Resta saber qual é o limite para a simplicidade visual dos produtos. A combinação de complexidade com simplicidade pode tornar um produto mais atrativo. Um produto muito complexo deve ser visualmente simples para se tornar mais atrativo, como os novos *laptops* e celulares. Porém, a complexidade inerente pode tornar o produto interessante na compra e durante o uso, transformando a própria complexidade em algo familiar e simples aos olhos do consumidor. Os *smartphones*, por exemplo, apesar de visualmente mais simples do que os celulares mais antigos, com teclado físico, oferecem uma grande variedade de recursos, mais complexos e atrativos.

Lei da harmonia: a harmonia pode ser considerada uma combinação das regras de simplicidade com as de padrões visuais (fechamento, proximidade, igualdade, continuidade, precisão e percepção separada de imagens) (BAXTER, 1998). Quando a percepção detecta algum tipo de forma geométrica predominante e ela se repete no produto, a sensação visual resultante é de coerência e harmonia.

> **» IMPORTANTE**
> A combinação de complexidade com simplicidade pode tornar um produto mais atrativo. Um produto muito complexo deve ser visualmente simples para se tornar mais atrativo. Porém, a complexidade inerente pode tornar o produto interessante na compra e durante o uso, transformando a própria complexidade em algo familiar e simples aos olhos do consumidor.

Figura 6.2 Diminuição da complexidade percebida com a evolução dos motores eólicos.
Fonte: Figuras A e B: vaphotog/iStock/Thinkstock; Figura C: PushishDonhongsa/iStock/Thinkstock.

> » **DICA**
> A mistura de formas geométricas tende a criar um conjunto sem harmonia.

A harmonia também está relacionada à proporção entre os tamanhos dos elementos estéticos. No século XIII, um matemático italiano chamado Fibonacci criou uma regra aplicável às proporções dos produtos, baseando-se em relações existentes em seres vivos. Segundo Baxter (1998), é uma regra baseada em aspectos orgânicos, sendo percebida pelas pessoas como capaz de proporcionar uma relação harmoniosa entre tamanhos de elementos estéticos. A **regra de Fibonacci** também é conhecida como espiral logarítmica, pois muitos seres vivos, cujos desenvolvimentos respeitam essa regra, geram figuras geométricas semelhantes a uma espiral logarítmica, conforme pode ser observado na Figura 6.3.

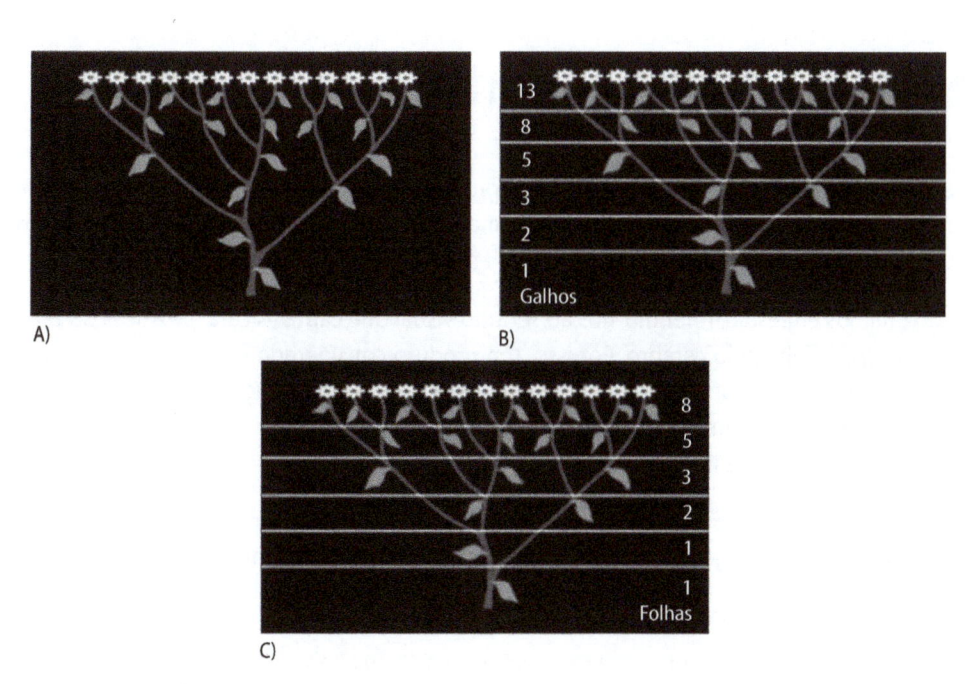

Figura 6.3 Regra de Fibonacci no caule de uma planta comum.
Fonte: Fabulous Fibonacci (20--?).

> **» IMPORTANTE**
> Segundo Fabulous Fibonacci (20--?), o desenho das plantas e dos animais segue esta regra: a ampliação ou redução de tamanhos, quantidades ou áreas é em torno de 61,8%. Quando se transforma essa regra numa série numérica, tem-se 1, 1, 2, 3, 5, 8, 13..., que consiste na soma dos dois números anteriores para resultar no posterior.

» PARA REFLETIR

Quando damos uma volta no parque raramente paramos para observar a beleza matemática da natureza. Talvez você se pergunte: "que matemática?". Especificamente, a regra de Fibonacci. Se parasse para contar o número de pétalas das flores, você perceberia que existem flores com 1, 2, 3, 5, 8, 13, 21, 34 pétalas e assim por diante. Esse é um exemplo claro de uma sequência de Fibonacci começando com 1. Embora o exemplo do número de pétalas seja intrigante, se observar o caule de uma planta qualquer (Fig. 6.3A), também visualizará a sequência de Fibonacci. Se desenharmos linhas para dividir o caule, veremos que o número de galhos em cada nível representa a sequência de Fibonacci (Fig. 6.3B). E o número de folhas em cada nível também representa uma sequência de Fibonacci!

» Agora é a sua vez!

1. Quais são as principais leis da percepção visual?
2. Que outros seres vivos ou objetos você consegue associar à regra de Fibonacci?

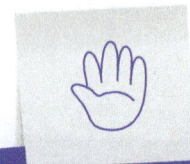

> **» ATENÇÃO**
> O estilo é condicionado pelas oportunidades e restrições, com a devida consideração de cada contexto.

» Estilo dos produtos

Entre os aspectos estéticos mais importantes do produto, destaca-se o estilo, responsável pela atração visual exercida sobre os consumidores. A forma visual pode ser feia, desequilibrada ou grosseira; ou pode ser bela, harmônica e se transformar em objeto de admiração.

Quando falamos em estilo, referimo-nos ao sentido visual que capta as características do produto e à interpretação feita pelo cérebro. Por isso, um produto considerado belo em uma época pode ser considerado feio em outra, pois esse conceito depende da interpretação cerebral, condicionada ao contexto social e econômico no qual o observador vive. O estilo é a parte artística do projeto do produto, mas não significa liberdade total de criação.

O estilo do produto deve proporcionar atratividade, ou seja, o produto deve se destacar, por ser agradável e desejável. Em geral, para se tornar atrativo, o estilo deve contemplar quatro condições:

- O consumidor compra aquilo que já conhece.
- A preferência é por produtos que parecem desempenhar bem as funções para as quais foram projetados.
- O consumidor prioriza o que se identifica com suas características (por exemplo: o produto é esportivo, arrojado e resistente, e o consumidor se identifica com essas características).
- A compra é direcionada para produtos que exercem atração visual, incorporando aspectos da elegância e beleza para percepção visual (BAXTER, 1998).

> **» DEFINIÇÃO**
> Estética é a visualização e o processamento da informação. Estilo é a identificação de características de um produto quando visualizado (observação da estética) e a apreensão de sua origem. Logo, um produto sempre apresentará estética, mas pode não apresentar um estilo.

Há diferença entre estética e estilo. **Estética** é a percepção visual de um produto, com seus elementos, considerando o processamento das informações que atingem o cérebro. O **estilo** é a combinação de elementos visuais dentro de uma frequência de distribuição que expressam características distinguíveis, que denotam o projetista, o fabricante, a época, a cultura ou o local em que aquele produto foi concebido e produzido.

Os vários estilos podem expressar diferentes mensagens ou gerar interpretações diferentes sobre produtos similares que executam a mesma função ou tarefa. Assim, o projetista pode separar o estilo do conteúdo do produto, principalmente quando utilizar elementos estéticos que surpreendam o consumidor (CHEN; OWEN, 1997).

Para o desenvolvimento dos atributos estéticos de um produto, devem-se definir as condicionantes do estilo e a mensagem simbólica e semântica do produto. O estilo de um produto a ser desenvolvido ou em desenvolvimento é condicionado pelos produtos antecessores, pela marca ou identidade da empresa, pelo estilo dos concorrentes e pelo *benchmarking* do estilo (BAXTER, 1998).

> **» IMPORTANTE**
> Mudanças visuais bruscas ou radicais podem ocasionar a perda dos antigos consumidores.

Se o produto é um reprojeto de um produto já existente, é recomendável que ele preserve a identidade visual do antecessor, possibilitando o reconhecimento dos compradores habituais e, consequentemente, a compra.

Quando se tratarem de produtos de uma empresa renomada ou que inspire a confiança dos consumidores, a **marca ou identidade da empresa** deve ser preservada e comunicada aos consumidores por meio do produto. Além do logotipo e do nome da empresa, as combinações de cores e formas, as embalagens, a disposição de mostradores ou comandos, entre outros, também identificam o produto e o fabricante. Por exemplo, a parte frontal de diversos automóveis, que inclui grade, entradas de ar, faróis, lanternas e capô, em geral forma um conjunto estético que identifica a empresa fabricante. É o que Smyth e Wallace (2000) denominam uma evidência do DNA da empresa, que contribui na identificação da marca por meio da visualização do produto.

A análise das características que determinam a identificação dos produtos já comercializados pela empresa é, sem dúvida, importante. No entanto, quando se tratar de uma empresa nova e sem uma linha de produtos, pode-se lastrear a confiança dos consumidores em relação ao produto, evocando características de produtos de outras empresas renomadas nos quais os consumidores confiam.

A análise do estilo dos concorrentes pode orientar o projetista a desenvolver um estilo próprio. A partir dos **concorrentes**, pode-se compreender o estilo dos produtos similares, observando:

- Quais são os temas predominantes do estilo dos produtos.
- Se os estilos são mais elaborados ou mais simples.
- Quais são as mensagens semânticas (o que o produto quer transmitir) ou simbólicas (os valores que ele transmite).

Assim, podem ser identificadas as características atrativas ou prejudiciais à imagem do produto. O *benchmarking* do estilo também é importante. Devem ser observadas as cores, os materiais, os acabamentos superficiais, os detalhes e as formas dos produtos dos concorrentes – detalhes que podem ser incorporados ao produto. O *benchmarking* pode evidenciar tendências para o estilo do produto.

O desenvolvimento de um estilo para um produto pode ser feito por meio da utilização de **elementos estéticos** como pontos, linhas, superfícies, materiais, acabamentos, massas, volumes, iluminação e cores. Um projetista pode desenvolver um estilo próprio ou modificar um já existente pela inserção ou modificação da configuração desses elementos. Por exemplo, a inserção de um conjunto de pontos (como furos para ventilação ou para saída de sons), a modificação do acabamento de uma superfície ou a mudança na secção transversal de um determinado volume permitem modificar o estilo de um produto já existente. Da mesma forma, a manutenção de determinada combinação de pontos, linhas ou cores pode definir um determinado estilo para os produtos, mesmo que os demais elementos sejam alterados.

Às vezes, para facilitar o desenvolvimento de um estilo, pode-se recorrer a analogias com objetos não similares ou a homologias com produtos similares. A **analogia** consiste em identificar elementos estéticos em objetos de natureza diversa, como em animais, seres humanos ou plantas, e utilizá-los nos produtos.

A **homologia** consiste em identificar elementos estéticos em produtos similares, antecessores ou concorrentes, e utilizá-los no produto. Por exemplo, as formas das televisões são homólogas, havendo pouca variação entre os diversos modelos.

Para facilitar a análise dos fatores condicionantes do estilo, em geral utiliza-se a montagem de painéis, por meio da colagem de figuras, fotografias, palavras e expressões escritas que denotem os elementos estéticos. A Figura 6.4 contém um exemplo de painel, apresentando fotografias e expressões que se relacionam com fatores condicionantes do estilo de caiaques para descida de corredeiras fluviais (*rafting*). Em linhas gerais, se observam as seguintes tendências dos produtos concorrentes e de acessórios para o *rafting* (Figura 6.4):

> **» DICA**
> A analogia pode ser uma fonte de inspiração para o estilo do produto. Por exemplo, a aparência dos aviões é análoga à aparência das aves.

> **DEFINIÇÃO**
> **Fatores condicionantes do estilo** constituem condições para a definição do estilo, ou seja, são as cores, formas e outros elementos estéticos aos quais o estilo do produto é subordinado.

- Utilização de cores vivas que destacam a jovialidade dos praticantes.
- Formas hidrodinâmicas e corporais.
- Ausência de ângulos vivos.
- Evidência da segurança e da proteção por meio de formas robustas.
- Aparência homóloga entre caiaques.
- Utilização de materiais leves e não ferrosos.
- Base larga aliada à ponta em cunha, que evocam estabilidade e velocidade nos caiaques.

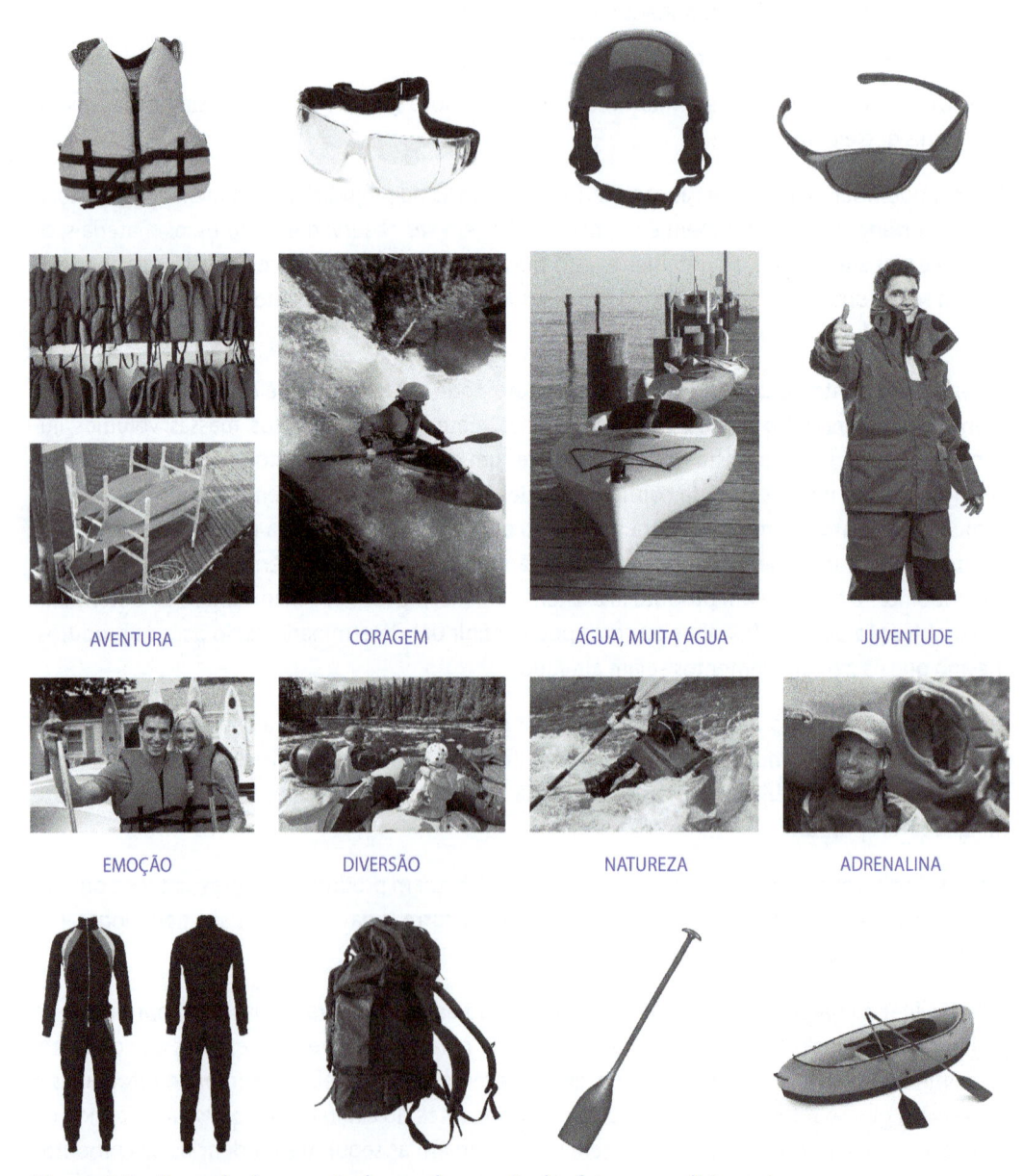

| AVENTURA | CORAGEM | ÁGUA, MUITA ÁGUA | JUVENTUDE |
| EMOÇÃO | DIVERSÃO | NATUREZA | ADRENALINA |

Figura 6.5 Exemplo de um painel para observação dos fatores condicionantes.
Fonte: Thinkstock.

≫ Definição simbólica e semântica

De forma prática, o **simbolismo** do produto é tradicionalmente definido por meio da identificação dos valores sociais e pessoais do consumidor, relacionando-os com o estilo do produto. Os **valores sociais** dos consumidores potenciais podem ser avaliados a partir da análise do estilo de vida, que deve levar em conta as características mais valorizadas nos produtos.

Segundo Quarante (1984), podem-se compreender os valores dos indivíduos a partir do estudo do comportamento social. O autor classifica os estilos de vida em quatro tipos básicos: utilitarista, aventureiro, conservador e alternativo (veja o Cap. 2 para mais detalhes).

A definição da **semântica** do produto pode ser realizada identificando aquilo que se deseja comunicar com o produto, lembrando que as características estéticas dos produtos sempre comunicam algo. Automóveis com formas estruturadas em ângulos retos, como os Jipes (veículos *off-road*), por exemplo, comunicam rusticidade e resistência, enquanto aqueles com formas em cunha expressam velocidade.

A definição semântica, assim como a simbólica, pode ser realizada fazendo-se uma lista de atributos semânticos, obtidos por meio de entrevistas ou de pesquisas de opinião que devem ser feitas antes ou durante o desenvolvimento do produto. Hofmeester, Kemp e Blankendaal (2002) publicaram um estudo sobre o desenvolvimento de um *pager* para expressar o sentimento de sensualidade. Então, realizaram a definição semântica, entrevistando possíveis consumidores sobre as propriedades de produtos desse tipo. Os autores obtiveram como respostas mais comuns: adaptável confortavelmente ao tamanho da mão, quente, textura próxima à da pele, suave, formas orgânicas (arredondado), etc. Esse é um exemplo de lista de atributos semânticos que pode orientar os projetistas a definir as características dos produtos.

Para avaliar se um produto atingiu os atributos desejados para suas definições semântica e simbólica, podem ser feitas pesquisas de opinião ou enquetes. Os resultados são registrados em gráficos, como no exemplo apresentado na Figura 6.6, em que os valores positivos ou sua soma indicam que resultados desejados foram obtidos.

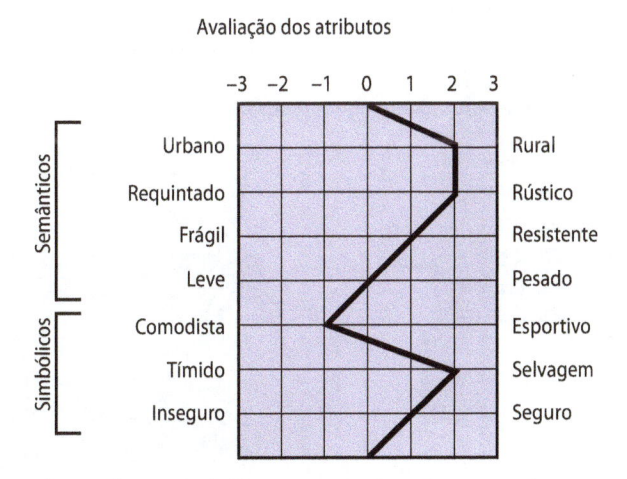

Figura 6.6 Avaliação dos atributos simbólicos e semânticos de um produto.
Fonte: do autor.

» Complexidade e ordenação

Na definição do estilo, deve ser determinado se o consumidor prefere um produto visualmente complexo ou ordenado, que são conceitos opostos, ou a combinação deles. As características visuais de um **produto visualmente complexo** são formas complicadas e irregulares, abertas, heterogêneas e assimétricas. A heterogeneidade se refere à grande variedade de cores, formas, materiais, texturas. A complexidade busca a fuga de padrões visuais conhecidos.

Um **produto visualmente ordenado** tem os elementos estéticos configurados dentro de padrões de simplicidade, possibilitando a assimilação ao primeiro contato visual, pois apresenta formas geométricas simples, regulares, fechadas, homogêneas e simétricas.

A simplicidade e a regularidade significam que, visualmente, é possível observar no produto formas básicas, como círculos, quadrados e outras formas identificáveis. Apresentar formas geométricas fechadas significa que o produto se apresenta como um bloco único, de contornos fechados. A homogeneidade se refere a produtos limpos, sem excessos de formas, cores e materiais. A simetria está relacionada à distribuição igualitária de massa ou superfícies em relação a um eixo mediano imaginário.

Em relação à utilização de **cores** em um produto ordenado, há a tendência à harmonia cromática e à restrição no uso de contrastes. Essas características evidenciam, por meio do uso de cores complementares e não conflitantes, funções ou elementos estéticos importantes do produto. Nos produtos complexos, há excesso de contraste e abuso da utilização de cores. Isso torna confuso o manuseio, o uso e o acesso às informações.

Em relação à **estabilidade**, produtos ordenados evidenciam constância em relação a uma base, utilizando, para isso cores, volumes, linhas e formas. No caso de objetos complexos, não há evidências de sua estabilidade, o que ocasiona uma sensação de desequilíbrio. Porém, às vezes se deseja que o produto pareça estar desafiando a gravidade. Exemplos de equilíbrio e desequilíbrio podem ser vistos na Figura 6.8: a garrafa térmica de Aldo Rossi com sua base larga provoca a sensação de equilíbrio, enquanto as taças de cristal do designer Achille Castiglioni parecem estar em desequilíbrio devido ao aparente deslocamento do centro de gravidade.

> **» DICA**
> As formas visualmente ordenadas são apresentadas em produtos compactos, despojados e de fácil assimilação e compreensão visual pelo consumidor.

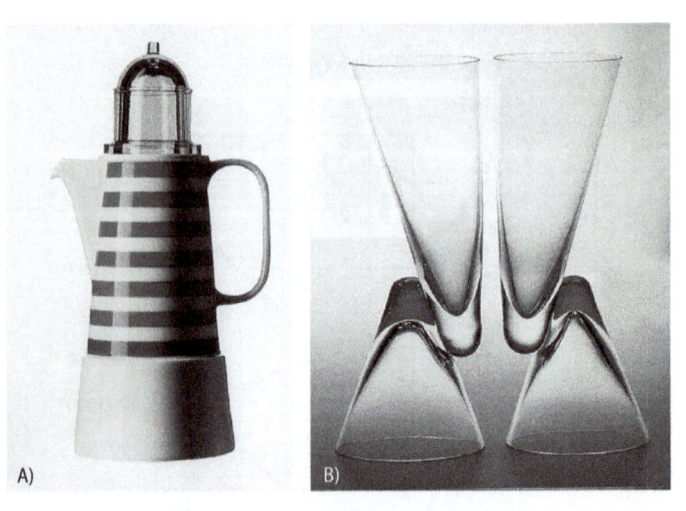

Figura 6.7 Exemplos de A) equilíbrio e B) desequilíbrio em produtos.
Fonte: The IDE Virtual Design Museum (2014).

Em relação à **inovação estética**, produtos ordenados sempre associam sua estética à dos produtos antecessores, facilitando a assimilação. Já os produtos complexos evocam a mudança, o inédito e a surpresa. É comum verificar em produtos complexos o uso da bissociação – que se trata da quebra da expectativa, ou seja, a substituição de algo normal e esperado por algo inusitado, surpreendente ou chocante, gerando uma situação engraçada e que seria fonte de humor. São exemplos de bissociação a garrafa térmica projetada pelo designer Aldo Rossi (Fig. 6.7), cujo aspecto lembra um farol, um acessório portátil com amplificador e caixa de som para equipamentos de áudio no formato de nota musical e um telefone em formato de sapato feminino (Fig. 6.8).

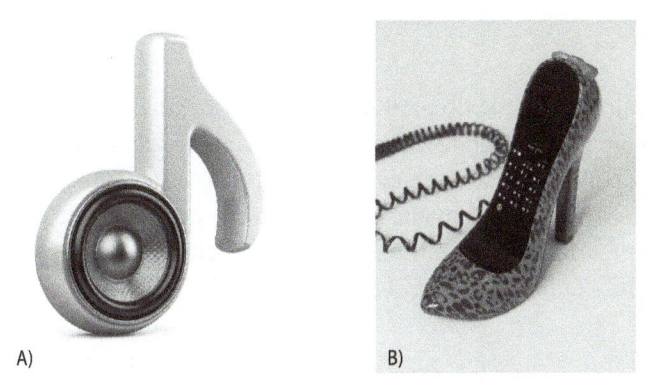

Figura 6.8   Exemplos de bissociação.
Fonte: Figura A: PushishDonhongsa/iStock/Thinkstock; Figura B: wzfs1s/iStock/Thinkstock.

Em relação ao **contexto**, produtos ordenados estão inseridos na sociedade e em seus valores sociais, culturais e tecnológicos, enquanto produtos complexos buscam ser diferentes e inovadores. Em termos dos **materiais, componentes ou elementos utilizados**, produtos ordenados apresentam visualmente poucos materiais, componentes ou elementos, enquanto os produtos complexos apresentam grandes quantidades.

Existe uma tendência à **minimização do uso de elementos estéticos**, resultando em produtos ordenados. Porém, a utilização harmoniosa de elementos que evocam a complexidade em partes específicas do produto tende a torná-lo mais atraente durante o uso, evitando a monotonia estética da ordenação.

Há ainda, conceitos relativos à integração de **componentes ao produto**, dos quais se destacam os conceitos de adição, integração e integralização, conforme abaixo:

Adição: componentes com funções específicas aparentam ter sido adicionados à forma básica do produto, como é o caso das lentes (objetivas) da máquina fotográfica apresentada na Figura 6.9A.

Integração: componentes (conjunto de lentes) parecem sobressair ao produto, mas aparentam integração à forma básica (Fig. 6.9B).

Integralização: componentes (conjunto de lentes) estão configurados dentro da forma básica do produto (Fig. 6.9C).

A diferença entre esses conceitos visa ressaltar determinados aspectos do produto. O uso do conceito de adição dá a ideia complexidade, enquanto o uso do conceito de integralização dá a ideia de ordenação.

> **IMPORTANTE**
> A formação de grupos de elementos funcionais, como comandos e mostradores, facilita o uso e a compreensão do produto, e a orientação indica como este deve ser utilizado. Essas são características típicas de produtos ordenados.

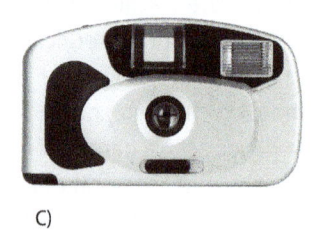

Figura 6.9 A utilização dos conceitos de A) adição, B) integração e C) integralização.
Fonte: Figura A: Bill Waller/Hemera/Thinkstock; Figura B: Chiya Li/iStock/Thinkstock; Figura C: Avesun/iStock/Thinkstock.

Em relação à definição do estilo do produto, há ainda aspectos relativos à sua assimilação pelo consumidor. Para um produto ser de fácil assimilação, é necessário que sua estética indique como deve ser utilizado, o que pode ser feito com a clara visualização da função de cada componente. Isso favorece a identificação de elementos do produto que possuem uma função específica, como painéis, ou de quadros de comando ou empunhadura, ressaltados por meio de alto ou baixo relevo, delimitação de áreas, contraste de cores, entre outros.

» Agora é a sua vez!

1. Qual é a diferença entre estética e estilo?
2. Qual é a importância da analogia e da homologia no desenvolvimento de um estilo?
3. Pense em um esporte ou *hobbie* de seu interesse e crie uma lista de expressões que denotam seus elementos estéticos.
4. O que são o simbolismo e a semântica dos produtos?
5. Quais são as diferenças entre um produto visualmente complexo e um produto visualmente ordenado?

» Utilização de cores

A preferência dos consumidores por determinadas cores ou associações de cores varia segundo aspectos culturais, tendências, idade, experiência e preferências pessoais. O simbolismo das cores, conforme a cultura de uma sociedade, está relacionado à associação psicológica feita pelas diferentes sociedades. A seguir, apresentamos alguns exemplos dessas associações:

Vermelho: na China é símbolo de sorte e celebração, enquanto na Índia significa pureza. Na cultura oriental, representa diversão quando combinada com o branco. Na cultura ocidental, lembra o

Natal, além de remeter à ideia de sensualidade. É a cor do fogo, do sangue, da paixão e do perigo, indicando periculosidade ou parada nos semáforos e outras indicações de trânsito.

Amarelo: na Ásia, significa sagrado ou imperial. Nas culturas ocidentais, significa diversão e alegria. Está geralmente associada ao calor, à riqueza, à energia, à claridade, ao ouro e ao sol.

Azul: na China, está associado à imortalidade. Entre os hindus, é a cor de Krishna. Para os judeus, significa santidade. No Oriente Médio, é associada à proteção. Universalmente, é uma cor associada à segurança, bem como à calma e ao sono.

Verde: na China, acredita-se que não é uma boa cor para produtos ou embalagens, pois significa traição conjugal. Para os católicos irlandeses, tem significado religioso, estando associada ao dia de São Patrício (*St. Patrick's Day*). Na cultura ocidental, indica segurança e conservação ambiental. Apresenta-se como uma cor passiva, associada ao verde da floresta, à esperança e à felicidade.

Branco: nas culturas orientais, significa luto e morte. Nas culturas ocidentais, está relacionada à pureza – por isso é utilizada em casamentos –, à paz e ao nascimento.

Preto: nas culturas ocidentais, significa luto e morte. Está relacionada ao frio, ao caos, ao nada, ao mal, à tristeza, à morte, ao luto, à angústia e à perda. É considerada uma cor deprimente.

A globalização econômica e o grande volume de trocas de informações por meio da mídia têm uniformizado o significado das cores entre os diferentes povos. Deve-se considerar, também, que existem tendências temporais no tocante às cores. Por exemplo: se as cores vivas são as preferidas em uma determinada estação do ano, na estação seguinte, a predileção recai sobre as cores frias.

O ciclo de alternância das cores predominantes é determinado por tendências sociais, pela intenção de resgate de valores culturais ou por interesses financeiros. Alguns fabricantes de tintas promovem, por meio de exposições de produtos ou desfiles de roupas, as cores da moda, incutindo nos consumidores a procura por produtos com novas cores. O objetivo da indústria, nesse caso, é aumentar a produção e as vendas de tintas e pigmentos.

Em relação à idade, crianças e jovens preferem cores mais vivas e salientes, enquanto adultos preferem cores mais discretas. Além disso, há também as preferências pessoais. Cada consumidor interpreta e avalia as cores que visualiza, associando-as a sentimentos e lembranças.

As cores apresentam diversas características que devem ser consideradas para proporcionar harmonia ou contraste, conforme abaixo:

Luminosidade: a luminosidade está diretamente relacionada com o grau de clareza, ou seja, a quantidade de luz. Por exemplo, o branco é luminoso, e o preto não tem luz. Lembrando que branco e preto não são cores, mas presença ou ausência de luz. A cor mais luminosa é o amarelo, e a de menor luminosidade é o violeta.

Tom ou matiz: é a coloração da cor, corresponde ao comprimento de onda da cor dominante, que, dependendo do tom, pode denominar-se azul, amarelo, vermelho, entre outros.

Saturação: é a quantidade de cor de tom puro que uma cor apresenta. A saturação máxima de uma cor é atingida quando corresponde ao seu comprimento de onda no espectro visível.

> **» DICA**
> O amarelo é uma cor alegre, é a cor do verão, enquanto o vermelho é a cor do sangue e da vida.

> **» DICA**
> O azul representa a calma, a harmonia, a paz, mas também tristeza e melancolia.

> **NO SITE**
> Visite agora o ambiente virtual de aprendizagem Tekne (**www.bookman.com.br/tekne**) e tenha acesso a uma apresentação em PowerPoint® exclusiva com imagens exemplificando os contrastes e as harmonias cromáticos discutidos nesta seção.

> **DICA**
> As cores fundamentais são azul, vermelho e verde.

Conforme o aspecto a ser considerado, as cores podem receber a seguinte classificação:

Cores quentes: são aquelas que tendem para o amarelo, apresentando matizes alaranjadas e avermelhadas. As cores quentes estimulam a circulação sanguínea do observador, causando um ligeiro aumento na temperatura do corpo.

Cores frias: são aquelas que tendem para o azul, e as matizes entre o verde, azul e violeta. Ao contrário das cores quentes, diminuem a circulação sanguínea do observador, causando uma ligeira queda na temperatura do corpo.

Cores complementares: são as cores "negativas" de quaisquer cores, como os negativos de fotografia. São as que formam o verdadeiro contraste. Quando uma cor é colocada lado a lado com sua complementar, elas se intensificam pelo contraste simultâneo. No círculo cromático, a cor complementar é a que está diametralmente oposta, isto é, ao traçar o diâmetro, é a que se encontra do lado oposto. O branco e o preto também são complementares.

Antes de decidir que cores utilizar em um produto, o projetista deve considerar se deseja gerar contraste ou harmonia cromática. Podem-se fazer vários tipos de contrastes entre cores, visando destacar ou facilitar a visualização de algo. Entre as maneiras de produzir **contraste entre cores**, ressalta-se:

Contraste claro-escuro: pode ser feito entre o branco e o preto ou pela utilização de tons de cinza. Também pode ser produzido entre o amarelo e o azul-violeta - pois no círculo cromático a cor mais clara é o amarelo, e o mais escuro é o azul-violeta – ou pelo uso de partes cromadas ou douradas e cores pouco luminosas.

Contraste entre cores fundamentais: pode ser ressaltado por meio da utilização de faixas de separação, brancas ou pretas.

Contraste entre cores complementares: a utilização de cores complementares (opostas no círculo cromático) produz contrastes. Essa disposição de cores evidencia informação ou determinado aspecto de um produto. Em um círculo de cores, aquelas que são diametralmente opostas, como o azul e o amarelo, são complementares e contrastantes.

Contraste na qualidade: consiste na mudança do tom da cor pela mistura do branco ou do preto, ou de ambos, ou ainda de uma cor complementar.

Contraste na quantidade: está relacionado com as porções de cores utilizadas. Nesse caso, procura-se o contraste utilizando a combinação entre a dimensão da superfície colorida e a luminosidade da cor. Está baseado em uma escala de luminosidades, sendo 6 para o verde, 4 para o azul, 3 para o violeta, 9 para o amarelo, 6 para o vermelho e 8 para o laranja. Para que o contraste combine luminosidade e área da superfície pintada, o amarelo (luminosidade 9) deve ser utilizado em quantidade 3 vezes menor do que o violeta (luminosidade 3).

Contraste entre cores quentes e frias: ocorre devido à utilização simultânea de tons frios e quentes.

Contraste cromático nos produtos: o emprego de cores quentes ou luminosas tende a impulsionar a compra, em comparação aos produtos concorrentes de cores que utilizam cores mais frias ou pouco luminosas. A estratégia também quebra a monotonia de grandes superfícies, quando combinado com o uso de cores frias. Porém, em produtos relativamente grandes, como máquinas industriais, o emprego de cores quentes ou luminosas em grandes superfícies tende a tornar o produto visualmente cansativo e desagradável.

O conhecimento dos tipos de **harmonias cromáticas** pode ajudar a encontrar o equilíbrio entre cores. Os tipos mais comuns são os seguintes:

Harmonia de complementares: ocorre quando há um equilíbrio entre cores opostas no círculo cromático. É a harmonia mais comum. Por exemplo, a conjugação de tons de verde com diversos tons quentes. Às vezes, a utilização de cores complementares em tons puros causa contraste excessivo e não há harmonia. Pode-se adicionar branco ou preto em uma das cores, ou até nas duas, para reduzir sensivelmente o contraste.

Harmonia de tons vizinhos: se dá quando tons próximos dentro do círculo cromático são combinados ou conjugados com cores neutras, como tons castanhos e cinzentos. É comum a adição de branco ou preto sobre o tom puro para facilitar a harmonia.

Harmonia monocromática: acontece quando o conjunto de cores de uma composição varia dentro de uma cor com vários tons ou de uma cor conjugada com cores neutras. As cores são geradas a partir de uma única cor, pela adição de branco ou preto.

Harmonia por saturação: obtida na adição de uma cor única (como vermelho, verde ou azul) às outras utilizadas na composição. Nesse caso, escolhe-se uma composição de cores na qual é adicionada uma cor de saturação.

Harmonia cromática: deve-se considerar a luminosidade e as porções de superfícies nas quais as cores são utilizadas na harmonia de cores.

> **» DICA**
> É aconselhável empregar cores quentes ou luminosas apenas para evidenciar partes do produto, como painéis de controle ou de segurança, como no caso de componentes móveis que são pintados de alaranjado.

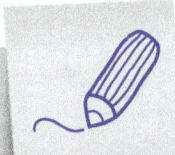

» Agora é a sua vez!

1. Faça uma lista associações sobre sua cor preferida.
2. Quais são as principais características das cores?
3. De que forma as cores podem ser classificadas?
4. Escolha uma das maneiras existentes para a produção de contraste e explique-a.
5. Quais são os tipos mais comuns de harmonias cromáticas?

» Outras recomendações importantes para o projeto estético

> **» DICA**
> A existência de unidade, a presença de um elemento predominante e o equilíbrio visual obtido pelo uso balanceado de elementos estéticos fazem o produto tender à ordenação.

Somam-se às recomendações anteriores outras sugeridas por Edel Junior (1967), e complementadas pelo autor deste texto, que podem auxiliar no projeto estético. São elas:

Unidade: é a relação harmoniosa entre os diversos elementos estéticos de um produto (EDEL JUNIOR, 1967). Trata-se de observar se linhas, superfícies ou volumes estão ordenados, coerentes e harmonizados, de forma que combinem com a função desejada do produto. Isso também se refere à utilização de letras da mesma fonte e de símbolos iguais em painéis ou avisos. A geração de uma unidade no produto está fortemente relacionada à aplicação das leis de simplicidade e harmonia.

Ritmo: é quando se recorre regularmente à, ou se alterna, a utilização de determinados elementos estéticos (EDEL JUNIOR, 1967). As variações de forma e de posição são mínimas, ou seja, os elementos estéticos do produto (como círculos ou linhas) se repetem e se alinham, fazendo com que o produto tenda à ordenação.

Dominação: diz respeito à existência de um elemento estético dominante no produto, que é facilmente identificado, sobressaindo-se em relação aos demais (EDEL JUNIOR, 1967). Por exemplo, supondo que exista a necessidade de utilizar muitas cores em um produto, deve-se escolher uma cor principal, e as demais cores seriam utilizadas apenas em pequenas áreas.

Balanço: é a existência de equilíbrio visual dos elementos estéticos do produto (EDEL JUNIOR, 1967), que podem ser simétricos ou assimétricos no tocante à formação de conjuntos ou grupos. Observa-se aqui, também, a proporção no uso de elementos estéticos, como cores e formas geométricas, o que inclui o uso da regra de Fibonacci.

Transição: trata-se da variação entre aspectos visuais do produto, que pode ser abrupta ou gradual (EDEL JUNIOR, 1967). Em geral, transições graduais de formas e cores fazem o produto tender à ordenação e à harmonia, enquanto transições abruptas fazem o produto tender à complexidade.

Variedade: refere-se à diversidade de utilização de elementos visuais diferentes em um projeto (EDEL JUNIOR, 1967), que, em geral, deve ser reduzida, restringindo a tendência à complexidade e tornando o produto mais familiar.

Adequação: refere-se à adequação dos elementos estéticos utilizados no produto em relação ao perfil do público-alvo. Inclui não somente o uso coerente de elementos estéticos, como cores e formas, mas também o uso de elementos associados à imagem e marca da empresa, de tendências observadas e de aspectos positivos observados em concorrentes.

Explicitação funcional: evidencia visualmente que o produto executa bem a função para a qual foi projetado. Na explicitação funcional, é observado se o produto dá indícios de como deve ser utilizado ou operado.

> **» IMPORTANTE**
> Sempre que possível, a estética deve contribuir para que o usuário compreenda a funcionalidade ou o modo de operação do produto, induzindo-o a operá-lo da forma correta.

capítulo 7

Produtibilidade

A produtibilidade é a qualidade de um produto de ser facilmente produzido. Trata-se da escolha de processos viáveis de produção, que envolvem fatores como qualidade, quantidade e materiais a serem utilizados. Neste capítulo, conheceremos as principais noções de produtibilidade, bem como as características dos principais processos produtivos e dos materiais utilizados.

Objetivos de aprendizagem

» Definir o conceito de produtibilidade.

» Listar as regras gerais de projeto para uma produção mais econômica.

» Diferenciar os processos produtivos de conformação, de fundição, de usinagem, de montagem e de processamento de plásticos, borrachas, materiais cerâmicos e vidros.

» Identificar as principais características dos materiais, bem como os critérios de seleção para a sua utilização.

» Introdução

Produtibilidade consiste na adequação do desenvolvimento de um produto à sua fabricação, incluindo a utilização de processos viáveis, em função da qualidade exigida, da quantidade a ser produzida e dos materiais que serão utilizados.

O projeto voltado para produtibilidade busca que o desenvolvimento do produto seja orientado para a produção de um determinado produto nas quantidades exigidas, seja de baixo custo, fácil fabricação e montagem, entre outras qualidades. Isso exige da tecnologia existente processos que podem ser fáceis ou difíceis de executar. Quanto mais fáceis são esses processos, mais produzível é o produto.

» Produtibilidade e custos de produção

A produtibilidade tem reflexo direto nos **custos de produção** – quanto pior for a produtibilidade de um produto, maiores serão os custos de produção. Esses custos podem ser divididos em diretos e indiretos. Em geral, os custos diretos de produção são atribuídos a três fatores: custo de manufatura, custos de projeto e produtividade dos trabalhadores. Como regra, os custos de manufatura aumentam os custos de produção quanto:

- Mais complexo for o componente.
- Mais estreitas forem as tolerâncias.
- Maior for o nível de acabamento requerido.
- Menos mecanizada for a produção.

Todos esses fatores exigem um número maior de operações de manufatura, além de maior necessidade de inspeção e posicionamento (que aumenta os erros dimensionais cumulativos), aumentado os custos indiretos e o tempo de produção.

Entre os processos de produção, existem os que exigem baixo quantitativo de mão de obra, como estampagem, fundição em moldes permanentes, fundição por injeção e usinagem por máquinas automatizadas de múltiplas ferramentas. Esses processos têm baixo custo direto nas produções em grandes quantidades. Processos convencionais de usinagem, fundição de precisão e montagem mecânica manual (que necessita de ajustes e de calibração) tendem a ter alto custo direto devido à necessidade de muita mão de obra.

Para que o produto seja mais facilmente produzido, devem ser observadas as seguintes recomendações de projeto para a **manufatura**, que orientam para uma produção mais econômica (BRALLA, 1986):

- Produtos com poucas peças, com geometrias simples e que necessitam de poucos ajustes durante a fabricação, oferecem baixo custo e maior confiabilidade de produção.
- Reduzir o número de peças exigidas para que um subsistema do produto realize uma determinada função. Preferencialmente, quando for possível, projetar uma peça que desenvolva várias funções.
- O projeto dos componentes deve ser realizado para que se utilize o processo de fabricação mais econômico possível.
- O uso de componentes e materiais padronizados beneficia a produção em grandes quantidades, mesmo com uma produção em pequena escala. Além de facilitar compras e estoques, evita gastos em ferramentas e equipamentos, e acelera o ciclo ou tempo de produção.
- Quando a empresa produzir produtos semelhantes, pode-se optar por utilizar a modularização, ou seja, utilizar os mesmos componentes e materiais de um produto em outro, semelhante.
- Geralmente tolerâncias muito estreitas representam aumento de custos de fabricação, especialmente quando, para obtê-las, necessita-se de operações adicionais, de ferramentas, materiais e equipamentos de custo elevado e de ciclos de operação mais longos (veja o Quadro 7.1). Porém, quando o processo disponível oferece uma tolerância estreita, os custos caem. Como regra, devem-se respeitar as tolerâncias dimensionais que podem ser obtidas pelos processos que serão utilizados, permitindo tolerâncias maiores nas peças que não exijam, para realização de determinada função, de elevada precisão dimensional.
- Distâncias exíguas entre furos próximos produzidos por usinagem, fundição, conformação ou outros processos devem ser evitadas. Isso pode acarretar paredes excessivamente finas, problemas nas ferramentas ou dificuldade para usinagem múltipla simultânea.
- As dimensões descritas nos desenhos dos componentes devem, preferencialmente, informar sobre diversas medidas, a partir de um único ponto.
- Quando se faz o desenho para a fabricação de uma peça ou componente, deve-se evitar colocar dimensões a partir de superfícies ou pontos pouco importantes que não sejam referência. Além disso, não se deve exigir que o operador do equipamento de fabricação execute operações matemáticas antes da operação, pois isso pode induzi-lo ao erro e atrasar a operação.

> **IMPORTANTE**
> Pode haver dificuldade nas operações de montagem devido a erros dimensionais acumulados nos processos produtivos. Isso pode ser evitado prevendo as tolerâncias necessárias à montagem.

Quadro 7.1 » Relação entre tolerâncias e custo relativo aproximado

Tolerância	Custo relativo aproximado
±0,75 mm	1
±0,12 mm	2
±0,025 mm	3,5
±0,012 mm	6
±5 µm	10
±2,5 µm	20
±1,2 µm	35

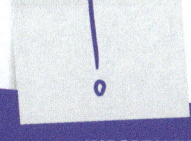

> **DICA**
> Em processos que utilizam matrizes fechadas, as linhas de partição podem ser posicionadas para facilitar a fabricação do componente.

> **IMPORTANTE**
> Quando as quantidades produzidas são grandes, os fixadores separados das peças podem representar um aumento substancial de custos devido à necessidade de manuseio da peça e de alimentação dos fixadores.

- Materiais que podem ser processados mais facilmente são bem-vindos. Isso representa diminuição de tempo e de custo, o que permite, por exemplo, velocidades de corte compatíveis com os equipamentos disponíveis Ainda, esses materiais geralmente apresentam bom acabamento superficial após o processamento. Materiais de fácil processamento ampliam a possibilidade de escolher o processo de produção que será utilizado, dentre os vários possíveis.
- A quantidade mínima de material para que uma peça execute determinada função deve ser avaliada pelo projetista. Essa atitude, além de reduzir os custos com materiais, também diminui os custos com manufatura, tanto em relação ao trabalho humano quanto ao ferramental necessário.
- As peças e componentes devem ser projetados, sempre que possível, tendo em vista a fabricação com ferramentas e máquinas convencionais. A utilização de máquinas e ferramentais especiais só se justifica em caso de elevada quantidade a ser produzida, em que os custos de máquinas e ferramentas especiais podem ser abatidos com o aumento da produtividade e a economia de material.
- As peças fabricadas por fundição, moldagem ou metalurgia do pó devem ser analisadas para evitar as linhas de partição, que aumentam os custos de fabricação.
- As peças moldadas em plástico ou fundidas devem ser projetadas com a espessura das paredes o mais uniforme possível.
- Cantos vivos ocasionam tensão sobre a peça ou sobre a ferramenta. Porém, em casos em que a eliminação desses cantos é onerosa, como na usinagem de paredes externas e perpendiculares de peças, pode ser mais vantajoso mantê-los.
- O ideal é projetar as peças para serem produzidas sem reposicionamentos intermediários ao processo de manufatura ou de montagem. Isso promove economia de operações e de tempo, além de aumentar a precisão dimensional da fabricação.
- Os fixadores separados das peças, como parafusos ou rebites, aumentam o tempo de processamento e os custos de manufatura.
- Os acabamentos superficiais de nível muito elevado, que produzem rugosidades superficiais pequenas (Quadro 7.2), devem ser evitados, sempre que possível.

Quadro 7.2 » **Comparativo de custos e tempo de operação em função da rugosidade superficial**

Rugosidade superficial	Custo relativo aproximado	Tempo aproximado de operação	Exemplo de operação
6,3 µm	1	1	Usinagem áspera
3,18 µm	2	1	Usinagem normal
1,6 µm	4,4	1	Usinagem fina
0,8 µm	7,2	1,8	Retificação
0,4 µm	14	3	Retificação fina
0,2 µm	24	5	Retificação muito fina
0,05 µm	45	13	Polimento

- A consulta e a troca de informações com o pessoal da manufatura devem ser incentivadas. Isso é importante para conhecer as reais capacidades do processo em termos de tolerâncias, dimensões que podem ser processadas e acabamentos e propriedades adicionais.

- Também é aconselhável a consulta e a troca de informações com o pessoal de compras, para conhecer a disponibilidade e os custos de insumos, as possibilidades e novidades em termos de materiais, de equipamentos e de serviços terceirizados de manufatura.

- As operações secundárias, como as de inspeção, de transporte dentro da fábrica, de manuseio, de pintura e de tratamento térmico, devem ser evitadas.

- Instruções para manufatura de difícil execução e que não agregam valor ou não contribuem para o desempenho do produto devem ser evitadas.

- O projeto dos componentes e do produto como um todo deve ser condizente (em termos de formas, complexidade, dimensões, tolerâncias e materiais) com as quantidades que serão produzidas.

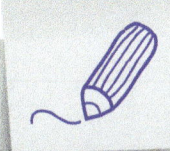

» Agora é a sua vez!

1. O que é produtibilidade e qual é sua influência nos custos de produção?
2. Cite algumas recomendações capazes de orientar uma produção mais econômica.

» Principais processos produtivos

A descrição dos processos de produção inclui processos de fabricação, montagem e acabamento. Veja a seguir a descrição dos principais tipos desses processos segundo Bralla (1986).

» Processos de fabricação

Processos de conformação

Estampagem

Descrição resumida: A chapa metálica é cortada ou conformada por meio da utilização de prensas e ferramentas adequadas (matrizes). Podem-se gerar formas ou desenhos tridimensionais.

Vantagens: A produção de peças de forma rápida e uniforme, mesmo quando complexas. Além disso, o custo dos materiais e do trabalho é baixo, pois permite automatização.

> **» ATENÇÃO**
> Esta é uma classificação prática! Em determinados casos, alguns processos podem ser classificados em outro grupo. O processo de colagem, por exemplo, pode ser um processo de fabricação, em alguns casos, e de montagem, em outros.

Limitações: O custo elevado do ferramental e dos equipamentos necessários. Outra limitação é que as chapas devem ter espessura uniforme, e as bordas da chapa estampada podem tornar-se cortantes e rugosas.

Materiais: Aço-carbono, aço-liga, alumínio, ligas de cobre e metais preciosos. Ainda são utilizados, com menor frequência, aço inoxidável, ligas de magnésio, de níquel e zinco.

Tolerâncias dimensionais: Da ordem de ±0,05 a ±0,80 mm e ângulos de ½° a 2°.

Tamanho e complexidade usuais: Variam desde pequenas peças de relógio com espessura de chapa de 0,025 mm até peças para caminhões com 20 mm de espessura de chapa. Formas complexas com furos, nervuras e cavidades são normais. Às vezes, é necessário realizar mais de uma operação.

Aspectos econômicos: Como os custos de ferramentas e equipamentos é elevado, só é economicamente viável para produção em larga escala.

Extrusão
Descrição resumida: Um tarugo metálico é forçado por um dispositivo hidráulico através do orifício de uma matriz metálica, que possui a forma da secção transversal desejada.

Vantagens: Secções transversais complexas podem ser obtidas, e o custo das ferramentas (matrizes) é baixo.

Limitações: Limitado a materiais dúcteis e ao tamanho da secção. Além disso, secções que variam longitudinalmente necessitam de operações adicionais.

Materiais: Ligas de alumínio, cobre e magnésio. Também são extrudados, mas com alguma dificuldade, aço-carbono, aço-liga, aço inoxidável, ligas de níquel, de zinco, chumbo e titânio.

Tolerâncias dimensionais: Variam de ±0,25 mm a ±2,5 mm para o alumínio e ±0,5 a ±1,6 mm para o aço, dependendo do tamanho da secção transversal.

Tamanho e complexidade usuais: Secções transversais constantes acima de 7,5 mm são realizáveis. O tamanho da secção pode atingir até 250 mm em alumínio ou 150 mm em aço, e o formato pode ser complexo.

Aspectos econômicos: As ferramentas são baratas e o processo é vantajoso, mesmo em pequenas quantidades. A economia é maior quando se evita usinagem posterior.

Laminação
Descrição resumida: Esse processo é utilizado para fabricação de peças de secção transversal com um formato específico e grande dimensão longitudinal. Para isso, uma tira de material é introduzida continuamente através de uma série de cilindros laminadores que deformam progressivamente o material até chegar ao formato esperado.

Vantagens: É um processo rápido para conformar secções transversais constantes com boa precisão dimensional e acabamento.

Limitações: As peças devem ter a mesma secção em todo o comprimento. Além disso, os custos das ferramentas, dos equipamentos e da operação de preparação dos equipamentos são elevados.

Materiais: Aço ao carbono, aço-liga, aço inoxidável, ligas de alumínio, de cobre e de zinco.

Tolerâncias dimensionais: Variam de ±0,05 mm a ±0,8 mm para a secção transversal e entre ±½° e ±1° para ângulos.

Tamanho e complexidade usuais: Utilizado para produzir chapas e perfis longos e de secção transversal constante, podendo ser de geometria transversal complexa ou não, como chapas de aço, de cobre e alumínio, perfis abertos de aço de alumínio para esquadrias de janelas.

Aspectos econômicos: Como a produção é rápida, os custos de mão de obra são baixos. O aproveitamento de materiais é excelente, porém os custos iniciais de equipamentos e ferramentas é elevado, sendo justificado apenas para elevadas quantidades a serem produzidas.

Forjamento

Descrição resumida: Uma porção de material é aquecida até amolecer e, então, sofre a força compressiva de uma matriz. A peça final assume a forma da matriz.

Vantagens: As peças forjadas possuem elevada característica estrutural, que garante boa resistência mecânica. Os forjados têm em geral uma relação favorável peso-resistência mecânica.

Limitações: Usinagem posterior geralmente é necessária para conferir precisão dimensional. Os custos de ferramentas e processamento são altos.

Materiais: Aço ao carbono, aço-liga, aço inoxidável, ligas de alumínio, de cobre e de magnésio. Também são utilizados, com algumas limitações, aço ferramenta, ligas de níquel e titânio.

Tolerâncias dimensionais: As tolerâncias variam de ±0,8 mm para pequenas peças de metais facilmente forjáveis a ±9,5 mm para peças grandes de materiais difíceis de forjar.

Tamanho e complexidade usuais: Forjamento em matrizes fechadas pode ser utilizado para produzir peças intrincadas, porém necessita de usinagem posterior. O forjamento em matrizes fechadas é utilizado para peças com massa menor do que 12 kg. No forjamento em matriz aberta, é possível produzir peças com massa de até 5.000 kg, mas as limitações de forma são maiores. O forjamento em matrizes abertas necessita de usinagem posterior, mais do que no processo com matrizes fechadas. As peças fabricadas por esse processo geralmente são estruturas de aeronaves e automóveis, válvulas de motores de combustão interna, material básico para engrenagens, etc.

Aspectos econômicos: Os custos de ferramentas variam de moderados a altos, dependendo da complexidade das peças. A perda de material é elevada devido à necessidade de usinagem posterior. Os custos de operação e de mão de obra são moderados. O forjamento é economicamente viável para médias e elevadas quantidades a serem produzidas.

De molas de arames

Descrição resumida: As molas são produzidas a partir de bobinas contínuas de arames, que são cortadas e deformadas ou "enroladas" sobre um corpo central, com o formato desejado. Pode-se fazer ou não tratamento térmico posterior. Um tipo de tratamento térmico posterior geralmente realizado é aquele que alivia tensões e garante a estabilidade dimensional da mola.

Vantagens: Produção automatizada com elevada taxa de produção.

Limitações: Limitada à produção de molas de diâmetro reduzido.

Materiais: Aço-carbono, aço-liga, aço inoxidável e ligas de cobre. Às vezes, pode-se trabalhar com ligas de zinco.

Tolerâncias dimensionais: Os diâmetros das molas podem variar de ±0,01 mm a ±1,5 mm. A relação entre carga e deformação pode variar até ±20% sobre o valor nominal.

Tamanho e complexidade usuais: É possível fazer peças de arames ou molas complexas em várias direções. Os tamanhos variam de pequenas peças de arames para equipamentos miniaturizados até peças de grandes dimensões para equipamentos de mineração. Usado para produção de molas e objetos de arame de todos os tipos.

Aspectos econômicos: Qualquer quantidade de peças pode ser fabricada com alto custo de mão de obra. Porém, por se tratarem de equipamentos automatizados, grandes quantidades representam economia.

Extrusão a frio ou de impacto

Descrição resumida: A matéria-prima metálica é colocada dentro de uma matriz e comprimida por um punção, conformando-se em torno do punção ou através de uma abertura da matriz, ou ainda, das duas formas. A forma do punção determina a forma da peça.

Vantagens: Utilizável para peças com cavidades profundas, quando se requer produção rápida e bom acabamento superficial.

Limitações: Limitada à produção de molas de diâmetro reduzido.

Materiais: Os metais frequentemente utilizados são aço-carbono, ligas de alumínio, ligas de cobre, ligas de magnésio, ligas de estanho, ligas de zinco e chumbo. Também são utilizados aço-liga e ligas de níquel.

Tolerâncias dimensionais: As tolerâncias diametrais estão entre ±0,13 mm e ±0,25 mm. As tolerâncias de espessura no fundo da peça estão entre ±0,13 mm e ±0,38 mm. No comprimento, as tolerâncias estão em torno de ±0,8 mm.

Tamanho e complexidade usuais: Na prática, esse processo permite deformações comprimento/diâmetro de 2:1 para o aço e de 10:1 para o alumínio. É utilizado para a produção de tubos de *spray*, projéteis militares, latas de refrigerantes.

Aspectos econômicos: Por causa de custos de ferramentas e equipamentos e da preparação de máquina, é mais viável para produção de grandes quantidades. A perda por rebarbas é baixa.

Metalurgia do pó

Descrição resumida: O pó metálico é colocado na cavidade de uma matriz e compactado com a aplicação de força e temperatura. A peça compactada é colocada num forno para que os grãos do pó se liguem superficialmente, em uma temperatura abaixo da temperatura de fusão. Posteriormente, a peça é novamente comprimida para ajustar as dimensões.

Vantagens: Produção rápida de peças com precisão dimensional elevada, bom acabamento superficial e excelentes propriedades para mancais. Peças complexas podem ser produzidas eventualmente, e a perda de material é baixa.

Limitações: O tamanho e o formato das peças são limitados. Além disso, o custo das ferramentas limita algumas aplicações em larga escala. Rebaixos transversais ao movimento da matriz são difíceis de executar ou oneram demais o processo.

Materiais: Principalmente ferro fundido e ligas de cobre, mas também se utiliza aço-carbono, aço-liga, aço ferramenta, aço inoxidável, ligas de alumínio, ligas de níquel e titânio.

Tolerâncias dimensionais: As tolerâncias normalmente variam entre 0,006 mm e 0,13 mm.

Tamanho e complexidade usuais: Em geral, as peças fabricadas por esse processo têm dimensões inferiores à 75 mm. Formas complexas são realizáveis; porém, superfícies laterais paralelas, rebaixos e roscas são executadas por operação posterior.

Aspectos econômicos: Caracteriza-se por baixo custo de mão de obra (devido à automação) e pequeno desperdício de material. Porém, os equipamentos necessários para iniciar a produção têm custo elevado.

Processos de fundição

Moldagem em areia verde ou úmida

Descrição resumida: Consiste em aquecer um metal acima da temperatura de liquefação e vazá-lo em um molde de areia. O molde, geralmente bipartido, é preparado a partir de um modelo, que deixa uma cavidade na areia. O modelo é uma cópia da peça que se pretende produzir, mas é acrescido de dimensões e ângulos de saída. Essa areia é, na realidade, composta de areia silicosa, argilas ou aglomerantes, aditivos e água. Após o resfriamento e a solidificação do material, cortam-se os canais de alimentação e as rebarbas. A areia pode ser reaproveitada.

Vantagens: É possível obter peças prontas em uma única operação. Peças de formatos complexos são de fácil obtenção. Muitos metais podem ser utilizados, e os custos dos modelos são relativamente baixos.

Limitações: A precisão dimensional e o acabamento superficial das peças são limitados, podendo ser necessárias operações de usinagem posterior.

Materiais: Ferro, aço-carbono, aço-liga, aço inoxidável, ligas de alumínio, de cobre, de magnésio e de níquel. Ainda utiliza-se, com menos frequência, aço ferramenta, ligas de zinco, de estanho e chumbo.

Peças fabricadas: Blocos de motores, bases de máquinas-ferramenta, carcaças de bombas e compressores, válvulas. O tamanho das peças varia de peças pequenas, com 30 g, até grandes, com 200.000 kg. É possível fabricar peças complexas com rebaixos, ângulos, contornos, etc.

Tolerâncias dimensionais: Em geral, a superfície é irregular e áspera. As espessuras mínimas das paredes são da ordem de 6 mm, e as tolerâncias variam de ±0,6 mm até ±6 mm. A sobremedida para usinagem posterior pode variar de 1,6 mm a 11 mm (para peças grandes).

Aspectos econômicos: É indicada para pequenas quantidades de produção. Porém, quando é a única alternativa técnica, pode ser utilizada para grandes lotes, tornando-se viável com a mecanização. Os custos de ferramentas são baixos.

Obs.: Existem os seguintes processos variantes deste:

- Fundição em molde cheio: um modelo de polímero expandido é deixado dentro do molde sendo consumido pelo calor do metal líquido. A vantagem é a possibilidade de obter peças extremamente complexas, e desvantagem está no custo de obtenção dos modelos.

- Fundição em molde de gesso: a principal vantagem é a excelente precisão dimensional, e as desvantagens são os custos devido ao ciclo de produção demorado e a limitação dos materiais aos não ferrosos.

- Fundição em areia seca: consiste em secar o molde de areia verde em estufa. A principal vantagem é a redução de peças defeituosas, e as principais desvantagens são o custo e o tempo de secagem.

De precisão, de microfusão ou em cera perdida

Descrição resumida: Consiste em aquecer um metal acima da temperatura de liquefação e vazá-lo em um molde de argila refratária. Para fabricar esse molde, é necessário fazer um modelo em cera ou em plástico. Esse modelo é envolvido em lama refratária e secado até o molde adquirir consistência. Então, o molde é aquecido, e a cera ou plástico é retirado fundido, deixando o vazio que é preenchido com metal líquido.

Vantagens: As peças podem ser extremamente complexas e intrincadas. As peças obtidas têm elevada precisão dimensional e acabamento superficial, e em geral não necessitam de usinagens posteriores.

Limitações: Utilizável apenas para peças pequenas e quando é justificável pela eliminação de operações de usinagem.

Materiais: Aço-carbono, aço-liga, aço inoxidável, aço ferramenta, ligas de alumínio, de cobre e de níquel. Ainda utiliza-se, mas não frequentemente, ligas de magnésio e metais preciosos.

Peças fabricadas: Geralmente, o tamanho das peças varia desde 1 g até 35 kg. É possível fabricar peças extremamente complexas com rebaixos, ângulos, contornos, etc. É utilizado para fabricar instrumentos cirúrgicos e odontológicos, peças de armas, engrenagens, cames e pás de turbinas.

Tolerâncias dimensionais: As espessuras mínimas das paredes variam de 0,75 mm a 1,8 mm, e as tolerâncias variam de ±0,8 mm a ±1,5 mm.

Aspectos econômicos: É o processo de fundição mais oneroso, sendo indicado para pequenas e médias quantidades de produção, quando se torna possível economizar pela eliminação da usinagem posterior.

Shell molding

Descrição resumida: Consiste em aquecer um metal acima da temperatura de liquefação e vazá-lo em um molde de areia. O molde, geralmente bipartido, é preparado a partir de uma placa modelo, que deixa uma cavidade na areia. Diferentemente do processo em areia verde, a areia é misturada com uma resina termofixa, que endurece após o contato com a placa modelo aquecida,

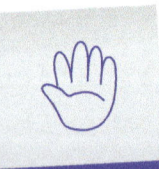

> **» ATENÇÃO**
> Quando as peças são dimensionadas para fabricação por processos de fundição, deve-se considerar a contração do material, devido ao resfriamento. Veja o quadro ao lado.

Quadro 7.3 » Contração dos materiais durante a fundição

Metal	%
Ferro fundido cinzento	0,83 – 1,3
Ferro fundido branco	2,1
Ferro fundido maleável	0,78 – 1,0
Ligas de alumínio	1,3
Ligas de magnésio	1,3
Latão	1,3 – 1,6
Bronze	1,0 – 2,1
Aço	1,6 – 2,6

sobre a qual é soprada ou basculada, formando uma casca. Após a obtenção das cascas, elas são curadas em estufa e coladas para serem utilizadas. Após o uso, as cascas são descartadas e a areia não pode ser reaproveitada.

Vantagens: É melhor que a moldagem em areia verde para grandes quantidades, além de apresentar bom acabamento superficial e precisão dimensional.

Limitações: O tamanho máximo da peça é um fator limitante. O equipamento e as ferramentas requerem grande investimento. A utilização de resina aumenta o custo de produção, e somente alguns metais podem ser fundidos.

Materiais: Ferro, aço-carbono, ligas de alumínio e de cobre. Ainda utiliza-se, mas não frequentemente, aço-liga, aço inoxidável, aço ferramenta e ligas de níquel.

Peças fabricadas: Pequenas peças mecânicas como hastes, braços de alavancas, caixas de engrenagens, cabeçotes de cilindros. O tamanho das peças não é superior a 100 kg, mas, na prática, não ultrapassa 10 kg. Podem-se fabricar peças complexas com rebaixos, ângulos, contornos, etc.

Tolerâncias dimensionais: Em geral, a superfície é irregular e áspera. As espessuras mínimas das paredes variam de 1.6 mm até 6 mm e as tolerâncias são da ordem de ±0,5 mm. As sobremedidas para usinagem são semelhantes as do processo em areia verde.

Aspectos econômicos: É indicada para grandes quantidades de produção, por causa do elevado custo de ferramentas e de maquinário.

Em moldes permanentes

Descrição resumida: Consiste em aquecer um metal acima da temperatura de liquefação e vazá-lo, por gravidade, em um molde metálico. O molde possui várias partes, inclusive podendo possuir machos metálicos ou de areia. O molde deve possuir ângulos de saída e favoráveis para a contração da peça.

Vantagens: As peças obtidas possuem tolerâncias estreitas, alta densidade e excelente acabamento superficial.

Limitações: Limitada a metais não ferrosos.

Materiais: Metais não ferrosos, em geral, sendo mais comuns as ligas de alumínio, cobre e magnésio.

Peças fabricadas: É utilizado para peças relativamente simples, cuja massa não excede 100 kg. Porém, as peças fabricadas, em geral, são bem menos pesadas. Pistões de automóveis, engrenagens, polias, cabeçotes de motores de motocicletas, rodas de automóveis, etc.

Tolerâncias dimensionais: Em geral, a superfície é irregular e áspera. As espessuras mínimas das paredes variam de 3 mm a 5 mm, e as tolerâncias variam de ±0,5 mm a ±13 mm. Os ângulos de saída da peça do molde variam de 3º a 5º. A sobremedida para usinagem posterior varia de 0,8 mm a 2 mm.

Aspectos econômicos: É um processo recomendado para pequenas e médias quantidades de peças de metais não ferrosos. Em geral, os moldes são caros.

Obs.: Este processo possui as seguintes variações:

- Fundição sob pressão: o metal é injetado sob pressão dentro da cavidade do molde. Sua principal vantagem é o ciclo rápido de produção, sendo recomendado para produção de grandes quantidades. Suas desvantagens são o elevado custo e a limitação ainda maior dos metais que podem ser utilizados, pois exige temperaturas menores de trabalho.
- Fundição centrífuga: consiste em rotacionar o molde, também pode ser de areia ou de lama refratária, de forma a gerar peças cilíndricas ou para melhorar o preenchimento das cavidades.

Processos de usinagem

Torneamento

Descrição resumida: Operação convencional de remoção de material de uma peça submetida à rotação. A remoção do material é realizada por uma ferramenta de corte que produz sobre a peça girante a forma, o tamanho e o acabamento desejados. São operações comuns de corte o faceamento, o desbaste, a abertura de roscas, tanto internas quanto externas, entre outras.

Vantagens: Flexibilidade dos equipamentos para produzir peças de tamanhos e formas variadas e baixo custo do ferramental.

Limitações: Limita a geração de sólidos de revolução, de sobras ou cavacos. Tempo excessivamente longo, se comparado a outros processos, para obtenção das peças.

Materiais: Aceita praticamente todos os tipos de metais, tornando-se inviável com o aumento de dureza dos metais. Também é possível usinar alguns tipos de polímeros.

Tolerâncias dimensionais: Varia de ±0,025 mm a 0,13 mm, com rugosidade final entre 1,6 μm e 6,3 μm.

Tamanho e complexidade usuais: Pistões, pinos, eixos, válvulas e outras peças simétricas em relação a um eixo de rotação. Praticamente não há limitação do tamanho, pois é possível usinar peças cuja massa varia de poucas gramas, como eixos de relógios, até peças de muitas toneladas, como um eixo de transatlântico.

Aspectos econômicos: A usinagem é viável para qualquer quantidade produzida, porém o tipo de processo pode variar. Para quantidades inferiores a 10 unidades, pode-se utilizar o torneamento manual. Quando a quantidade aumenta, podem-se utilizar tornos de comando numérico (também indicado para peças muito complexas). Para quantidades extremamente elevadas, podem-se utilizar tornos automáticos.

Furação

Descrição resumida: É um processo utilizado para produção de furos pela utilização de uma ferramenta cortante ou broca, principalmente nos casos onde o processo primário de fabricação (fundição, forjamento, extrusão, etc.) não consegue obter furos com tamanho, precisão dimensional ou outra característica necessária.

Vantagens: A furação é o processo de usinagem com o custo mais baixo por volume de material removido.

Limitações: As limitações estão relacionadas à dureza do material a ser furado e à profundidade do furo, que limitam o resfriamento da broca.

Materiais: Praticamente todos os tipos de metais e outros materiais como polímeros e cerâmicas, porém com a limitação da dureza do material em R_c 50, podendo excepcionalmente atingir R_c 60. Na prática, a dureza não ultrapassa R_c 30.

Tolerâncias dimensionais: As tolerâncias variam de ±0,025 mm para furos de até 3 mm de diâmetro a 0,1 mm para furos acima de 100 mm de diâmetro. O posicionamento da broca para iniciar a furação é uma tolerância que deve ser considerada, sendo de ±0,5 mm para posicionamento manual a ±0,005 mm para posicionamento por furadeira de precisão ou de comando numérico. O acabamento superficial (rugosidade) varia entre 0,8 mm a 6,3 mm.

Tamanho e complexidade usuais: Os tamanhos usuais de furos variam de 1,5 mm a 38 mm. Porém, é possível executar furos de 0,025 mm a 150 mm. Usualmente, a profundidade do furo não ultrapassa 3 vezes o diâmetro, mas pode atingir até 8 vezes o diâmetro.

Aspectos econômicos: Pode ser utilizado para qualquer quantidade a ser produzida, considerando que, para a furação de quantidades inferiores a 100 peças, o processo manual é o mais recomendado. De 100 até 10.000 peças, recomenda-se a utilização de máquinas com dispositivos de posicionamento. Acima de 10.000 peças, as máquinas automatizadas são mais recomendadas.

Fresamento

Descrição resumida: O material é removido intencionalmente para produzir um plano, forma ou perfil geométrico, por meio da rotação de uma ferramenta cortante conhecida como fresa. Geralmente, a fresa gira em um eixo estacionário, e a peça move-se nos 3 eixos (x, y e z). Existe um grande número de tipos de fresas disponíveis no mercado e dois tipos básicos de máquinas: para produção de grandes quantidades e pequenas quantidades (universais).

Vantagens: É uma boa forma de remoção de grandes quantidades de material e um eficiente método de produção, capaz de produzir rebaixos, cavidades e superfícies. Pode, também, gerar formas e contornos precisos, por isso é o processo indicado quando é necessário um ajuste preciso entre peças móveis ou há necessidade de vedação.

Limitações: Em geral, é um processo mais caro do que o de fundição, de conformação a frio ou de extrusão. Materiais de elevada dureza exigem velocidades de corte muito baixas.

Materiais: Tanto materiais ferrosos quanto não ferrosos, oriundos de fundição, forjamento, laminação ou extrusão. Também é utilizado, com algumas restrições, em peças provenientes de metalurgia do pó, extrusão a frio e estampagem. Materiais não metálicos igualmente podem ser fresados. Em geral, materiais com dureza elevada também podem ser fresados, mas com diminuição do volume de material retirado. A taxa de retirada de material, para o aço recozido ou macio, é de até 6.000 cm^3/min em máquinas de 300 hp.

Tolerâncias dimensionais: As tolerâncias estão em torno de ± 0,05 mm, e o acabamento superficial, entre 0,8 μm e 6,3 μm.

Tamanho e complexidade usuais: Superfícies, engrenagens, cames e contornos. Superfícies que necessitam de precisão, produzidas anteriormente por fundição ou conformação, incluindo blocos de motores, caixas de engrenagens, rasgos em eixos, flanges, matrizes de prensas, ferramentas manuais, etc.

Aspectos econômicos: É utilizado tanto para grandes quantidades como para pequenos lotes. É um processo versátil e rápido. Os custos de produção são superiores ao de fundição, conformação a frio e extrusão, se esses processos puderem fornecer a planicidade, acabamento e precisão dimensional necessários para a peça. Por isso, o fresamento é mais utilizado para pequenas do que para grandes quantidades.

Plainagem

Descrição resumida: Consiste em fixar uma peça sobre uma mesa que se desloca lateral, angular ou verticalmente, enquanto a ferramenta move-se para frente e para trás, desbastando o material. É geralmente utilizada para peças maiores, quando se deseja produzir superfícies planas. Porém, é utilizada para produzir rebaixos passantes de diversos perfis, só dependendo da forma da ferramenta.

Vantagens: É um processo versátil, que depende muito da experiência do operador.

Limitações: A taxa de retirada de material é baixa (apenas 10 cm^3/min).

Materiais: É possível utilizar metais ferrosos e não ferrosos, além de materiais não metálicos.

Tolerâncias dimensionais: Estão em torno de ±0,13mm, e o acabamento superficial está na casa de 1,6μm a 12,5μm.

Tamanho e complexidade usuais: É utilizado para produzir peças de navios e trens, blocos de motores a diesel, bases de máquinas e peças grandes em geral. As grandes plainas podem cobrir uma área de operação de 1 m × 4 m, mas existem máquinas que atingem até 15 m. Superfícies com comprimentos inferiores a 300 mm não são fabricáveis comercialmente.

Aspectos econômicos: Em geral, é utilizada apenas para produção de peças unitárias ou em pequenas quantidades, para produções especiais e de emergência. É um processo versátil e de baixo custo de ferramentas.

Retificação

Descrição resumida: É um processo em que a peça se move horizontalmente (no caso da retificação plana) sob a ação de um rebolo abrasivo que gira em elevada rotação, removendo material. Também é possível retificar superfícies cilíndricas, dentes de engrenagens, etc. É um processo utilizado para aumentar a precisão e o acabamento superficial. Os rebolos abrasivos utilizados são compostos geralmente de: óxido de alumínio, carbeto de silício, diamante e nitreto de boro-3, aglomerados com materiais como argilas fundidas (vitrificados), silicatos, polímeros, borrachas e metais.

Vantagens: Pode-se atingir precisão dimensional e acabamento superficial elevados.

Limitações: É utilizada como operação de acabamento complementar, sendo utilizada após outro processo de fabricação. A taxa de remoção de material é baixa, podendo atingir até 164 cm^3/min para máquinas de 100 hp.

Materiais: Com a escolha do rebolo adequado, pode-se retificar macios ou de dureza elevada, de qualquer tipo.

Tolerâncias dimensionais: Geralmente em torno de ±0,025 mm, podendo atingir, em retificação ultraprecisa, valores em torno de ±0,05 μm.

Tamanho e complexidade usuais: Matrizes, moldes para fundição, superfícies de máquinas, blocos e cabeçotes de motores de combustão interna. As máquinas, em geral, podem retificar superfícies com dimensões entre 125 mm por 250 mm, podendo alcançar entre 1,2 m por 6 m.

Aspectos econômicos: Em geral, tem tempo de preparação de máquina menor do que outros processos de fabricação e custos de ferramentas muito mais baixos. Pode-se utilizar em todos os níveis de produção: para os mais elevados, as peças devem ser alimentadas e fixadas automaticamente.

Eletroerosão

Descrição resumida: Uma corrente ou descarga elétrica provoca a erosão do metal. Essa corrente é formada por muitas correntes menores que ocorrem milhares de vezes por segundo, desloca-se de um eletrodo que possui a forma desejada e é carregado negativamente para a peça carregada positivamente. A corrente aplica uma energia capaz de vaporizar o metal da peça, em uma área muito pequena. O material vaporizado é imediatamente solidificado, em pequenas partículas, no fluido dielétrico que está presente entre a peça e o eletrodo. Os eletrodos podem ser feitos de um grande número de materiais condutores, como ligas de cobre, ligas de alumínio e tungstênio, porém o mais conhecido é o grafite. Existe uma variação deste processo, conhecida como eletroerosão a fio, onde um fio substitui o eletrodo.

Vantagens: É praticamente o único processo capaz de obter furos ou cavidades de geometria complexa e não passantes, com elevada precisão e acabamento.

Limitações: É lento, e o material trabalhado precisa ser condutor elétrico.

Materiais: Qualquer material condutor elétrico, principalmente aqueles de elevada dureza ou endurecidos, que se tornam difíceis de trabalhar por processos convencionais. Às vezes, materiais que contêm impurezas não condutoras, como o ferro fundido, apresentam problemas para a eletroerosão.

Tolerâncias dimensionais: As tolerâncias são de aproximadamente ±0,05 mm, e o acabamento superficial situa-se entre 1,6 μm e 3,2 μm.

Tamanho e complexidade usuais: Moldes, matrizes e ferramentas.

Aspectos econômicos: É um processo utilizado normalmente para a produção de ferramentas. Também é utilizado para produção de baixíssimas quantidades, devido à baixa taxa de retirada de material. Embora algumas máquinas consigam obter de 200 a 250 cm^3/h de material removido, algumas não ultrapassam 8 cm^3/h, sendo que a média é de 49 cm^3/h. Isso representa um custo elevado, assim como a troca periódica do eletrodo.

Processamento de plásticos e borrachas

Moldagem por compressão

Descrição resumida: O material é colocado dentro da cavidade de um molde bipartido, que o aquece sob pressão, fazendo com que escoe, preenchendo as cavidades do molde. O material polimeriza e endurece, o molde é aberto e a peça é retirada.

Vantagens: O ferramental é relativamente barato. As linhas de fluxo e as tensões residuais são baixas. A peça apresenta poucas marcas de escoamento. O material resiste a temperaturas elevadas.

Limitações: Formas complexas com desenhos e rebaixos laterais são difíceis de produzir. O polímero fenólico, material comumente utilizado, tem limitações de cor.

Materiais: Plásticos termofixos e borrachas.

Tolerâncias dimensionais: Para os plásticos termofixos, variam de acordo com a composição, dimensão nominal e as condições do processo. As tolerâncias médias estão em torno de ±0,18 mm, para peças comerciais de 50 mm de comprimento (0,36% da dimensão). O mesmo ocorre com a borracha, cujas tolerâncias variam entre 0,5 mm e 0,8 mm (em média 1,3%).

Tamanho e complexidade usuais: Plásticos termofixos: componentes elétricos e eletrônicos, pratos, agitadores de lavadoras de roupas, botões de eletrônicos, cabos plásticos para utensílios e ferramentas. Em borracha: gaxetas, retentores, pneus e diafragmas.

Aspectos econômicos: Para os plásticos, os moldes devem resistir a pressões e temperaturas elevadas. Os ciclos de moldagem são maiores do que os de moldagem por injeção, mas o custo das peças acabadas é mais baixo. Para a borracha: moldes são necessários, mas o equipamento, em geral, é menos complexo, e o custo das peças é razoável para médias quantidades.

Moldagem por transferência

Descrição resumida: O material é colocado em uma câmara aquecida e amolece. A seguir, é forçado por um atuador para dentro da cavidade do molde, onde polimeriza e solidifica. É um processo alternativo ao de moldagem por compressão.

Vantagens: Taxas de produção mais rápidas do que a moldagem por compressão. As peças podem ser mais complexas e delicadas.

Limitações: As ferramentas são mais caras do que a moldagem por compressão. Parte do material é perdido no escoamento e nos alimentadores.

Materiais: Plásticos termofixos e borrachas.

Tolerâncias dimensionais: Similar às de moldagem por compressão.

Tamanho e complexidade usuais: Em plástico termofixos, as peças podem ser complexas e com rebaixos, embora os custos sejam elevados. As variações de tamanhos produzíveis vão desde componentes eletrônicos miniaturizados até peças de grande tamanho, como gabinetes de máquinas. Em borracha, são as mesmas peças da moldagem por compressão.

Aspectos econômicos: Apresenta taxas de produção superiores a moldagem por compressão.

Moldagem por injeção
Descrição resumida: O material é alimentado para dentro de um cilindro. Nesse cilindro, ele é aquecido e introduzido na cavidade do molde. Com termoplásticos, o molde é resfriado, causando a plastificação e a solidificação do material. O processo é geralmente automatizado.

Vantagens: A produção é rápida e podem ser obtidas peças complexas, coloridas e com pequena necessidade de operação posterior.

Limitações: As ferramentas são caras. O processo é menos viável para peças grandes ou para pequenas quantidades.

Materiais: Polímeros termoplásticos e termofixos, além de borracha.

Tolerâncias dimensionais: As tolerâncias variam conforme o material e o tamanho da peça, ficando entre ±0,05 mm e ±0,5 mm.

Tamanho e complexidade usuais: Peças complexas podem ser produzidas com vantagem. Em geral, são produzidas apenas peças pequenas e médias, como gabinetes de eletrônicos, contentores, tampas, botões, cabos de ferramentas, lentes e carcaças de bombas hidráulicas.

Aspectos econômicos: É favorável para níveis de produção elevados, porque as peças produzidas são executadas em uma única operação, sem necessidade de acabamento ou de operação posterior.

Moldagem por sopro
Descrição resumida: Ar comprimido é aplicado sobre uma chapa ou placa de plástico aquecida, que se expande contra a cavidade do molde, assume a forma desejada, é resfriada e endurece. O molde é aberto e a peça é ejetada.

Vantagens: É um processo econômico para produção em massa e rápida de gabinetes, contentores e produtos em chapa plástica.

Limitações: A complexidade das peças é limitada. O processo não é viável para pequenas quantidades. As tolerâncias dimensionais são relativamente grandes, e a espessura das paredes é de difícil controle.

Materiais: Termoplásticos.

Tolerâncias dimensionais: As tolerâncias variam entre ±0,5 mm e ±2,3 mm.

Tamanho e complexidade usuais: Peças de paredes finas, com volume interno que variam de poucos milímetros cúbicos a 160 litros. As peças tradicionalmente produzidas por esse processo são garrafas, recipientes, gabinetes, brinquedos e objetos de decoração.

Aspectos econômicos: É um processo de custo baixo para a produção de garrafas e recipientes em grandes quantidades.

Extrusão

Descrição resumida: O material é aquecido dentro de um cilindro que possui um fuso girante e o faz passar por um orifício com secção transversal de formato desejado. O material é resfriado, endurece e é cortado.

Vantagens: A produção é rápida e as ferramentas são baratas. Secções transversais complexas podem ser produzidas.

Limitações: Limitada a peças com secção transversal constante. As tolerâncias dimensionais são relativamente amplas.

Materiais: Termoplásticos e borrachas.

Tolerâncias dimensionais: Variam conforme o material e o tamanho da peça, mas, em geral, situam-se entre ±0,18 mm e ±3,8 mm.

Tamanho e complexidade usuais: Secções transversais complexas são possíveis, incluindo secções ocas ou furadas de todos os tamanhos. É possível produzir desde secções muito finas até as de 300 mm. Como exemplos de peças, citam-se os perfis de todos os tipos, inclusive para janelas, forros e outras aplicações de arquitetura, além de tubos, longarinas, etc.

Aspectos econômicos: Os custos são baixos porque o custo das ferramentas é muito baixo. A extrusão pode conferir cor e acabamento desejado.

Termoformagem

Descrição resumida: Uma chapa de plástico é aquecida e colocada em um molde. Forma-se vácuo entre o molde e o plástico, fazendo com que o plástico assuma o formato da matriz. Geralmente, o molde tem somente uma parte, porém, às vezes, utiliza-se ar comprimido ou a outra parte como auxiliar.

Vantagens: Ferramentas e equipamento são baratos. As taxas de produção são boas. Peças grandes podem ser produzidas.

Limitações: Nervuras, saliências e outras secções de maior espessura de parede não são realizáveis. Em alguns pontos, as paredes tornam-se mais finas do que em outros pontos, principalmente em cavidades profundas.

Materiais: Termoplásticos.

Tolerâncias dimensionais: As tolerâncias dimensionais variam de 0,35% até 1% do tamanho nominal da chapa de origem. A espessura da parede pode variar de 10% até 30%.

Tamanho e complexidade usuais: Peças rasas com espessura de parede constante e fina. Os tamanhos comerciais variam desde peças de 8×8 cm até 3×9 m. Como exemplo de peças feitas por esse processo, cita-se o interior de refrigeradores, os forros de carros, as embalagens tipo *blister*, os vasilhames e os utensílios domésticos.

Aspectos econômicos: É utilizado para produzir embalagens de baixo custo, mesmo em elevadas quantidades, pois sua principal vantagem econômica é o baixíssimo custo de ferramentas. Essas ferramentas podem ser de gesso, madeira, poliéster ou epóxi, para pequenas quantidades, e de aço ou alumínio, para grandes quantidades.

Moldagem de expandidos estruturais

Descrição resumida: Esse processo pode ser realizado de diversas formas, como, por exemplo, por injeção em baixa ou alta pressão, contrapressão de gás, reação de injeção, etc. Basicamente, um polímero é injetado num molde, juntamente com um reagente para iniciar uma reação para formar gases, expandindo o polímero. Os gases serão aprisionados no interior da peça, enquanto a superfície se torna contínua, aparentando uma peça sólida.

Vantagens: As ferramentas são mais baratas do que as de injeção convencional de plásticos, especialmente para peças grandes. As peças têm uma alta relação de resistência mecânica e peso, além de serem livres de marcas de preenchimento (as peças têm superfície sólida).

Limitações: A superfície da peça tende a ter marcas superficiais, devido à abertura das células, que são difíceis de apagar.

Materiais: Termoplásticos e plásticos termofixos.

Tolerâncias dimensionais: As mesmas da moldagem por injeção.

Tamanho e complexidade usuais: Processo comum para peças grandes que podem ser complexas. A densidade varia de 40% a 100% do material sólido. Esse processo é utilizado para produzir embalagens de proteção para máquinas, gabinetes de TV, baterias e paletes.

Aspectos econômicos: Para pequenas quantidades, os custos podem ser mais baixos do que a moldagem por injeção de plásticos. Com alguns expandidos, a pressão pode ser baixa, e os moldes, muito simples. Entretanto, o ciclo é longo.

Laminação de fibras

Descrição resumida: Resina com catalisador e um reforço de fibra de vidro ou de carbono, que pode ser na forma de fio, manta ou tecido, são colocados em camadas sucessivas, sobre um molde. O composto de resina e catalisador é aplicado manualmente ou com pistola de pintura, enquanto o reforço é colocado manualmente. Após algum tempo, forma uma peça sólida.

Vantagens: Baixo custo de ferramentas e aplicável para produzir peças de qualquer tamanho. Para conferir características adicionais, materiais não plásticos podem ser incorporados.

Limitações: Alto custo de mão de obra e baixas taxas de produção. A escolha dos materiais utilizados é limitada. Uma das superfícies da peça é rugosa.

Materiais: Plásticos termofixos.

Tolerâncias dimensionais: Variam de acordo com o método de moldagem, material e tamanho da peça, estando em torno de ±0,84 mm por metro de extensão.

Tamanho e complexidade usuais: Peças de todos os tamanhos. Como exemplo, citam-se cascos de barcos, caixas d'água, estruturas e carrocerias de veículos e gabinetes de máquinas.

Aspectos econômicos: Dependendo do método e da quantidade, a utilização de moldes é necessária. Porém, conforme o custo de laminação da fibra, o valor dos moldes pode ser inexpressivo. A produção de pequenas quantidades é viável.

Processamento de materiais cerâmicos

Conformação a úmido

Descrição resumida: O material cerâmico em pó é misturado com água e aditivos, formando uma mistura plástica ou massa moldável. A mistura possui viscosidade suficiente para escoar sob pressão, quando estiver no interior do molde. A peça formada por compressão, sob elevada pressão, é removida do molde. Então a peça é seca e queimada a uma temperatura que possibilita que material se torne homogêneo. É possível usinar posteriormente.

Vantagens: Superfícies complexas podem ser produzidas e a taxa de produção é elevada.

Limitações: Os tamanhos são limitados, assim como a utilização de alguns materiais. As ferramentas podem ser dispendiosas.

Conformação a quente

Descrição resumida: É semelhante à metalurgia do pó, com um pequeno escoamento do material quando submetido à pressão no molde.

Vantagens: Tolerâncias estreitas são possíveis. O processo pode ser automatizado para produção de grandes quantidades.

Limitações: Peças de dimensões maiores tendem a ter maior variação de densidade e distorção dimensional. Os moldes podem ser caros. Às vezes, são necessárias várias etapas de compressão, o que pode tornar o processo oneroso.

Colagem por barbotina

Descrição resumida: Uma mistura de cerâmica e água (barbotina) é vazada dentro de um molde, que se preenche por ação da gravidade. Como o molde é feito de gesso, ele absorve a água da mistura, permitindo a solidificação. Posteriormente, são realizadas a secagem e a queima do material. É possível usinar posteriormente.

Vantagens: Possibilita a execução de peças com grandes dimensões, e o investimento em equipamento é baixo.

Limitações: A taxa de produção é baixa, assim como a precisão dimensional.

Extrusão

Descrição resumida: Uma massa cerâmica umedecida é forçada a passar por um orifício de uma matriz, que possui a secção transversal desejada. O perfil formado é cortado, seco e queimado. Pode ser usinado, se necessário.

Vantagens: Possibilita altas taxas de produção. O custo de ferramental é baixo. É possível executar peças ou detalhes com pequenas dimensões.

Limitações: É limitado a peças de secção transversal constante. A secção transversal deve ser a mais simétrica possível e há limitações na espessura da parede.

Processamento de vidros

Sopragem

Descrição resumida: O processo é semelhante à moldagem por sopro para plásticos. O ar é soprado para dentro de uma matriz que possui uma lâmina de vidro aquecido e amolecido. Esse vidro, devido à pressão do ar, assume a forma da matriz.

Vantagens: Produção rápida de recipientes de vidro.

Limitações: A espessura da parede varia conforme os contornos da matriz e é de difícil controle. O processo é mais viável para produção de grandes quantidades.

Compressão
Descrição resumida: Uma massa de vidro aquecido e amolecido é colocada dentro de um molde, que é fechado, forçando o vidro a assumir a forma do molde. A seguir, a massa é resfriada e solidifica. O molde é aberto, e a peça formada é retirada.

Vantagens: A produção de peças sólidas de vidro é rápida. As peças podem ser moderadamente complexas e com dimensões precisas.

Limitações: Espessuras finas não são possíveis, assim como rebaixos perpendiculares à direção da força de compressão.

Processo de soldagem

Descrição resumida: É um método permanente de unir duas ou mais peças de metal. A união é produzida a partir da fusão e solidificação do material ou metal de união. O calor intenso, necessário para a fusão do metal de união, provém de um arco elétrico formado entre o eletrodo e a peça, e atinge uma temperatura de 4.400°C. Em outros processos, a fonte de calor pode ser proveniente de chama, como na solda oxiacetilênica, ou de luz, como no processo a *laser*. Na maioria dos processos de arco elétrico ou voltaico, o eletrodo é consumível, como material de adição ou de união, como nos processos a eletrodo revestido e metal inerte em gás (MIG)/MAG. Em outros processos como TIG, o eletrodo não é consumido. Alguns processos típicos de soldagem são: o eletrodo revestido, MIG, tungstênio inerte em gás (TIG), arco encoberto, oxiacetilênica e *laser*.

Vantagens: A união apresenta resistência mecânica elevada por unidade de peso e baixo custo de ferramentas. Pode ser o processo final de produção.

Limitações: As montagens ou peças podem apresentar distorções de forma e as uniões são de difícil separação (em caso de manutenção, p. ex.).

Materiais: Aços-carbono (qualquer processo), aços-liga (MIG/TIG), aços inoxidáveis (MIG/TIG e eletrodo revestido), ligas de alumínio (TIG e, às vezes, MIG), cobre e ligas (TIG e, ocasionalmente, MIG), ligas de magnésio (MIG/TIG) e níquel (TIG), ferro fundido (em geral, apenas reparos). Não é aplicável a materiais com baixo ponto de fusão, como zinco e estanho.

Tolerâncias dimensionais: As tolerâncias usuais variam de ±1,5 mm a ±6 mm, mas podem oscilar de ±0,4 mm a ±12 mm. Um cuidado a ser tomado é com a contração do material depositado, que, no caso do aço, é da ordem de 0,22 mm por centímetro de extensão.

Tamanho e complexidade usuais: É possível soldar peças de qualquer tamanho, desde miniaturas até cascos de navios.

Aspectos econômicos: Pode ser utilizada para qualquer quantidade, entretanto, é mais viável para as menores quantidades.

Processo de soldagem por resistência

Descrição resumida: Duas peças de metal são colocadas em contato e pressionadas pelos eletrodos. Uma corrente elétrica elevada faz a região de contato entre as duas peças aquecer devido à resistência elétrica que se opõe à passagem da corrente. Com o aquecimento, ocorre a fusão da região de contato e as peças se soldam.

Vantagens: As montagens são resistentes e leves. É possível soldar peças complexas em chapa.

Limitações: Aplicável essencialmente a chapas metálicas. Não é aplicável a estruturas pesadas e nem é facilmente desfeita.

Materiais: Aço-carbono, ferro comercialmente puro, ligas de aço, aço inoxidável, alumínio, cobre e ligas, ligas de magnésio e de níquel.

Tolerâncias dimensionais: As tolerâncias são as mesmas da soldagem. Porém, às vezes é necessário deixar uma sobremedida suficiente para a sobreposição das peças no local onde será efetuada a solda.

Tamanho e complexidade usuais: Gabinetes de geladeiras, monoblocos de carros, móveis metálicos de escritório e outras peças produzidas em grandes quantidades em chapa metálica.

Aspectos econômicos: Como a preparação da superfície é mínima, não há adição de material e o tempo de processo é curto. É mais viável para volumes médios e grandes de produção, embora também seja utilizada para pequenas quantidades.

Processo de brasagem

Descrição resumida: É um processo de soldagem no qual se utiliza um metal de união com ponto de fusão mais baixo do que o das peças que são unidas. O metal é fundido, molhando as superfícies e aderindo às peças por capilaridade. As ligas mais comuns para brasagem são à base de cobre e de prata, ou ainda de estanho, para soldas de componentes eletrônicos. As fontes de calor utilizadas são soldador elétrico (ferro quente de solda), tochas de gás, forno, bobina de indução eletromagnética, mergulho em banho líquido aquecido, resistência elétrica e lâmpada infravermelha.

Vantagens: Materiais diferentes podem ser unidos. As montagens podem ser leves. Os custos decorrentes da necessidade de trabalho preparatório ou posterior podem ser eliminados.

Limitações: Alguns materiais não são fáceis de soldar por esse processo. A resistência mecânica da solda é limitada. Há limites nos tamanhos das peças. Muitas vezes, só se pode aquecer uma única vez uma peça que necessita de vários pontos de solda.

Materiais: Quando se utilizam ligas de cobre e prata como material de união, podem-se unir quase todos os tipos de materiais metálicos, sendo os mais comuns aço-carbono, aço-liga, aço inoxidável, cobre, latão, ferro fundido, níquel e ligas e, ainda, com restrições, alumínio e titânio. Quando se utiliza como material de união o estanho, encontram-se, em ordem decrescente de soldabilidade: estanho, cádmio, prata, cobre, latão, bronze, chumbo, níquel, zinco, aço, aço inoxidável, cromo, bronze silicoso e alumínio.

Tolerâncias dimensionais: Dependem da fixação ou da junção entre as peças a serem soldadas. As tolerâncias comerciais variam em torno de ±0,05 mm, mas as distorções, devido ao aquecimento das peças, podem alterar esse valor.

Tamanho e complexidade usuais: Componentes eletrônicos, componentes complexos, montagens elétricas e de peças leves, além da junção de chapas de metal que exigem uniões estanques.

Aspectos econômicos: Qualquer nível de produção.

Processo de colagem

Descrição resumida: Consiste em unir duas ou mais peças com um adesivo líquido ou pastoso. As peças são imobilizadas e pressionadas. Então se espera a cura do adesivo. Isso pode levar segundos, minutos, horas ou dias, mas, geralmente, é um processo que pode ser acelerado por meio de aquecimento. Existem vários tipos de adesivos como aqueles à base de poliéster, de polivinila e de nitrilafenólico. Os mais comuns e aplicáveis a quase todos os materiais são as resinas epóxi.

Vantagens: É possível unir materiais metálicos e não metálicos. É uma união leve. Não afeta as características metalúrgicas das peças. Peças com proteção de superfície podem ser unidas.

Limitações: A peça deve ser cuidadosamente limpa, e a resistência mecânica da união é limitada.

Materiais: Quase todo tipo de material pode ser colado. O teflon, o polietileno e o polipropileno são os mais resistentes ao processo. Outro problema é o coeficiente de expansão térmica diferente (do adesivo em relação à peça ou entre peças), que pode provocar o descolamento.

Tolerâncias dimensionais: As tolerâncias dependem do tipo de adesivo aplicado, variando de ±25 mm até alguns milímetros.

Tamanho e complexidade usuais: É utilizado na união de móveis, embalagens, vidros e pedaleiras de automóveis.

Aspectos econômicos: Pode ser utilizado para qualquer nível de produção; porém, para quantidades mais elevadas, é recomendável utilizar adesivos de cura rápida, aplicação automática do adesivo e necessidade mínima de fixação e limpeza das superfícies.

›› Processo de montagem mecânica

Descrição resumida: Montagens de produtos nas quais se utilizam parafusos, porcas, rebites, encaixes, presilhas, etc. Consiste em posicionar e fixar uma ou mais peças em outra. Normalmente é manual, mas pode ser automatizada para grandes volumes de produção.

Vantagens: Possibilita a desmontagem para manutenção e permite ajuste preciso de peças críticas. Materiais diferentes podem ser unidos.

Limitações: Menos duradouro e mais caro do que as montagens soldadas.

Materiais: Qualquer tipo de material.

Tolerâncias dimensionais: Variam de ±0,05 mm até ±0,13 mm para montagens normais e podem alcançar ±0,025 mm para montagens precisas.

Tamanho e complexidade usuais: Todos os dispositivos mecânicos, veículos, eletrodomésticos e máquinas industriais utilizam, durante a fabricação, de montagens mecânicas.

Aspectos econômicos: Não há limites de produção, sendo viável tanto para uma peça quanto para milhões. Porém, quanto maior for a quantidade montada, maior é a economia. Isso se deve ao investimento em projeto do produto e aos processos mais adequados à montagem em grandes quantidades.

›› Processos de acabamento

Veja no quadro a seguir os tipos de processos de proteção de superfície.

Quadro 7.4 » Processos de proteção de superfície

Tipo	Material usual para proteção	Material usual de substrato	Espessura média da proteção [mm]	Finalidade	Observações
Galvanoplastia	Diversos metais	Diversos metais e alguns plásticos	0,005	Decoração e proteção	Pode-se utilizar proteção de cromo duro para aumento da resistência ao desgaste.
Pintura	Materiais orgânicos	Quase todos os materiais	0,013	Decoração e proteção	É o mais comum para proteção de superfícies, por ser facilmente aplicado.
Aplicação a vácuo	Alumínio	Plástico e vidros	0,000025 – 0,025	Decoração e outros	Usado em espelhos e outras aplicações óticas. Também utilizado em eletroeletrônica.
Banho de imersão	Zinco, estanho e outros metais	Aço de baixo carbono	0,086 – 0,173	Proteção	Usado em componentes expostos à água, à atmosfera ou ao solo.
Spray metalizado	Vários metais	Aço	0,05 – 2,5	Outras	Mais comumente utilizado para resistência ao desgaste.
Anodização	Óxido de alumínio	Alumínio	0,0025 – 0,005	Proteção e decoração	A proteção resulta de reação química com o material de substrato. Pode ser colorido. Geralmente é muito mais duro do que o material do substrato.
Fosfatização	Fosfato de zinco	Aço ou ferro fundido	0,0025 – 0,005	Base para outra proteção	A proteção resulta de reação química com o material do substrato. Comumente usado como base de pintura.
Pintura a pó	Termoplásticos	Vários metais	Acima de 0,2	Proteção, decoração e outros	Resistência abrasiva. É mais custoso devido à espessura da proteção.
Esmaltado	Vários materiais cerâmicos e vidros	Chapas de aço	0,5	Proteção, decoração e outros	Resistente à corrosão, altas temperaturas e abrasão.

» Seleção de materiais

Vários materiais são utilizados no desenvolvimento de produtos (veja a Fig. 7.1). Suas aplicações variam conforme suas propriedades, determinadas pelas composições químicas e estruturas atômicas. Os materiais são selecionados conforme as características que são importantes para o produto. A **seleção dos materiais** exige alguma familiaridade com suas propriedades e conhecimento das condições de trabalho do produto.

> **» IMPORTANTE**
> É possível fazer avaliações de materiais cruzando vários critérios, como a relação entre custo ou peso e o desempenho das propriedades críticas, as disponibilidades de formas, dimensões, além da disponibilidade futura do material, a variação de propriedades durante o processo de produção, o custo e a disponibilidade de máquinas para o processamento, entre outros.

Materiais de engenharia

- **Metais**
  - Ferrosos
    - Ferro fundido
    - Aço ao carbono
    - Aço liga
    - Aço inoxidável
  - Não-ferrosos
    - Alumínio
    - Cobre
    - Latão
    - Bronze
    - Zinco
    - Magnésio
    - Titânio
    - Estanho
    - Níquel
    - Chumbo

- **Não metais inorgânicos**
  - Cerâmicas
    - Alumina
    - Magnésia
    - Berília
    - Carbeto
    - Nitreto
    - Estatita
  - Vidros
    - Sílica
    - Chumbo
    - Óxido de cálcio
    - Óxido de sódio
  - Outros
    - Mica
    - Concreto
    - Gesso

- **Não metais orgânicos**
  - Polímeros
    - Termoplásticos
      - Polipropileno
      - Polietileno
      - Poliestileno
      - Vinil
      - ABS
      - Acrílico
      - Acetal
      - Policarbonato
      - Celulósico
    - Termofixos
      - Fenólico
      - Poliéster
      - Melamina
      - Uretano
      - Alkyd
      - Epoxy
      - Dialil Fetano
    - Elastômeros
      - Borracha natural
      - Butil
      - Silicone
      - Fluorcarbono
      - Polisulfido
      - Neoprene
      - Estireno Butadieno
      - Nitrila
  - Outros
    - Carbono
    - Madeira
    - Fibra
    - Papel
    - Couro

Figura 7.1 Classificação dos materiais utilizados no desenvolvimento dos produtos.
Fonte: do autor.

Para que o projetista se familiarize um pouco mais com as propriedades do produto, apresentamos diversos valores para as propriedades dos materiais nos Quadros 7.6 a 7.13. Além disso, a seleção do material é mais do que a escolha pelas propriedades: está intimamente relacionada com o processamento até a obtenção de peças acabadas. Para a seleção dos materiais, é preciso executar as seguintes etapas (DIETER, 1983):

- Analisar os requisitos para os materiais, determinando as condições ambientais e de utilização a que o produto estará sujeito. Essas informações devem ser traduzidas em termos de propriedades críticas, que serão aquelas nas quais o projetista deverá estar atento.
- Buscar materiais de utilização viáveis, a partir da comparação dos valores apresentados para as propriedades críticas.
- Selecionar os materiais que serão utilizados. Para isso, escolhe-se, do grupo de materiais viáveis, o melhor material para uma dada aplicação, a partir de critérios como custo, fabricabilidade e disponibilidade.
- Desenvolver um banco de dados de projeto. Os materiais escolhidos devem ser testados e analisados com mais profundidade, sendo necessário, em alguns casos, fazer testes e ensaios tratando estatisticamente as medidas obtidas.

Para facilitar a escolha dos materiais, pode-se elaborar uma matriz contendo as informações desejadas, otimizando a comparação entre valores. Os materiais representam em torno de 50% dos custos do produto; portanto, da sua escolha depende o sucesso do projeto. Além da redução de custos, a opção por determinados materiais impacta na qualidade do produto e dos processos de produção.

Problemas podem ocorrer quando se deseja substituir determinado material por outro numa peça já projetada e em utilização num produto. Isso ocorre porque, para o máximo aproveitamento das características de um material, devem-se alterar as formas, tolerâncias e dimensões da peça.

As principais recomendações para escolha dos materiais são:

- Utilizar materiais comerciais (Quadro 7.5). Produzir a partir de materiais especiais adiciona processos à cadeia produtiva do produto.
- Produzir diretamente, sempre que possível, a partir de formatos, medidas, formulações e qualidades comerciais – com pouca ou nenhuma modificação.
- Utilizar materiais que tenham bom acabamento superficial e não necessitem de operações adicionais de acabamento pode resultar em economia de operações adicionais.
- Selecionar os materiais considerando suas propriedades conjuntamente com a facilidade de manufaturá-los, determinando os mais viáveis para a sequência de processamento que será utilizada.
- Projetar para o máximo aproveitamento do material, evitando rebarbas, cavacos e outros tipos de perdas e desperdícios de materiais.

> **» DICA**
> Muitas vezes, utilizar secções mais espessas ou pesadas de materiais padronizados é mais barato do que utilizar secções mais finas ou leves de materiais especiais.

Quadro 7.5 » **Formas comercialmente oferecidas para os materiais**

Material	Lingote para fundição	Granulado	Barra circular	Barra retangular	Tubos	Barra chata	Chapa	Filme	Arame	Perfil estrutural	Pó
Ferro fundido	D	I	D	I	D	I	I	I	I	I	D
Aço-carbono	D	I	D	D	D	D	D	I	D	D	D
Aço-liga	D	I	D	D	D	D	D	I	D	D	D
Aço inoxidável	D	I	D	D	D	D	D	I	D	D	D
Alumínio	D	I	D	D	D	D	D	D	D	D	D
Cobre	D	I	D	D	D	D	D	R	D	R	D
Latão	D	I	D	D	D	D	D	R	D	R	D
Magnésio	D	I	D	D	D	D	D	I	R	D	I
Zinco	D	I	D	R	I	D	D	D	D	I	I
Metais preciosos	D	I	D	R	R	I	D	D	D	I	I
Alumina cerâmica	I	D	D	R	D	R	I	I	I	R	D
Papel	I	I	I	I	D	D	D	D	I	I	I
Fibra	I	I	D	I	D	D	D	D	I	I	I
Grafite	I	I	D	D	D	D	I	I	D	R	D
Vidro	I	I	D	R	D	D	D	I	D	R	I
Acetato	I	D	D	D	R	D	D	I	I	R	I
Nylon	R	D	D	D	D	D	D	I	D	I	I
Polietileno	I	D	D	D	D	D	D	D	R	I	I
Polipropileno	I	D	D	R	D	D	D	D	R	I	I
Poliestireno	I	D	D	R	D	D	D	R	I	I	I
ABS	I	D	D	R	R	D	D	I	I	I	I
Policarbonato	I	D	D	R	D	D	D	I	I	I	I
Fenólico	I	D	D	R	D	D	D	I	I	I	I
Madeira	I	I	D	D	I	D	D	I	I	R	I
Borracha natural	I	D	R	R	D	D	D	I	I	I	I
Borracha sintética	I	D	R	R	D	D	D	I	I	I	I

Legenda: D: disponível no mercado; R: disponível no mercado, mas com restrições; I: indisponível.
Fonte: Adaptado de Bralla (1986).

Quadro 7.6 » Valores de resistência à tração para diversos materiais

Material	Mpa	kgf/mm²
Aço SAE 4340	2000	203,9
Aço C60-80	860	87,6
Latão	275 – 825	28 – 84,1
Laminado em fibra de vidro (com 4 camadas de tecido de 800g/m²)	267 – 275	27,2 – 28
Ferro comercialmente puro	182	18,5
Monel (70%Ni 30%Cu)	690	70,3
Aço inoxidável 18-8	585 – 655	59,6 – 66,8
Titânio	655	66,8
Cobre	220 – 470	22,4 – 47,9
Aço estrutural comum 1020	345 – 450	35,2 – 45,9
Alumínio	205 – 415	21 – 42,3
Ferro fundido	140 – 415	14,3 – 42,3
Ligas de magnésio	220 – 380	22, 4 – 38,7
Zinco	215 – 355	21,9 – 36,2
Acetal com reforço de fibra de vidro 25%	125	12,7
Nylons	35 – 95	3,6 – 9,7
Ligas de chumbo	12 – 90	1,22 – 9,17
Acrílico	35 – 80	3,6 – 8,15
Policarbonato	35 – 80	3,6 – 8,15
Poliestireno	55 – 60	5,6 – 6,1
Vinil	35 – 60	3,6 – 6,1
ABS	27 – 55	2,75 – 5,6
Polipropileno de alta densidade	21 – 38	2,14 – 3,9
Polipropileno	20 – 38	2 – 3,9
Polipropileno de baixa densidade	4 – 16	0,4 – 1,6

Fonte: Bralla (1986).

Quadro 7.7 » **Valores de massa específica para diversos materiais**

Material	Massa específica [1.000 kg/m³]	Material	Massa específica [1.000 kg/m³]
Platina	21,3 – 21,5	Fenólico	1,2 – 2,9
Ouro	19,25 – 19,35	Alumínio	2,55 – 2,75
Tungstênio	18,7 – 19,1	Vidro em lâmina	2,4 – 2,7
Chumbo	11,28 – 11,35	Silício	2,5
Prata	10,4 – 10,6	Porcelana	2,3 – 2,5
Molibdênio	10,2	Carbono amorfo	1,9 – 2,2
Bismuto	9,8	Silicone	0,99 – 1,5
Monel	8,8 – 9,0	Melamina	1,48 – 2
Cobre	8,8 – 9,0	Epóxi	1,11 – 1,4
Cobalto	8,72 – 8,95	Magnésio	1,74
Níquel	8,6 – 8,9	Vinil	1,16 – 1,45
Bronze 8 – 14% Sn	7,4 – 8,9	Policarbonato	1,2 – 1,5
Latão	8,4 – 8,7	Acetal	1,4
Aço	7,8 – 7,9	Borracha de neoprene	1,0 – 1,35
Ferro forjado	7,6 – 7,9	Ébano	1,2
Bronze de alumínio	7,7	Acrílico	1,09 – 1,28
Estanho	7,2 – 7,5	Nylon	1,04 – 1,17
Magnésio	7,2 – 7,4	Poliestireno	1,04 – 1,10
Ferro fundido	7,6	ABS	1,01 – 1,21
Zinco	6,9 – 7,2	Polietileno (alta densidade)	0,94 – 0,97
Cromo	6,9	Polietileno (baixa densidade)	0,91 – 0,93
Antimônio	6,6	Borracha natural	0,93
Vidro (elevado %Pb)	6,2	Polipropileno	0,89 – 0,91
Vanadio	5,5 – 5,7	Carvalho	0,61 – 0,8
Alumina	3,5 – 3,9	Pinus	0,5
Vidro de quartzo	3,2 – 3,9		

Fonte: Bralla (1986).

Quadro 7.8 » **Valores de ponto de fusão para diversos materiais**

Material	Ponto de fusão [°C]	Material	Ponto de fusão [°C]
Carbono	3700	Manganês	1245
Tungstênio	3400	Cobre	1083
Tântalo	2990	Ouro	1063
Óxido de Magnésio	2800	Bronze de alumínio	855 – 1060
Molibdênio	2620	Cobre ao berílio	870 – 980
Berília	2590	Prata	960
Alumina	2050	Cloreto de sódio	803
Vanadio	1900	Vidro soda lime	695 – 720
Cromo	1840	Ligas de alumínio	485 – 660
Platina	1773	Magnésio	650
Titânio	1690	Antimônio	630
Porcelana	1550	Vidro de silicato de chumbo	580 – 620
Vidro (96% de sílica)	1540	Ligas de zinco	385 – 419
Aço ao carbono	1480 – 1520	Chumbo	327
Aços liga	1430 – 1510	Cádmio	320
Aço inoxidável austenítico	1370 – 1450	Bismuto	271
Níquel	1450	Estanho	231
Ferro forjado	1350 – 1450	Borracha da Índia	125
Silício	1420	Enxofre	112
Ferro fundido cinzento	1350 – 1400	Parafina	54
Berílio	1280		

Fonte: Bralla (1986).

Quadro 7.9 » **Valores de condutividade térmica para diversos materiais**

Material	Condutividade térmica [cal/(h · cm² · °C · cm)]	Material	Condutividade térmica [cal/(h · cm² · °C · cm)]
Prata	3.600	Fenólico	2,9 – 7,2
Cobre	3.400	Melamina	3,9 – 4,6
Ouro	2.500	Polietileno de alta densidade	4 – 4,5
Alumínio	1.900	Nylon	1,8 – 3,8
Magnésio	1.400	Madeira dura	1,5 – 3,7
Grafite	1.000 – 1.300	Asbesto	3,3
Latão 70-30	1.000	ABS	1,6 – 2,9
Zinco	960	Polietileno de baixa densidade	2,9
Estanho	560	Papel	2,3
Níquel	510	Acrílico	1,4 – 2,2
Aço (1% C)	390	PVC flexível	1,9 – 2,1
Aço inoxidável	100 – 200	Acetal	2
Pedra	190	Poliestireno	0,9 – 1,9
Alumina	80 – 140	Policarbonato	1,7
Carbono	45 – 89	Borracha natural	1,1 – 1,4
Tijolo	74	PVC rígido	1,4
Ar a 38°C	23	Polipropileno	1,0 – 1,4
Estatita	22	Pinus	0,89
Vidro	5 – 10	Lã de vidro	0,32
Cinza do carvão	9,2	Espuma de poliuretano	0,28

Fonte: Bralla (1986).

Quadro 7.10 » **Valores de dilatação térmica linear para diversos materiais**

Material	Coeficiente de dilatação térmica linear [10^{-6} cm/(cm · C)]	Material	Coeficiente de dilatação térmica linear [10^{-6} cm/(cm · °C)]
Silicone	80 – 300	Alumínio	24
Vinil flexível	70 – 250	Bronze (90%Cu 10%Sn)	22
Poliestireno	34 – 210	Latão (66%Cu 34%Zn)	19
Polietileno de baixa densidade	100 – 200	Prata	18
Vinil rígido	50 – 185	Cobre	17
Nylon	80 - 150	Ligas de níquel	12 – 17
Polietileno de alta densidade	110 – 130	Bronze fosforoso	17
ABS	60 – 130	Aço ao carbono	10 – 15
Borracha natural	125	Ouro	14
Polipropileno	58 – 102	Concreto	14
Acrílico	50 – 90	Madeira dura	4 – 14
Acetal	81 – 85	Ligas de titânio	9 – 13
Policarbonato	66	Ferro fundido	11
Epóxi	45 – 65	Vidro	0,6 – 9,6
Gelo	51	Tijolo	9,5
Fenólico	8 – 45	Alumina	5,7 – 6,7
Ligas de zinco	19 – 35	Madeira de carvalho	4,9 – 5,4
Chumbo	30	Tungstênio	4,3
Ligas de magnésio	25 – 29	Carbono	1 – 2,9
Estanho	27		

Fonte: Bralla (1986).

Quadro 7.11 » Valores de resistividade elétrica para diversos materiais

Material	Resistividade elétrica [m$\Omega \cdot$cm]	Material	Resistividade elétrica [$\mu\Omega \cdot$cm]
Mica	$10^{19} - 10^{23}$	Aço inoxidável martensítico	40 – 72
Vidro de silicato de chumbo	$10^{20} - 10^{21}$	Aço ao carbono	11 – 45
Cerâmica para uso elétrico	$10^{19} - 10^{21}$	Monel	44
Polipropileno	$10^{15} - 10^{17}$	Chumbo	22
Poliestireno	$10^{13} - 10^{17}$	Ligas de magnésio	5 – 16
Berilia	$10^{13} - 10^{17}$	Estanho	12
Epóxi	$10^{12} - 10^{17}$	Níquel	8,5
Policarbonato	$2 - 5 \times 10^{16}$	Latão	6,2
Acetal	$10^{14} - 10^{16}$	Zinco	6,0
Nylon	$10^{11} - 10^{14}$	Cobre ao berílio	4,8 – 5,8
Fenólico	$10^{10} - 10^{13}$	Alumínio	2,8
Carbono	3.800 – 4.100	Ouro	2,4
Grafite	720 – 810	Cobre	1,7
Ferro fundido	75 – 99	Prata	1,6
Aço inoxidável austenítico	69 – 78		

Fonte: Bralla (1986).

Quadro 7.12 » Relação entre resistência mecânica à deformação/peso para diversos materiais

Material	Peso para igual resistência à deformação
Aço	7,95
Polietileno de alta densidade	6,40
Polipropileno	4,38
ABS	4,29
Poliestireno	3,90
Alumínio	3,66
ABS expandido	3,06
Madeira dura	1,62
Pinus	1,00

Fonte: Bralla (1986).

Quadro 7.13 » **Custo para diversos materiais**

Material	Custo relativo por unidade de volume (comparado ao aço baixo carbono laminado a quente)	Material	Custo relativo por unidade de volume (comparado ao aço baixo carbono laminado a quente)
Polipropileno	0,22	Alumínio	1,9 – 2,9
Polietileno de baixa densidade	0,25 – 0,55	Aço inoxidável série 400	2,2 – 3,3
PVC	0,27 – 0,30	Chumbo	2,5
Poliestireno	0,30	Aço inoxidável série 300	3,1 – 8,8
Borracha natural	0,40	Zinco	3,6
ABS	0,40 – 0,50	Magnésio	3,7
Fenólico	0,55 – 0,58	Latão	9,1 – 10,7
Acrílico	0,70	Bronze	10,4 – 15,4
Óxido de fenileno	0,90 – 1,30	Cobre	10,7 – 11,8
Aço de baixo carbono laminado a quente	1,0 – 1,4	Titânio	19,5 – 50,5
Borracha de silicone	1,1	Estanho	28
Aço de baixo carbono laminado a frio	1,1 – 1,4	Níquel	34 – 36
Nylon	1,2 – 2,0	Molibdênio	183 – 254
Acetal	1,2	Prata	765
Aço de alta resistência e baixa liga	1,3 – 1,4	Ouro	35.500

Fonte: Bralla (1986).

Agora é a sua vez!

1. Quais são as vantagens do processo de estampagem?
2. Que materiais podem ser extrudados?
3. No que consiste o processo de laminação?
4. Quais são as quantidades econômicas para escolha do processo de forjamento?
5. Quais são os tipos de processos de fundição?
6. Quais são as desvantagens da usinagem por torneamento?
7. Cite exemplos de peças produzidas por plainagem.
8. Quais são as limitações da eletroerosão?
9. Escolha um dos processos de processamento de plásticos e borrachas e explique-o com suas palavras.
10. Quais são as desvantagens dos diferentes tipos de processamento de materiais cerâmicos?
11. Diferencie os processos de soldagem examinados no capítulo.

capítulo 8

Ergonomia

A ergonomia é um conceito utilizado tanto para o trabalho quanto para os produtos em geral. Originalmente, tratava da adaptação do trabalho ao homem. Hoje, abrange critérios como satisfação, conforto e prevenção em saúde para trabalhadores e usuários de produtos. Neste capítulo, vamos focar o estudo da ergonomia de concepção. Para utilizar os conceitos desse campo é preciso compreender minimamente o corpo humano, bem como as características da interface homem-máquina.

Objetivos de aprendizagem

» Conceituar ergonomia e ergonomia de concepção.

» Identificar basicamente o funcionamento do corpo humano no que diz respeito à ergonomia.

» Identificar o impacto dos fatores ambientais na ergonomia.

» Resumir as etapas do estudo antropométrico e sua importância na elaboração de projetos.

» Reconhecer os componentes da interação homem-máquina.

> **CURIOSIDADE**
> Você já ouviu falar da Associação Brasileira de Ergonomia? Trata-se de uma associação sem fins lucrativos cujo objetivo é o estudo, a prática e a divulgação das interações das pessoas com a tecnologia, a organização e o ambiente, considerando as suas necessidades, habilidades e limitações. Para acessar o site oficial da ABERGO, visite o ambiente virtual de aprendizagem Tekne: www.bookman.com.br/tekne.

Introdução

A ergonomia surgiu após a Segunda Guerra Mundial como consequência do trabalho interdisciplinar de engenheiros, médicos e psicólogos. Foi aplicada inicialmente na indústria, focando a relação homem-máquina. Por definição, **ergonomia** (do grego *ergo*, que significa "trabalho", e nomos, que significa "leis") é a adaptação do trabalho ao homem, e é o contraponto do método taylorista que propõe a definição do método de trabalho mais eficiente, ao qual o homem deve se adaptar.

Dentre outras coisas, a ergonomia busca a redução das exigências biomecânicas, diminuição das chances de erros na operação de produtos, boa postura física, adequada percepção de informações e boa interface do produto – de forma que os objetos, mostradores ou controles estejam dentro do alcance dos movimentos corporais. Atualmente, a ergonomia se tornou mais abrangente, com aplicação não somente no trabalho, mas em qualquer produto que o homem possa utilizar. Os objetivos práticos da ergonomia são a satisfação, o conforto e a garantia de que o uso do produto não cause problemas à saúde do usuário.

> **DEFINIÇÃO**
> De acordo com Tortora e Derrickson (2012), um **sistema** consiste em órgãos relacionados que têm uma função comum. Os órgãos se unem para formar sistemas assim como parágrafos são agrupados para formar um texto.

Ergonomia de concepção

A ergonomia pode ser utilizada como ergonomia de concepção (durante o projeto de produtos), de correção (para corrigir situações existentes) e de conscientização do usuário. Neste livro, nosso objeto de estudo é a **ergonomia de concepção**, por ser aplicável no projeto de produtos.

Para compreender como e onde utilizar os conceitos de ergonomia em projeto, deve-se ter uma compreensão mínima do corpo humano e de seus sistemas. Veja a seguir alguns detalhes relativos ao corpo humano necessários ao entendimento da ergonomia de concepção.

Sistemas do corpo humano e processos vitais

O corpo humano evoluiu durante milhares de anos para chegar à sua forma atual, e continua em constante evolução. Ele é constituído por partes inter-relacionadas e interdependentes que funcionam de forma integrada e, num indivíduo sadio, harmoniosa. Essas partes, também conhecidas como sistemas, realizam um conjunto de atividades necessárias para a vida diária do ser humano.

De acordo com Tortora e Derrickson (2012), estes são os principais sistemas do corpo humano:

1. Tegumento comum: pele e estruturas associadas a elas, como pelos, unhas e glândulas sudoríferas e sebáceas)
2. Sistema nervoso: encéfalo, medula espinal, nervos e órgãos como os olhos e as orelhas.
3. Sistema esquelético: ossos e articulações do corpo e suas cartilagens associadas.

4. Glândulas endócrinas: glândulas e tecidos que produzem substâncias químicas reguladoras das funções do corpo, denominadas hormônios.
5. Sistema muscular: musculatura em geral ligada aos ossos.
6. Sistema circulatório: sangue, coração e vasos sanguíneos.
7. Sistema linfático e imunidade: líquido linfático e vasos linfáticos, e células que efetuam as respostas imunes.
8. Sistema digestório: órgãos do trato gastrintestinal (boca, faringe, esôfago, estômago, intestinos delgado e grosso, reto e ânus). Também inclui os órgãos digestórios acessórios que auxiliam nos processos digestivos, como as glândulas salivares, o fígado, a vesícula biliar e o pâncreas.
9. Sistema respiratório: pulmões e vias aéreas, como a faringe (garganta), a laringe, a traqueia e os brônquios.
10. Sistema urinário: rins, ureteres, bexiga urinária e uretra.
11. Sistemas genitais: gônadas e órgãos associados (tubas uterinas, útero e vagina em mulheres, e epidídimo, ducto deferente e pênis em homens; glândulas mamárias em mulheres).

» PARA REFLETIR

No corpo humano, ocorrem milhares de reações químicas que garantem o funcionamento dos sistemas, resultando na manutenção da vida, na movimentação dos músculos, no pensar, etc. *Uma compreensão básica dos sistemas e de seus funcionamentos é essencial para o entendimento da ergonomia.*

Como base para o estudo do corpo humano aplicado à realização de trabalho, devemos conhecer um pouco melhor os sistemas nervoso e muscular, a coluna vertebral (parte do sistema esquelético), o metabolismo (processo vital do ser humano), a alimentação humana (nutrição e metabolismo) e os sentidos especiais do homem, como visão e audição.

Sistema nervoso

O **sistema nervoso** é constituído por células nervosas (neurônios) que são caracterizadas pela irritabilidade (sensibilidade a estímulos) e pela condutibilidade (condução de sinais elétricos). Os neurônios se comunicam uns com os outros por meio da *transmissão sináptica*.

Segundo Tortora e Derrickson (2012), o sistema nervoso exerce um conjunto de complexo de tarefas, como sentir os diversos odores, produzir a fala e lembrar eventos passados. Além disso, fornece sinais que controlam os movimentos corporais e regula o funcionamento dos órgãos internos. Essas diversas atividades, segundo os autores, podem ser agrupadas em três funções básicas:

1. Sensitiva: os receptores sensitivos detectam estímulos internos (como um aumento na acidez sanguínea), e estímulos externos (como um pingo de chuva batendo em seu braço).
2. Integradora: o sistema nervoso integra a informação sensitiva, analisando e armazenando uma parte dela e tomando decisões. Uma função integradora importante é a *percepção*, a consciência do estímulo sensitivo.

>> **CURIOSIDADE**

Há três tipos de músculos: estriados ou esqueléticos (geralmente ligados aos ossos do esqueleto, são aqueles sobre os quais o homem tem controle consciente), lisos e cardíacos (ambos involuntários: os primeiros estão localizados nas paredes de estruturas internas ocas, como vasos sanguíneos e vias respiratórias, e os segundos formam a parte principal da parede coração).

>> **NO SITE**

Visite o ambiente virtual de aprendizagem Tekne e tenha acesso a dicas preciosas sobre como manter sua coluna alinhada no dia a dia e a mais detalhes sobre problemas decorrentes de má postura.

>> **DICA**

A hérnia de disco ocorre com mais frequência na região lombar, porque essa parte da coluna vertebral suporta grande parte do peso do corpo e é a região de maior curvatura.

3. Motora: uma vez que a função sensitiva é integrada, o sistema nervoso pode provocar uma resposta motora adequada, ativando os músculos e glândulas.

Sistema muscular

O **sistema muscular** e os tecidos musculares são responsáveis pelos movimentos do corpo. Conforme Tortora e Derrickson (2012), o tecido muscular (por meio de contração sustentada ou alternando contração e relaxamento) tem quatro funções-chave:

1. Produzir movimentos do corpo: movimentos como caminhar, correr, escrever ou balançar a cabeça dependem do funcionamento integrado de músculos esqueléticos, ossos e articulações.

2. Estabilizar posições do corpo: as contrações do músculo esquelético estabilizam articulações e ajudam a manter as posições do corpo, como ficar de pé ou sentado. Os músculos posturais se contraem continuamente quando uma pessoa está desperta (p.ex., as contrações sustentadas dos músculos do pescoço mantêm a cabeça ereta).

3. Armazenar e manter substâncias dentro do corpo: o armazenamento é feito por contrações sustentadas de faixas em forma de anel de músculo liso, chamadas de esfíncteres, que impedem a saída do conteúdo de um órgão oco. As contrações do músculo liso também movem alimento e outras substâncias através do trato gastrintestinal.

4. Produzir calor: Quando o tecido muscular contrai, ele produz calor. Muito desse calor é utilizado para manter a temperatura normal do corpo.

Coluna vertebral

A **coluna vertebral**, também chamada de espinha ou coluna espinal, é constituída por 33 vértebras durante o desenvolvimento precoce. Depois, segundo Tortora e Derrickson (2012), várias vértebras nas regiões sacral e coccígea se fundem. Assim, a coluna vertebral adulta contém normalmente 26 vértebras:

- 7 vértebras no pescoço (cervicais)
- 12 vértebras no tórax (torácicas ou dorsais)
- 5 vértebras no abdomen (lombares)
- 1 sacro
- 1 cóccix

A coluna vertebral não possui vasos sanguíneos: sua nutrição dependente da difusão dos nutrientes pelos tecidos vizinhos. A movimentação da coluna vertebral, basicamente compressões e descompressões, permite que ela receba os nutrientes necessários.

É sustentada por diversos músculos e está sujeita a deformações (por **má postura** e envelhecimento, p.ex.) como escoliose (curvatura lateral da coluna vertebral, geralmente na região torácica), cifose (curvatura acentuada, para fora, da parte superior da coluna vertebral) e lordose (um exagero da curvatura lombar da coluna vertebral). A hérnia de disco, por sua vez, é mais grave, e é causada pela força de compressão excessiva sobre os discos que separam as vértebras, geralmente por esforço demasiado para levantamento de cargas.

Metabolismo e nutrição

O **metabolismo** (*metábole* = mudança) é o estudo dos aspectos energéticos do corpo humano. A energia do corpo humano provém da alimentação e destina-se a manter o corpo em funcionamento. O excedente pode ser utilizado para trabalho externo ou acumulado como gordura. O metabolismo basal é aquele necessário para manter uma pessoa viva (órgãos funcionando) sem nenhum trabalho externo.

A **alimentação humana** é composta basicamente de proteínas, carboidratos e gorduras, posteriormente decompostos em aminoácidos e hidrocarbonetos. Os hidrocarbonetos se juntam aos carboidratos e às gorduras e se transformam em glicogênio. A capacidade muscular depende diretamente da quantidade de glicogênio armazenado no músculo e do abastecimento de oxigênio no músculo.

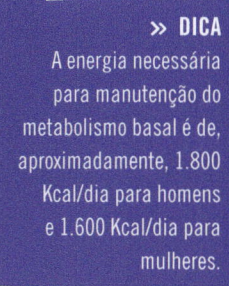

> **» DICA**
> A energia necessária para manutenção do metabolismo basal é de, aproximadamente, 1.800 Kcal/dia para homens e 1.600 Kcal/dia para mulheres.

> **» PARA REFLETIR**
> Segundo Tortora e Derrickson (2012), o alimento que ingerimos é a única fonte de energia para a realização de nossas funções biológicas, e as moléculas nutrientes absorvidas pelo trato gastrintestinal são utilizadas para fornecer energia para os processos vitais. Especialistas em nutrição sugerem que as calorias da dieta sejam 50 a 60% provenientes de carboidratos, 30% ou menos de gorduras e 12 a 15% de proteínas.

Sentidos

Visão

De acordo com Tortora e Derrickson (2012), mais da metade dos receptores sensitivos no corpo humano está localizada nos olhos, e uma grande parte do córtex cerebral é dedicada ao processamento da informação visual. A luz passa pela pupila (regula a penetração da luz) e pelo cristalino (lente) (Figura 8.1). No fundo do olho, ficam as células fotossensíveis (cones e bastonetes). Os cones só funcionam com maior nível de iluminação e são responsáveis pela percepção das cores e do espaço e pela acuidade visual. Os bastonetes são sensíveis a baixos níveis de iluminação e não distinguem cores, com exceção do cinza, do preto e do branco.

Eis algumas características da visão (IIDA, 1990):

- Acuidade visual: capacidade de discriminar pequenos detalhes (nitidez).
- Acomodação: capacidade de focalizar objetos a várias distâncias.
- Convergência: capacidade dos olhos se moverem para focalizar um objeto.
- Percepção de cores: sensibilidade a radiações eletromagnéticas de 0,4 a 0,75 µm.
- Movimentos dos olhos: sacádicos (pulos) e de perseguição.

A fadiga visual pode ser causada pelo esgotamento dos pequenos músculos do globo ocular devido aos movimentos de fixação e de focalização, sendo as principais causas a fixação em detalhes, a iluminação inadequada, o pouco contraste ou definição, o movimento dos objetos e a má postura.

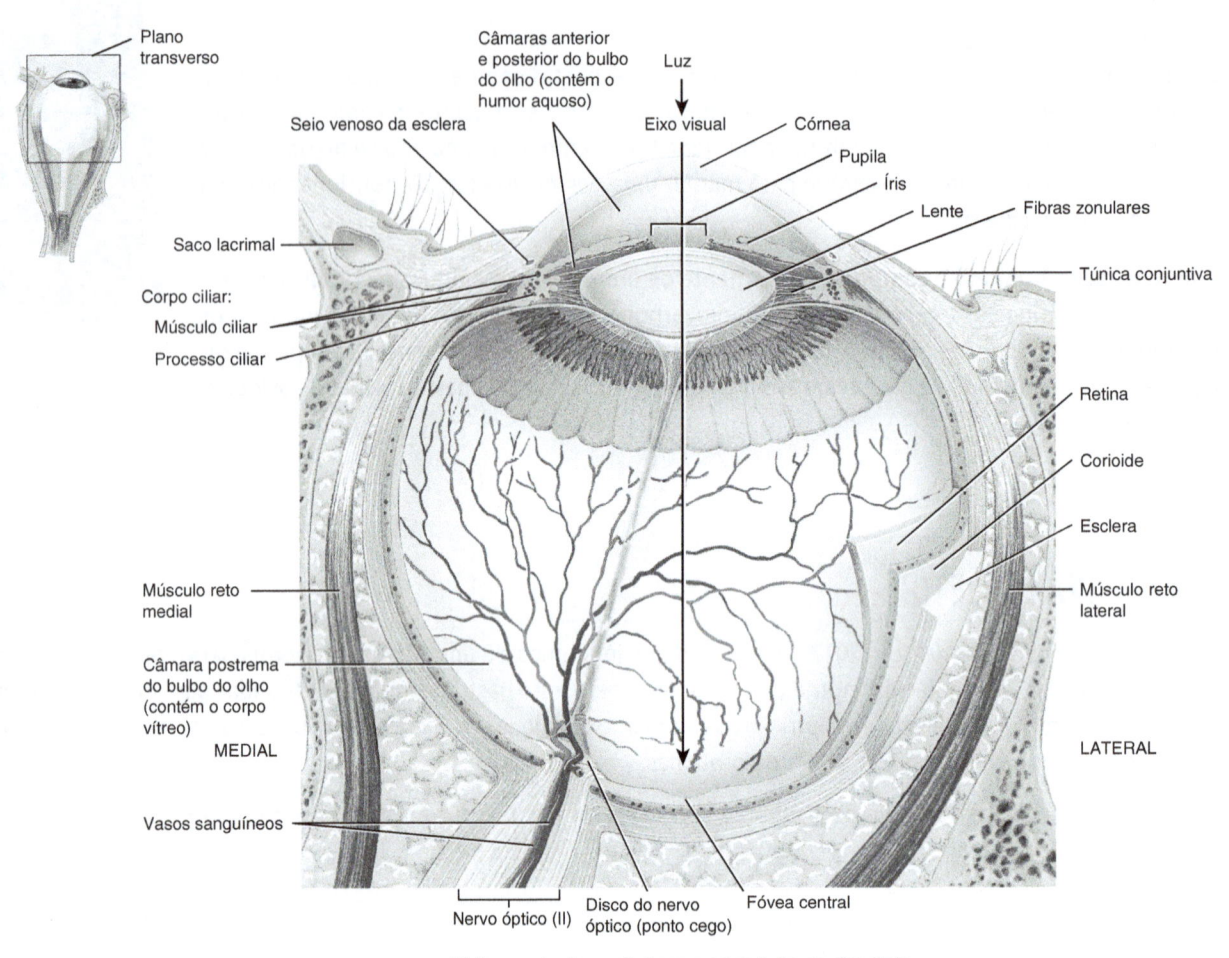

Figura 8.1 O olho humano em corte.
Fonte: Tortora e Derrickson (2012).

Audição

A **orelha** é responsável pela audição e é dividida em três partes: externa, média e o interna (Figura 8.2). As vibrações do ar são captadas pela externa, transformando-se em vibrações mecânicas na orelha média e, finalmente, em pressões hidráulicas na interna. Essas pressões são captadas por células sensíveis e transformadas em sinais elétricos. As principais características da orelha são as seguintes:

- Percepção do som: ocorre por meio da frequência (20 a 20.000Hz), da intensidade (potência por unidade de área – dB) e da duração.

- Percepção de posição: feita pelos receptores vestibulares, localizados na orelha interna. Dois conjuntos de órgãos são cheios de fluidos e contêm células nervosas que são sensíveis às mudanças de posição, aceleração e desaceleração do corpo.

Já o **senso sinestésico** fornece informações sobre movimentos das partes do corpo, sem exigir um acompanhamento visual. Quando ocorrem contrações musculares, células receptoras situadas nos músculos, tendões e articulações transmitem informações ao sistema nervoso central.

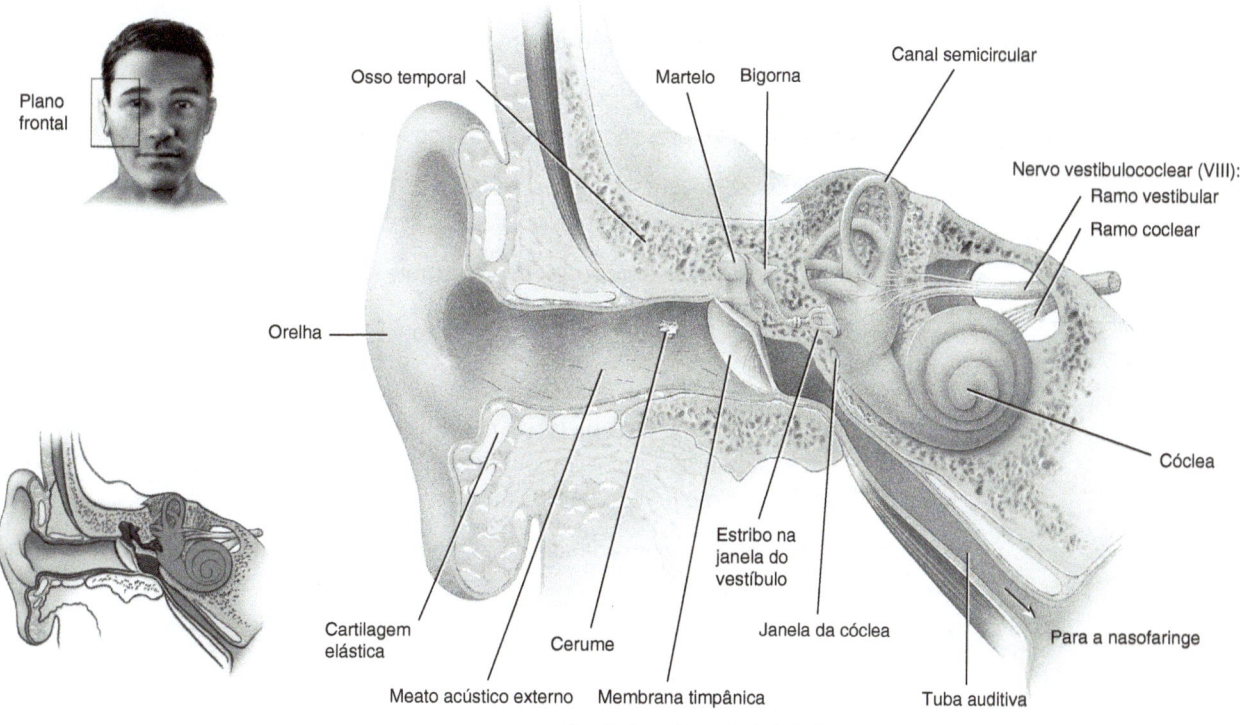

Figura 8.2 A orelha humana.
Fonte: Tortora e Derrickson (2012).

> ## » PARA REFLETIR
>
> De acordo com Tortora e Derrickson (2012), a orelha é uma estrutura maravilhosamente sensitiva. Seus receptores sensitivos podem converter as vibrações sonoras em sinais elétricos 1.000 vezes mais rápido do que os fotorreceptores podem responder à luz. Além dos receptores para as ondas sonoras, a orelha também tem receptores para o equilíbrio.

» O corpo humano e a realização de trabalho

A **biomecânica ocupacional**, que estuda as interações entre o trabalho e o homem sob o ponto de vista dos movimentos musculares e esqueléticos envolvidos e suas consequências, define dois tipos de trabalhos musculares:

Trabalho estático: exige contração contínua dos músculos para manter uma determinada posição.

Trabalho dinâmico: permite contrações e relaxamentos alternados dos músculos.

Em relação às posições do corpo humano e ao tipo de trabalho muscular, define-se que a posição deitada não causa concentração de tensão em nenhuma parte do corpo. Já a posição sentada exige atividade muscular do dorso e do ventre, enquanto a posição de pé exige muito trabalho estático da musculatura envolvida. Além dessas, ainda há de se considerar a posição de trabalho com inclinação da cabeça para frente, que causa fadiga dos músculos do pescoço e dos ombros (muito comum atualmente devido à utilização de computadores).

Quanto à aplicação de força na **operação de um equipamento**, devem ser considerados os seguintes critérios:

- Precisão: obtém-se maior precisão com as pontas dos dedos.
- Ritmo: os movimentos devem ser suaves, curvos e rítmicos, visto que movimentos retos são difíceis e imprecisos, e exigem complexas integrações entre juntas.
- Posicionamentos precisos de algum objeto ou controle são difíceis e demorados.

Durante a aplicação de forças por um indivíduo com a intenção de produzir trabalho, deve-se considerar:

- Força para puxar e empurrar um objeto: depende de diversos fatores como postura do indivíduo, suas dimensões e sexo, bem como atrito com o chão, etc. Em geral, para homens em torno de 200 a 300 N e mulheres de 40% a 60% desses valores.
- Alcance vertical de objetos acima da cabeça: altamente fatigante, devendo ser evitado (p.ex.: trocar uma lâmpada no teto).
- Alcance horizontal de objetos: recomendam-se pequenas distâncias e cargas (p.ex.: pegar uma bolsa na altura dos braços).

Em relação ao **levantamento de cargas**, deve-se considerar a resistência da coluna sem apresentar problemas e a capacidade máxima de carga (carga máxima que uma pessoa consegue levantar), determinada pelo levantamento de carga com os joelhos dobrados e o dorso reto. A carga recomendada para movimentos é 50% desta. No caso do transporte de cargas, deve-se, sempre que possível:

- Manter a carga na vertical e próxima do corpo.
- Usar cargas simétricas.
- Utilizar meios auxiliares, como carrinhos de mão, alavancas e outros dispositivos manuais.
- Trabalhar em equipe.

»» Agora é a sua vez!

1. O que é ergonomia de concepção?
2. Cite alguns problemas que decorrem da má postura.
3. O sentido da visão impacta diretamente quais atributos de um produto ou de um ambiente de trabalho?
4. Defina biomecânica ocupacional.

❯❯ O corpo humano e fatores ambientais

Em geral, condições ambientais desconfortáveis podem causar prejuízo na operação do produto e danos à saúde do usuário. Dentre os aspectos que podem causar desconforto, destacam-se a temperatura, a umidade, os ruídos, as vibrações e a iluminação.

> ### ❯❯ PARA REFLETIR
>
> **Poucos estímulos: monotonia. Muitos estímulos: fadiga.**
> A operação de produtos pobre de estímulos pode provocar monotonia, causando sonolência, morosidade e diminuição da atenção. Isso ocorre porque os órgãos dos sentidos são mais sensíveis às mudanças, estímulos e excitações, fazendo com que o organismo humano se proteja das excitações regulares e repetitivas, tornando-se indiferente a elas. A fadiga, em geral, ocorre devido ao excesso de estímulos, tanto nas atividades físicas quanto nas intelectuais. Às vezes, operações com solicitações em excesso de um só tipo, como intelectual, com pouca ou nenhuma solicitação física, pode ocasionar fadiga. As consequências da fadiga são a perda de capacidade motora e cognitiva, cansaço, irritabilidade, desinteresse, maior sensibilidade à fome, calor e frio, má postura e sonolência.

Temperatura e umidade

Em linhas gerais, a tendência a pausas e acidentes do trabalho aumenta sempre que a **temperatura** no ambiente de trabalho desloca-se dos 19°C, considerada temperatura ideal. Além desses problemas, a eficiência na operação do produto cai à medida que a temperatura se afasta dos 19°C.

O conforto térmico não depende somente da temperatura, mas também da **umidade** e da velocidade do ar. A zona de conforto térmico se situa entre 18 e 23°C, com umidade relativa entre 40 e 60% e velocidade do ar em torno de 0,2 m/s.

Ruídos e vibrações

Os **ruídos** são os sons indesejados presentes no ambiente, aumentando o desconforto do usuário conforme cresce sua intensidade. Os ruídos começam a ser perceptíveis a partir de 0 dB e tornam-se dolorosos em torno de 130 dB, sendo que valores maiores podem produzir danos ao aparelho auditivo.

A intensidade do ruído determina o tempo máximo de exposição do usuário do produto. Por exemplo: para ruídos acima de 100 dB e 4.000 Hz de frequência, o tempo de exposição sem lesões é de apenas 7 minutos. Para ruídos contínuos, o limite deve ser de 60 dB, o que não interfere nas conversas e torna o ambiente mais agradável. Com relação à frequência do ruído, o ser humano é mais sensível a ruídos na faixa de 1.000 a 2.000 Hz, faixa próxima à fala humana.

Como os ruídos são vibrações mecânicas transmitidas pelo ar ou outro meio material e são geradas principalmente por objetos em movimento, é possível eliminá-los. Dentre as formas de **eliminação dos ruídos** encontram-se:

- Enclausurar a fonte.
- Construir barreiras e proteções.
- Utilizar isolantes acústicos.

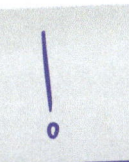

> ❯❯ **IMPORTANTE**
> As consequências de ruídos intensos são dores de cabeça, dificuldade de concentração, irritabilidade, cansaço e queda de eficiência do usuário na operação de um produto.

> **DICA**
> Os isolantes acústicos são melhores onde existem ruídos de alta frequência, pois, para ruídos de baixa frequência, há necessidade de grande espessura de isolamento.

Já **vibração** é qualquer movimento que o corpo executa em torno de um ponto fixo, sendo definida por três variáveis:

- Frequência (Hz).
- Intensidade do deslocamento (mm).
- Aceleração máxima sofrida pelo corpo em g, onde g é a aceleração gravitacional.

As vibrações causam danos ao corpo humano principalmente nas frequências mais baixas, de 1 a 80 Hz, provocando lesões nos ossos, na coluna vertebral, nas articulações e tendões, e no coração, além de enjôos, náuseas, vômitos, confusão visual, interferência na fala, problemas gastrintestinais, dormência nos dedos e perda de coordenação motora.

No que se refere aos movimentos laterais e frontais, o corpo humano é mais sensível à faixa de 4 a 8 Hz. Nos movimentos para cima e para baixo, o organismo é mais sensível à faixa de 1 a 2 Hz, que são mais próximas às frequências de ressonância no respectivo eixo de movimento.

Iluminação

O planejamento da **iluminação** deve considerar a iluminação geral, localizada, combinada (geral e localizada) e o posicionamento das luminárias que irão iluminar o ambiente durante o uso. Além disso, a intensidade luminosa deve ser definida dentro dos valores referenciais (IIDA, 1990):

- Iluminação geral para locais de pouco uso: de 100 e 150 Lux para escadas, corredores, banheiros, áreas de circulação, depósitos, almoxarifados e estacionamentos. A iluminação mínima não deve ficar abaixo de 20 a 50 Lux em qualquer ponto.
- Iluminação geral para locais de trabalho: de 200 a 300 Lux para escritórios, hospitais e restaurantes; de 400 a 600 Lux para trabalhos manuais médios, oficinas, montagens e primeiros socorros; de 1.000 a 1.500 Lux para trabalhos manuais precisos e detalhados e para o uso de instrumentos de precisão.
- Iluminação localizada: de 1.500 a 2.000 Lux para trabalhos minuciosos e detalhados, como relojoaria e manipulação de peças pequenas.

> **IMPORTANTE**
> Existem formas de controlar as vibrações, como a eliminação da fonte, isolamento da fonte, proteção do operador, interrupções na operação ou, ainda, mudança na frequência de vibrações para diminuir o desconforto.

Além das considerações sobre **cores** feitas por motivos estéticos, existem outras, de razão ergonômica. Veja algumas delas abaixo:

- Vermelho: utilizado em equipamentos de combate à incêndio, indica advertência e perigo.
- Alaranjado: identifica partes móveis e perigosas de equipamentos ou substâncias ácidas.
- Amarelo: indica cuidado em escadas, partes salientes, vigas, entre outros, e também a presença de gases não liquefeitos.
- Verde: identifica equipamentos de primeiros socorros e tubulações de água.
- Azul: indica equipamentos fora de serviço, fontes de energia e pontos de comando e partidas, além de tubulações de ar comprimido.
- Púrpura: indica perigos de radiações eletromagnéticas e partículas nucleares.
- Branco: demarca áreas de corredores e locais de armazenamento e tubulação de vapor.
- Preto: indica coletores de resíduos, substâncias inflamáveis e combustíveis de alta viscosidade.

> **DICA**
> Muitos dos critérios para utilização de cores são previstos em normas técnicas como a NB54 (NBR 6493) "Emprego de cores para identificação de tubulações" e NB76 (NBR 7195) "Cores para segurança" da Associação Brasileira de Normas Técnicas (1994b, 1995).

A legibilidade das cores também deve ser considerada, seguindo a ordem decrescente (do mais legível para o menos legível): azul sobre o branco, preto sobre o amarelo, verde sobre o branco, preto sobre o branco, verde sobre o vermelho, vermelho sobre o amarelo, vermelho sobre o branco, laranja sobre o preto, preto sobre o magenta e laranja sobre o branco (IIDA, 1990).

» Antropometria

Dento da ergonomia, estuda-se a **antropometria**, que trata do estudo das medidas do corpo humano. Para o estudo antropométrico, é necessário definir os objetivos, as medidas que deverão ser feitas, escolher os métodos de medida, selecionar a amostra, realizar as medições e as análises estatísticas e construir os modelos.

Na utilização da antropometria em projeto, deve-se definir para qual tipo biofísico e para quais faixas da população o produto é feito (ou até mesmo se é feito para um único indivíduo). No Quadro 8.1 e nas Figuras 8.3 e 8.4, são apresentadas medidas antropométricas médias para os trabalhadores brasileiros (obtidas a partir de estudos amostrais).

> » **IMPORTANTE**
> Quanto mais padronizado for o produto, mais baixos serão os custos totais, principalmente os de produção.

Quadro 8.1 » **Medidas de antropometria estática de trabalhadores brasileiros segundo Ferreira (1988) apud IIDA, 1990***

Medidas de antropometria estática (cm) – Brasil	Homens		
	5%	50%	95%
1. Corpo em pé			
1.0 Peso (kg)	52,3	66	85,9
1.1 Estatura, corpo ereto	159,5	70	181
1.2 Altura dos olhos	149	159,5	170
1.3 Altura dos ombros	131,5	141	151
1.4 Altura do cotovelo	96,5	104,5	112
1.7 Comprimento do braço com dedos	79,5	85,5	92
1.9 Profundidade do tórax	20,5	23	27,5
1.10 Largura dos quadris	29,5	32,4	35,8
2. Corpo sentado			
2.1 Altura da cabeça ao assento	82,5	88	94
2.2 Altura dos olhos ao assento	72	77,5	83
2.3 Altura dos ombros ao assento	55	59,5	64,5
2.4 Altura do cotovelo ao assento	18,5	23	27,5
2.5 Altura do joelho sentado	49	53	57,5
2.6 Altura poplítea sentado	39	42,5	46,5
2.8 Comprimento nádega-poplítea	43,5	48	53
2.9 Comprimento nádega-joelho	55	60	65
2.12 Largura entre cotovelos	39,7	45,8	53,1
2.13 Largura dos quadris, em pé	29,5	32,4	35,8
5. Pés			
5.1 Comprimento do pé	23,9	25,9	28
5.2 Largura do pé	9,3	10,2	11,2

* FERREIRA, D.M.P. (Coord.). *Pesquisa antropométrica e biomecânica dos operários da indústria de transformação.* Rio de Janeiro: Instituto Nacional de Tecnologia, 1988.

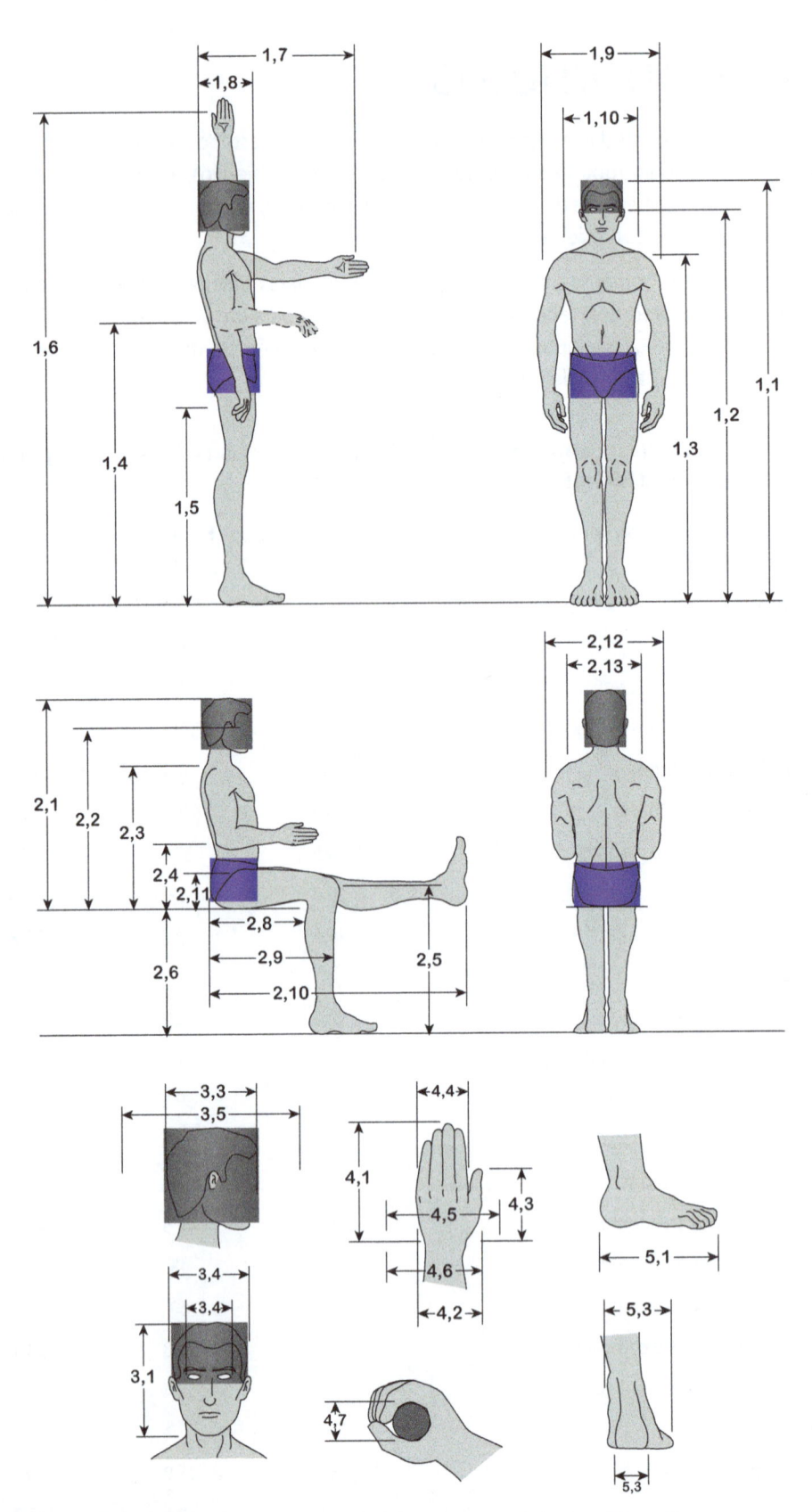

Figura 8.3 Principais variáveis usadas em medidas antropométricas estáticas do corpo.
Fonte: Thiago André Severo de Moura.

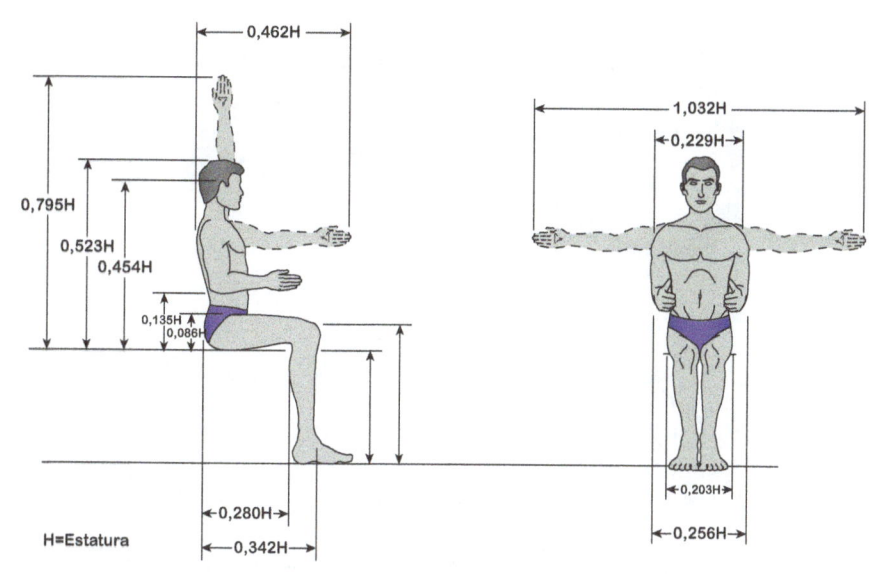

Figura 8.4 Exemplo de modelo com dimensões antropométricas a partir da altura.
Fonte: Thiago André Severo de Moura.

As dimensões necessárias para a operação devem garantir a acessibilidade, o alcance e o conforto. Por tratar de medidas físicas do corpo humano, a antropometria tem caráter dinâmico, visto que as medidas de uma população alteram-se com o tempo, e segundo diferenças étnicas, etárias e sexuais.

A população humana é formada por diferentes tipos ou segmentos populacionais sobre os quais são realizados medidas do corpo com objetivos específicos. Essas medidas são realizadas com uma amostra populacional, sobre a qual se deseja informações pertinentes. São alguns exemplos dessas medidas: a altura lombar, o tamanho dos pés, a altura dos olhos e o peso.

A definição da população que utilizará o produto especifica as medidas antropométricas que devem ser utilizadas pelo projetista durante a fase de projeto preliminar, para determinar os espaços, tamanhos e disposição dos diversos componentes de um produto. A desconsideração dessas medidas pode ocasionar problemas de utilização, como doenças ocupacionais, acidentes e impossibilidade de utilização do produto pela população.

» Interface homem-máquina

Para uma interface homem-máquina adequada e, consequentemente, o cumprimento satisfatório das funções pelo usuário, é necessário configurar a interface por meio do projeto dos controles e mostradores. Por **mostrador** (Figura 8.5) se compreende todo objeto ou parte do produto capaz de transmitir informação ao usuário, enquanto por **controle** (Figura 8.6) se compreende todo objeto ou parte do produto por meio do qual o usuário altera, comanda, dirige ou aciona o produto.

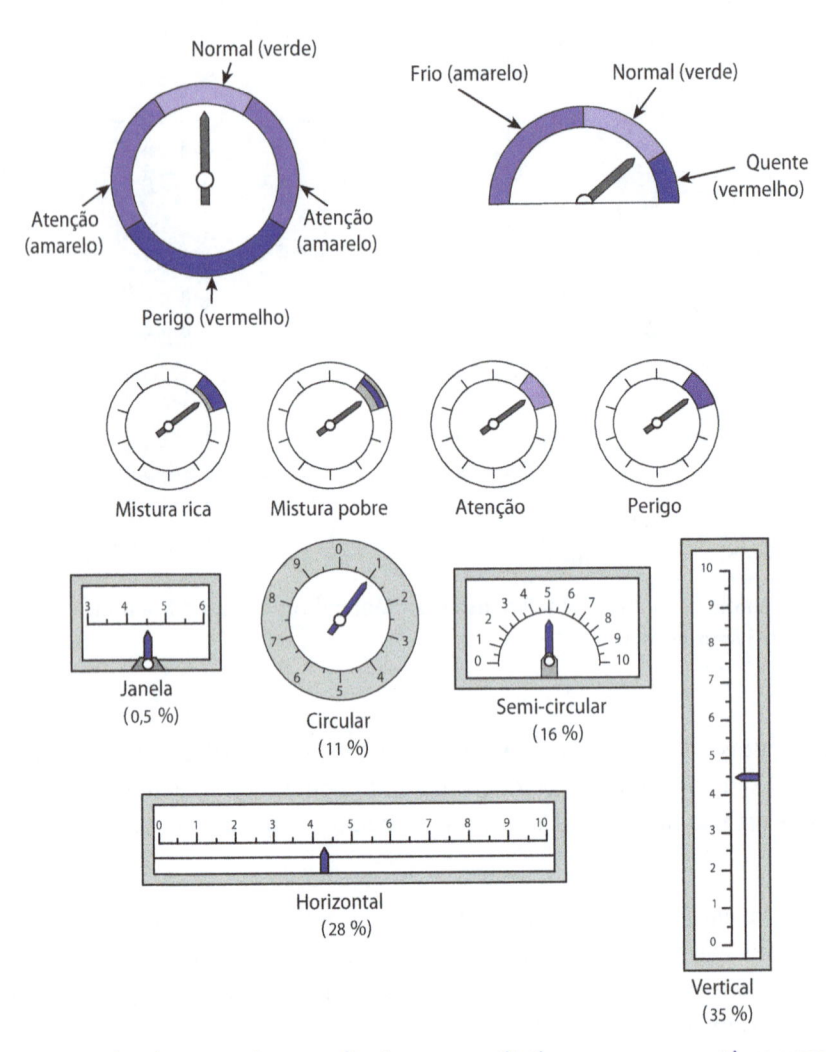

Figura 8.5 Exemplos de mostradores qualitativos e quantitativos com os respectivos erros de leitura.
Fonte: Thiago André Severo de Moura.

A distribuição espacial ou o posicionamento relativo dos controles e mostradores se baseia nos seguintes critérios (IIDA, 1990):

- Importância: componentes essenciais ficam em posição de destaque.
- Frequência de uso: componentes de maior uso ficam em posição de fácil alcance e manipulação.
- Agrupamento funcional: elementos semelhantes formam blocos.
- Sequência de uso: ordenamento operacional.
- Intensidade de fluxo: elementos que possuem maior fluxo entre si são dispostos mais próximos.
- Ligações preferenciais: elementos com ligações em comum são colocados próximos.

Uso de critérios: critérios de importância, frequência de uso e agrupamento se referem à natureza. Os critérios anteriores dizem respeito às interações entre os eles.

Veja mais detalhes sobre controles e mostradores a seguir.

TIPO DE CONTROLE	FUNÇÃO		CARACTERÍSTICAS		
	Discreta	Contínua	Velocidade	Precisão	Força
 Botão liga-desliga	Ótimo para ativação de 2 posições	Não	Boa	Baixa	Pequena 0,1 a 0,2kg
 Interruptor	Ótimo para ativação de 2 ou 3 posições	Não	Boa	Regular	Pequena até 0,1kg p/ dedos até 5,0kg p/ a mão
 Teclado	Para entrada de dados	Não	Boa	Regular	Pequena 0,1 a 2,0kg
 Botão rotativo	Não	Bom	Baixa	Regular	Até 2,5kg com diâm. máximo de 75mm
 Botão discreto	Regular para 3 a 20 posições	Não	Boa	Boa dependendo do desenho	Até 1,5kg com diâm. máximo de 100mm
 Alavanca	Boa para 2 a 10 posições	Bom	Boa	**Boa**	Até 13kg
 Manivela	Recomendada só para grandes forças	Não	Lenta	Baixa	Até 3,5kg com braço de 150 a 220mm
 Volante	Não	Excelente	Regular	Boa	Até 25kg com diâm. de 180 a 500mm
 Pedal liga/desliga	Bom para ativação de 2 posições	Não	Boa	Regular	Até 10kg
 Pedal simples	Regular	Bom	**Boa**	Baixa	Até 90kg

Figura 8.6 Funções e características dos principais tipos de controles.
Fonte: Thiago André Severo de Moura.

>> Controles

Os **controles** constituem um número limitado de formas como o operador pode controlar a máquina: botões, *dials*, alavancas, pedais e teclados, acionados por meio das mãos, pés ou dedos. Eles podem ser classificados como controles discretos ou contínuos. Para Muckler (1984) os controles podem ser especificados com considerável precisão, desde que se considerem as dimensões antropométricas, as limitações de força, o erro e a precisão de controle humano, a habilidade ou a falta dela pelo operador.

A partir do conhecimento dos aspectos mencionados, podem-se selecionar os controles por meio dos seguintes passos:

Especificação da tarefa desejada e da entrada dos controles: é necessária a compatibilidade entre controles e tarefas a serem executadas. Todas as decisões para o projeto de controles dependem profundamente da análise da tarefa.

Precisão desejada e erro admissível: são obtidos por meio de literatura apropriada sobre trabalhos de mensuração quantitativa da operação de controles. Porém, às vezes, é necessário melhorar a precisão e diminuir as chances de erros; então, utilizam-se artifícios de projeto como aumentar a força para acionar um controle, utilizar aplicativos computacionais bloqueadores, separar controles e colocar proteções sobre os controles.

Seleção do melhor controle: pode ser realizada por meio da utilização de recomendações de normas e da literatura.

Restrições antropométricas: determinam as dimensões e os movimentos dos controles.

Determinação da carga de trabalho: não há orientações sobre como definir ou medir a carga de trabalho na utilização de controles. Porém, pode-se tentar limitar e distribuir a carga de trabalho quando forem constatados possíveis problemas.

Determinação da distribuição física dos controles: a maioria das tarefas humanas exige vários controles, o que dificulta a distribuição física deles. Existem alguns critérios para resolver esse problema, como, por exemplo, associar os controles aos mostradores correspondentes, posicionar controles importantes em posição central, posicionar convenientemente os controles mais utilizados e dispor os controles segundo a sequência de operações, conforme visto anteriormente.

Verificação do desempenho: pode ser realizado com a utilização de listas de verificação (verificação qualitativa) ou de medida da conformidade do desempenho em relação ao esperado (verificação quantitativa).

Uma questão importante é a localização de controles. Painéis de controle e botões de parada são normalmente planejados para destros. Pesquisas mostram que pessoas sinistras – cerca de 10% da população – sofrem mais acidentes, e mais graves, do que os destros. Isso não ocorre pela diferença na habilidade nas mãos, mas porque os sinistros utilizam equipamentos e ferramentas que não foram projetados para eles (SMITH, 1995).

Também é necessário utilizar estereótipos populacionais para os controles, principalmente os de emergência. A determinação desses estereótipos no tocante à operação visa impossibilitar procedimentos errados com os controles e facilitar o pronto e correto reconhecimento de mostradores na interface homem-máquina.

Em relação à execução de tarefas com riscos inerentes, os controles devem exigir confirmação da ação do usuário ou ter proteção contra erros de operação. No caso da eminência de um acidente, deve haver mais de uma forma de evitá-lo antes que ocorra ou mesmo pará-lo durante a ocorrência, por meio de controles adequados.

Ainda deve-se evitar controlar a transmissão de potências ou energias elevadas próximas na interface com o usuário. Os controles devem ficar próximos ao usuário, porém as potências ou energias elevadas devem ficar distantes. Nesse caso, sistemas elétricos ou eletrônicos são preferíveis, pois é fácil criar comandos de baixa energia para controle de energias elevadas em utilização.

Os sistemas mecânicos possuem o inconveniente de utilizar a transmissão de energia pela movimentação de massas, o que dificulta o processo. Porém, os sistemas elétricos ou eletrônicos podem ser facilmente concebidos, tanto em malha aberta quanto fechada, para correção de desvios, diferentemente do que ocorre em sistemas mecânicos. Uma solução segura para a transmissão de potências ou energias elevadas próximas ao usuário é a utilização de sistemas hidráulicos e pneumáticos.

» Mostradores

Para definir os mostradores a serem utilizados, é preciso considerar suas aplicações, localizações e dimensões. Por exemplo: para mostradores que informam sobre rotação de motores de veículos conhecidos como "conta-giros", deve-se evitar os modelos digitais, porque a variação de rotação não permitiria ler a rotação do motor com precisão, sendo mais adequado utilizar modelos analógicos.

Da mesma forma, em tarefas cuja segurança e execução dependam da leitura inequívoca dos valores medidos, devem-se utilizar mostradores cuja chance de erro de leitura seja mínima. Outro exemplo: mostradores de produtos para pessoas idosas devem ser mais simples e com dígitos maiores, devido à natural diminuição da acuidade visual.

» Observações finais

Os trabalhadores costumam ter problemas no início e no fim das atividades, principalmente quando envolvem a operação de equipamentos. Por isso, é aconselhável que o equipamento possibilite que o início da operação seja em velocidades e esforços menores do que os normais de trabalho, acelerando até atingir velocidades confortáveis (SMITH, 1995).

Outra questão importante é a relação entre as características dos usuários (idade, sexo, dimensões antropométricas) e características do produto (iluminação, avisos, controles, mostradores) que interagem com os sentidos. Por exemplo: a iluminação de postos de trabalho para pessoas mais idosas, e geralmente com deficiências visuais, deve ser maior do que para pessoas mais jovens.

Os usuários necessitam de espaço físico para operar o produto. A determinação das dimensões necessárias para a operação é realizada utilizando-se dados antropométricos.

Além da antropometria, a biomecânica ocupacional deve ser considerada no projeto de produtos. A biomecânica ocupacional verifica a relação entre o trabalho e o homem, no tocante aos movimentos de músculos e ossos envolvidos e suas consequências. Isso contempla a questão das posturas corporais e a aplicação de forças no trabalho (IIDA, 1990).

A operação de alguns produtos provoca tensões musculares desnecessárias, dores e fadiga, devido ao seu projeto inadequado. A ocorrência repetitiva de acidentes e lesões com certos produtos indica que eles forçam o trabalhador a esticar-se, alcançar objetos ou curvar-se em posições difíceis. Certamente, mudanças de posição mais suaves e tarefas que possam ser realizadas mais próximas do trabalhador podem reduzir movimentos potencialmente perigosos e desnecessários.

A recorrência de acidentes ou doenças semelhantes no operador de equipamentos sugere que o acidente ou a doença fragilizou parte de seu corpo. Quando retorna ao trabalho, após ter lesionado parte do corpo como consequência de acidente ou doença, aparentemente tem maior probabilidade de sofrer novas lesões nas mesmas partes do corpo, como é o caso das lesões por esforço repetitivo (SMITH, 1995).

> » **IMPORTANTE**
> A simplicidade dos mostradores e dos controles tende a evitar o erro de operação ou compreensão dúbia.

> » **DICA**
> Os mostradores devem monitorar e possibilitar a identificação imediata de falhas em subsistemas essenciais, possibilitando sua correção.

> » **IMPORTANTE**
> Pessoas mais idosas geralmente necessitam de estímulos mais acentuados aos órgãos dos sentidos (Smith, 1995).

> **IMPORTANTE**
> O equipamento deve possibilitar mudanças de posição e de postura corporal para aumentar o conforto e diminuir a fadiga.

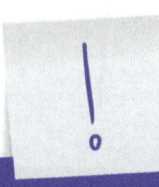

Outra causa de doenças ou de repetição de acidentes é o uso de ferramentas ou a realização de tarefas que não foram projetadas segundo as limitações dos trabalhadores (SMITH, 1995). Os equipamentos mais antigos não eram projetados considerando o conforto do operador, o que vem mudando lentamente.

Equipamentos que não permitem mudanças de posição e de postura corporal, exigindo do operador trabalho estático por longo período de tempo, forçam um pequeno grupo de músculos, tendendo a resultar em diversos problemas.

Portanto, é importante buscar a harmonização e a compatibilização das configurações do sistema, visando combinar os princípios de solução da interface homem-máquina com os princípios de solução do produto. Tudo isso de forma segura, eficiente, confiável, simples e econômica, de modo a gerar a estrutura e a configuração ótimas para o produto e uma interface otimizada para o usuário.

» Agora é a sua vez!

1. Que fatores ambientais podem causar prejuízo na operação de um produto?
2. Defina antropometria.
3. Resuma o passo a passo utilizado para a seleção de controles.
4. Quais são os componentes principais na interação homem-máquina?

capítulo 9

Sustentabilidade

A humanidade vive em um ambiente com recursos limitados, e a produção industrial – embora essencial para a manutenção da vida moderna – é a principal fonte de problemas ambientais, gerando poluição, desmatamento, aquecimento global e extinção de espécies. Por esse motivo, a necessidade de recomendações ecológicas na fabricação de produtos é cada vez maior, e uma regra vital para os projetos. Neste capítulo, conheceremos as principais recomendações para projeto e produção ecologicamente conscientes.

Objetivos de aprendizagem

» Reconhecer a importância da sustentabilidade nos projetos e na produção.

» Identificar as principais recomendações para a utilização sustentável de materiais e de energia.

» Reconhecer o impacto do ciclo de vida dos produtos na produção que visa à sustentabilidade.

>> Introdução

Para cada tonelada de produtos fabricados, são produzidas mais de 30 toneladas de lixo. Além disso, 98% dos produtos são descartados pelos consumidores em até seis meses após a compra (DATSCHEFSKI, 2002). Com base nessas informações, é possível perceber que a produção industrial gerou anos de exploração inconsequente do planeta, o que pode acarretar um custo elevado para toda a humanidade.

Tornar os produtos mais **sustentáveis** reduz significativamente o impacto ambiental e aumenta a eficiência em todos os estágios do ciclo de vida do produto – da extração e processamento do material até o uso e o descarte do produto, passando pela fabricação, embalagem e distribuição. *Fazer mais com menos, isto é, produzir mais com menos energia e matéria-prima, resulta em menos lixo e poluição.*

Em linhas gerais, a sustentabilidade dos produtos exige a aplicação de sete princípios (ENVIRONMENT AUSTRALIA, 2002):

- Redução da quantidade de material necessária.
- Diminuição da quantidade de energia necessária.
- Redução da dispersão tóxica e aumento da reciclabilidade dos materiais.
- Maximização do uso de fontes renováveis.
- Aumento da durabilidade dos produtos.
- Aumento da possibilidade de manutenção dos produtos para evitar o descarte antecipado.

>> Recomendações para a utilização de materiais

>> **DICA**
Tanto os materiais oriundos de minerais quanto os resultantes de vegetais e animais são cíclicos (DATSCHEFSKI, 2002).

Embora os projetistas focalizem as formas e as funções do produto, a **fabricação** é, sem dúvida, a etapa na qual os maiores impactos ambientais ocorrem. São problemas causados, principalmente, pela extração e processamento da matéria-prima e pela poluição causada pelos subprodutos dessa atividade.

Os materiais utilizados na produção são cíclicos; portanto, deve-se buscar a utilização de ciclos que afetam menos a natureza. Dessa forma, a primeira preocupação do projetista deve ser selecionar materiais de baixo impacto ou produzidos por processos de baixo impacto, renováveis, recicláveis ou reciclados, evitando a utilização de materiais naturalmente limitados ou a produção de lixo.

A utilização de materiais de baixo impacto ambiental está diretamente relacionada à seleção de **processos de manufatura de baixo impacto**, que pode ser feita comparando-se os processos aplicáveis para a produção dos componentes necessários. Por exemplo: supondo que um determinado componente possa ser fabricado por meio de usinagem ou de conformação mecânica, a escolha ideal recai sobre a conformação. Geralmente os processos de conformação acarretam menos refugos ou cavacos e necessitam de menor quantidade de lubrificantes do que os processos de usinagem.

Os **materiais de baixo impacto** são livres de substâncias tóxicas e perigosas e substâncias destruidoras da camada de ozônio ou produtoras de gases. Esses materiais também são facilmente reutilizáveis e recicláveis.

Materiais de baixo impacto ideais também conservam a biodiversidade. Aqueles que são sustentavelmente produzidos devem ser os preferidos.

A utilização de materiais orgânicos, resultantes de organismos vivos, geralmente torna o produto mais ecológico (DATSCHEFSKI, 2002). Por exemplo: flocos de polipropileno expandido utilizados como proteção contra impactos em embalagens de produtos pode ser substituído por pipoca de milho, com a vantagem de ser digerível por microorganismos e insetos.

O projetista também deve se preocupar em utilizar o mínimo de material requerido para um produto (DATSCHEFSKI, 2002). Isso implica **redução da massa dos produtos**, que além de minimizar a necessidade de extração de matéria-prima, diminui os gastos de transporte e a quantidade de material a ser reciclada.

Durante o uso, o produto deve ser eficiente na utilização dos recursos necessários à execução de suas funções, o que inclui a conservação de água e de outros materiais. Isso significa melhorar as especificações de consumo do produto em relação a esses elementos. Por exemplo: fabricantes de vasos sanitários buscam desenvolver sistemas de descarga que utilizem menos água, pois sabem que a água, assim como outros recursos, é limitada e escassa.

A reciclagem também pode ser facilitada pela minimização das variedades de materiais utilizados, pela identificação deles, redução do número de componentes e simplificação das montagens (ROY, 1996). Também, sempre que possível, devem-se adotar dispositivos que substituam o uso de ferramentas para desmontagem, visando facilitar a reciclagem ou a manutenção manual. Além disso, deve-se projetar de forma a facilitar o acesso aos vários componentes do produto.

Não somente o produto, mas também a embalagem deve ser produzida com materiais de baixo impacto, possuir peso reduzido e ser reutilizável ou reciclável (ENVIRONMENT AUSTRALIA, 2002). Além disso, pode-se maximizar a eficiência da embalagem, fazendo com que ela acondicione mais de um produto simultaneamente.

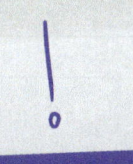

> **» IMPORTANTE**
> Materiais tóxicos ou pouco recicláveis devem ser substituídos por outros mais seguros para a natureza e para as pessoas (DATSCHEFSKI, 2002).

> **» IMPORTANTE**
> A exploração de madeiras naturais costuma ser danosa à biodiversidade. As madeiras produzidas com planos de manejo ou por meio de reflorestamentos são mais sustentáveis.

> **» IMPORTANTE**
> A redução de massa está relacionada à eficiência funcional, pois, sempre que possível, os produtos devem executar mais de uma única função. Produtos que executam mais funções, como furadeiras que também são lixadeiras, inibem a aquisição de dois produtos diferentes, resultando em economia de materiais.

> **DICA**
> Em relação à redução de massa, quanto mais leves são os produtos que consomem energia para o deslocamento, como os automóveis, menos inércia apresentam e menos combustível gastam. Da mesma forma, componentes ou partes móveis de produtos devem ter menos massa e menor inércia.

» Recomendações para o uso de energia

A **energia** é outra questão importante quando o assunto é sustentabilidade. Os produtos devem utilizar o mínimo de energia para executar suas funções, devendo o projetista buscar o aumento da eficiência energética.

O primeiro passo para o aumento da eficiência energética é estabelecer especificações para o consumo de energia. Deve-se considerar que, para a produção de energia, é necessário queimar combustíveis fósseis, altamente poluentes ou utilizar fontes de energia alternativas. As fontes de energia consideradas limpas ou renováveis, como eólica ou solar, embora não sejam poluentes, exigem a construção de equipamentos que sempre geram algum tipo de poluição ambiental. Por isso, a utilização de materiais com baixa necessidade de energia para a extração e o processamento resulta em menor impacto ambiental.

Outra forma de melhorar a eficiência do produto é reduzir sua massa, o que diminui não somente a energia gasta para a produção e o uso, mas também a energia gasta na distribuição.

A utilização de **fontes de energia renováveis** (alternativas), tanto para o funcionamento do produto quanto para a manufatura e a obtenção de matéria prima, reduz o impacto ambiental. O aquecedor solar para água em residências é um exemplo de produto que utiliza esse tipo de energia para seu funcionamento.

Em relação à manufatura, produtos ou componentes produzidos em regiões onde há energia elétrica de geração hidráulica são mais ecológicos do que os produzidos em regiões onde a energia elétrica é gerada em termoelétricas.

A embalagem, por sua vez, pode tornar mais eficiente a distribuição do produto por meio da redução da massa, que economiza energia na distribuição. Na distribuição, o ideal é optar por sistemas de transporte mais eficientes em termos energéticos. Nesse caso, transportes marítimos e ferroviários são melhores.

» Agora é a sua vez!

1. Por que é importante utilizar materiais de baixo impacto ou produzidos por processos de baixo impacto?
2. Quais são as implicações da redução da massa dos produtos?
3. A preocupação com os materiais e processos de fabricação das embalagens é válida? Justifique.
4. De que forma é possível aumentar a eficiência energética na produção?

» Recomendações para o ciclo de vida

O ciclo de vida dos produtos deve ser adequado ao meio ambiente. Porém, às vezes ocorrem alguns problemas que comprometem essa adequação. As principais causas são (KIMURA, 2002):

- Descarte antecipado e inesperado.
- Não utilização dos produtos já adquiridos pelos consumidores.
- Uso de produtos ineficientes por longo período de tempo.
- Necessidade de manutenção e uso de produtos descartáveis, como máquinas fotográficas de uso único.

O ciclo de vida dos produtos forma um ciclo fechado: as matérias-primas são retiradas da natureza e, ao final da vida do produto, retornam a ela – a Terra é uma fonte limitada de matérias-primas. Os fabricantes devem compreender que, por causa disso, os produtos devem ser reciclados e reutilizados. Observando o ciclo de vida dos produtos, apresentado na Figura 9.1, percebemos que os produtos que podem ser reutilizados inteiros ou em partes têm uma vantagem ecológica: não necessitam ser reciclados para obtenção de materiais. Com isso, economiza-se a energia para a reciclagem, bem como para o transporte correspondente.

Outra forma de tornar os produtos mais ecológicos é projetar para o aumento a vida útil, pois produtos que podem ser utilizados por mais tempo evitam o descarte antecipado. Com uma durabilidade maior, os produtos se tornam mais "ecoeficientes" (DATSCHEFSKI, 2002), proporcionando menor utilização de materiais e energia para produzir, transportar e embalar os produtos, bem como redução de geração de rejeitos em determinado período. Para estimar o ciclo de vida, é preciso identificar entradas, saídas e lixos de cada estágio do ciclo de vida do produto, identificando impactos ambientais e apontando formas de reduzir esses impactos.

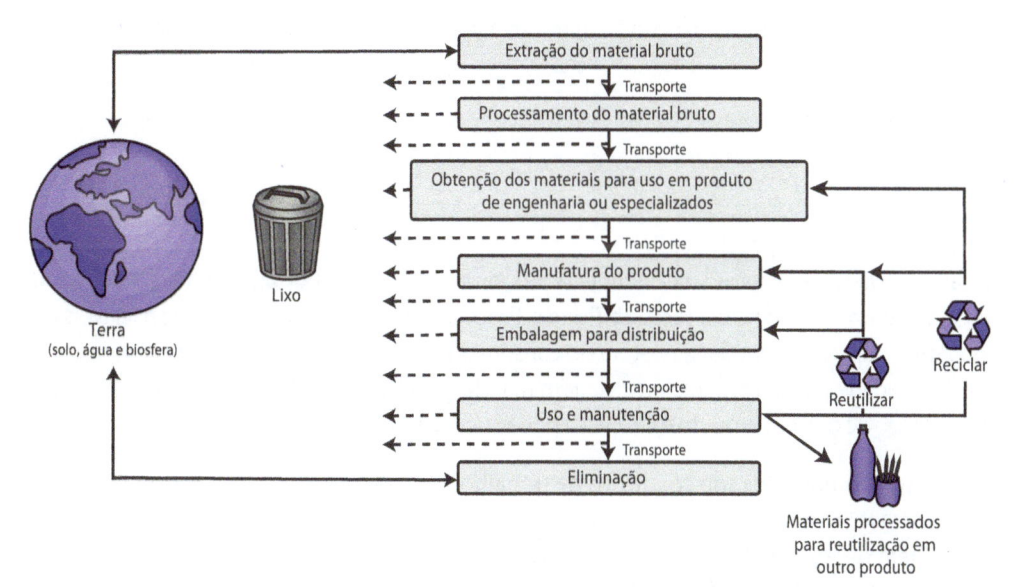

Figura 9.1 Fluxograma do ciclo de vida de um produto.
Fonte: Thiago André Severo de Moura.

Como o ciclo de vida dos produtos é fundamental para tornar os produtos mais sustentáveis, a estimativa desse ciclo é uma atividade importante para a sustentabilidade. Para estimar o ciclo de vida, os projetistas devem determinar se os produtos são para:

- Longo ou curto período de uso.
- Uso intenso ou leve.
- Alta funcionalidade ou funcionalidade comum.
- Apelo estético ou funcional.
- Investimento inicial e custo de operação baixos ou altos.
- Preço alto ou baixo para o consumidor final.

Além disso, deve-se considerar o seguinte no ciclo de vida do produto:

- Retorno simples ou complexo ao fabricante após descarte.
- Volume e velocidade do fluxo de produção do produto.
- Reutilização, reciclagem ou eliminação.
- Se o produto é livre de manutenção ou de manutenção constante.
- Opção de compra ou aluguel do produto pelo consumidor final.
- Possibilidade de atualização (*upgrade*) ou não.

A estimativa e a caracterização do ciclo de vida dos produtos auxiliarão os projetistas a tomar decisões e a procurar soluções mais adequadas para tornar os produtos mais sustentáveis.

Além disso, Kimura (2002) aponta que os produtos devem ser projetados com a possibilidade de atualização funcional, reutilização de peças e componentes e facilidade de manutenção. Para isso, é necessário assegurar a qualidade de materiais e componentes utilizados. Nesse contexto, a modularização tem papel fundamental, pois permite que os produtos sejam atualizados – ou seja, parte dos componentes é mantida e parte é substituída, visando melhorar o desempenho ou a estética dos produtos (ROY, 1996). Isso é o que normalmente ocorre com os microcomputadores quando são atualizados para uma versão mais nova: apenas alguns componentes são substituídos.

>> **DEFINIÇÃO**
A **modularização** consiste em estruturar o produto em módulos de tamanhos previamente determinados, com funções específicas e interfaces padronizadas.

>> **PARA REFLETIR**

Impacto social da sustentabilidade dos produtos
Os produtos podem impactar positivamente a sociedade, influenciando mudanças no comportamento do consumidor. O primeiro passo para fazer a diferença é comunicar a **reciclabilidade**. Produtos que comunicam que são recicláveis ou que causam menor prejuízo ambiental podem mudar a postura do consumidor. Rótulos em plásticos, por exemplo, que indicam sua categoria de reciclabilidade possibilitam uma reciclagem mais fácil (DATSCHEFSKI, 2002). Isso acarreta uma vantagem competitiva: a informação de que um produto é reciclável pode favorecer sua escolha pelos consumidores.

Produtos e componentes devem ser produzidos sob condições de trabalho decentes e salários justos. Trabalhadores mal pagos e explorados em seu trabalho dão atenção mínima para problemas ambientais, tanto no local de trabalho quanto em suas residências. Além disso, trabalhadores extremamente pobres geralmente residem em locais sem coleta de lixo ou tratamento de efluentes (DATSCHEFSKI, 2002), como favelas, por exemplo.

capítulo 10

Funcionalidade

A determinação da funcionalidade do produto é uma das tarefas mais importantes dos projetos. É geralmente um ponto crítico quando, muitas vezes, o projetista encontra grandes dificuldades. Neste capítulo, conheceremos etapas importantes da funcionalidade, como a determinação da função global.

Objetivos de aprendizagem

» Reconhecer a importância da funcionalidade nos projetos.
» Determinar a função global.
» Reconhecer a síntese funcional e a estrutura das funções.
» Diferenciar as subdivisões da função global.
» Definir os portadores de efeitos.

❯❯ Introdução

Todo produto tem uma finalidade para a qual foi desenvolvido, devido a uma função ou tarefa que realiza com o objetivo de satisfazer as necessidades do consumidor. Assim, para cada produto, é determinada uma **função principal** que justifica sua existência. Por exemplo, é inconcebível um automóvel que não tenha como função principal transportar pessoas, ou um fogão que não aqueça os alimentos. Para todo produto, sempre há uma função principal, que é o que ele faz ou realiza.

Para produtos similares, com a mesma função principal, normalmente existem diferenças entre o rendimento de um e de outro na execução. Ou seja, apesar de alguns produtos terem a mesma função principal, às vezes um produto executa-a com mais eficiência e menos perdas. Esse produto se caracteriza por uma definição ou estrutura funcional mais elaborada ou trabalhada.

A **funcionalidade** de um produto é uma das etapas mais importantes do projeto de produtos. Determiná-la costuma ser um ponto crítico, no qual o projetista tem grandes dificuldades, principalmente na divisão da função principal em subfunções. As **subfunções** (divisões da função principal) são dispostas de forma a possibilitar a criação da estrutura funcional do produto. Este é o momento, durante o desenvolvimento do projeto, no qual o produto que era tratado como um todo é dividido em partes, e cada parte começa a ser analisada e solucionada individualmente. A metodologia de projeto apresenta, portanto, uma característica da ciência: a de dividir um problema em partes para facilitar a solução (característica do método cartesiano).

❯❯ Funções

> ❯❯ **DEFINIÇÃO**
> **Função** é a descrição abstrata e genérica de uma verdade, de forma concatenada e coerente, por meio de grandezas de entrada e saída, e de estado de um sistema para desempenho de uma tarefa (VEREIN DEUTSCHER INGENIEURE, 1975).

Para descrição das funções de um produto, utiliza-se um verbo no infinitivo, que exprime a ação que será realizada, e um substantivo, que exprime o objeto que sofrerá a ação. É um processo semântico, pois se utilizam duas palavras para definir a função. O objeto que sofre a ação pode ser classificado em material, energia ou informação.

Como exemplo de funções, podem ser citadas: "lavar louça", para máquinas lavadoras de louça, "transportar pessoas", para os ônibus ou "captar ondas eletromagnéticas", para a antena de rádios. Alguns verbos não devem ser utilizados para descrever as funções dos produtos, como "ter", "haver", "ser" ou "estar". O motivo é simples: eles não descrevem ações, mas condições ou atributos de objetos.

As funções apenas podem transformar ou transmitir energia, material e informação. Como **energia**, compreende-se energia mecânica, térmica, elétrica, nuclear, luminosa, química, entre outros. A energia pode ser transformada de várias formas: por exemplo, um motor de combustão interna transforma energia química em mecânica.

Como **material**, compreendem-se peças, vapores, componentes, combustíveis, produtos, dispositivos ou qualquer porção de matéria na forma de gás, líquido ou sólido. Materiais podem ser transformados por meio de operações de secagem, separação, mistura, deformação ou conformação, por exemplo. Como **informação**, compreendem-se comandos, controle de máquinas, dados, informação apresentada em mostradores, sinal, entre outros. A informação pode ser recebida, preparada, comparada ou combinada com outras, transmitida, mostrada, gravada, entre outras operações possíveis (PAHL; BEITZ, 1996).

Quando se pensa nas funções dos produtos, deve-se ter em mente o chamado **método da caixa preta** (Figura 10.1), em que se conhecem as entradas e as saídas do produto, porém não se sabe como o processo é realizado internamente.

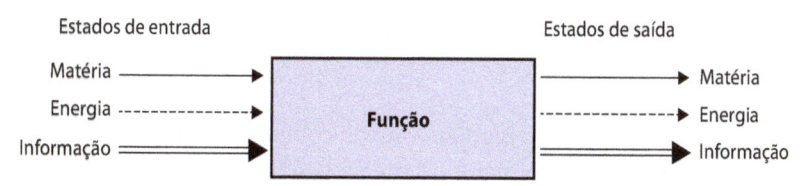

Figura 10.1 Representação da função de um produto.
Fonte: do autor.

Existem diversos tipos de funções denominadas funções globais, principais, secundárias, auxiliares e básicas, cujos conceitos serão esclarecidos ao longo deste capítulo.

» Determinação da função global

Existem várias definições plausíveis para a função global dos produtos. Algumas ideias correntes nesse sentido são: "uso natural ou proposto para um produto", "maneira ou modo como algo funciona" ou "alguma intenção ou meta por parte do projetista ou do usuário para um produto".

Ainda, para alguns projetistas, a função do produto é "o efeito do produto sobre o meio ambiente próximo" ou que pode ser definida como "os relacionamentos entre entradas e saídas de energia, massa e informação, considerando as mudanças de fluxo que ocorrem com essas variáveis".

Uma forma de determinar ou estabelecer a função global de um produto é formulando sentenças genéricas a partir da lista de requisitos (ROTH, 1982). Pahl e Beitz (1996) demonstram como isso pode ser feito por meio de um exemplo formulado para o projeto de um medidor do nível de combustível em tanques de veículos. Resumimos esse exemplo conforme apresentado a seguir:

> **» DEFINIÇÃO**
> A **função global** é aquilo que o produto faz ou realiza para justificar a sua existência ou ainda, é a função necessária para que o produto realize a tarefa estabelecida.

1. Da lista de requisitos, obtêm-se as seguintes informações principais:

    - Volume do tanque: 20 a 160 litros.
    - Forma do tanque: não especificada, porém rígida.
    - Fixação do tanque: pode ser feita lateralmente ou na parte superior.
    - Altura do tanque: 150 mm a 600 mm.
    - Distância entre tanque e mostrador: entre 3 ou 4 metros.
    - Variação de temperatura do combustível: -25°C até 65°C.
    - Energia externa: cc podendo ser de 6v, 12v, 24v.

- Erro máximo do medidor: 5%.
- Possibilidade de calibração do medidor.
- Conteúdo mínimo de combustível mensurável: 3%.

2. Simplificando as informações anteriores, temos:
   - Comporta volumes de combustível.
   - Vários formatos do tanque.
   - Distâncias variadas entre mostrador e medidor.
   - Medição contínua da quantidade de líquido.
   - Energia externa.

3. Assim, obtém-se a formulação do problema: medir continuamente as quantidades de líquido em tanques de combustível de formatos e tamanhos não especificados, indicando as medidas para um mostrador localizado a distância indeterminada.

4. E também se chega à função global do produto: medir e indicar quantidades de líquido.

Pode-se ainda utilizar informações do planejamento do produto ou da definição do problema para determinar a função global do produto. Então, estabelece-se a função global necessária para que o produto realize a tarefa determinada ou para a qual será desenvolvido.

Uma forma bastante simples de estabelecer a função global de um produto é perguntando "o que o produto faz?" e tentar sintetizar a resposta em uma única frase. Lembrando que a função global, assim como qualquer função do produto, é expressa por meio da utilização de um verbo no infinitivo e de um substantivo. São exemplos de função global de produtos: aquecer ambientes (aquecedores), remover poeira (aspirador de pó) ou refrigerar alimentos (refrigerador ou geladeira).

Se possível, o projetista deve estabelecer as condições em que a função global é executada, em termos de entradas e saídas, além de rendimentos e velocidades, entre outras condições.

> **» DICA**
> Baxter (1998) denomina a função global de função principal, enquanto Back (1983) a denomina função geral.

» Agora é a sua vez!

1. Por que o entendimento da funcionalidade é importante para o projetista?
2. Como podem ser descritas as funções de um produto?
3. Descreva o método da caixa preta.
4. Explique como pode ser determinada a função global.

» Síntese funcional e estrutura de funções

Um produto pode ser definido, geralmente, como um sistema complexo composto de vários subsistemas. Um sistema, por sua vez, é um arranjo ordenado de componentes que estão inter-relacionados e que atuam e interatuam com outros sistemas, para cumprirem uma tarefa ou função em um determinado ambiente (DE CICCO; FANTAZZINI,1979).

Como cada subsistema possui uma função específica dentro do sistema total, a conjugação das funções dos subsistemas garante a função global do produto. Para que se defina as funções dos subsistemas, os relacionamentos entre elas e como serão combinadas para formar a função global de um produto, utiliza-se a **síntese funcional**. Essa síntese estabelece a estrutura de funções de um produto, observando como as diversas funções dos subsistemas se inter-relacionam. Então, no momento em que se estabelece a **estrutura funcional do produto**, é possível dividi-lo em partes, visando buscar soluções para cada uma delas. O objetivo desse procedimento é criar uma estrutura de funções generalizada e abstrata para o produto, possibilitando o desenvolvimento do maior número possível de soluções alternativas (BACK, 1983).

O primeiro passo para o estabelecimento da estrutura funcional é perguntar "como" executar a função global. Por exemplo: na máquina de lavar roupa, a função global é "lavar roupa suja". Então, pergunta-se "como lavar roupa suja?". Algumas respostas possíveis são: adicionando água, adicionando sabão, batendo a roupa e enxaguando. Transformando as respostas em funções, teríamos: "adicionar água", "adicionar sabão", "bater roupa" e "enxaguar roupa". Na Figura 10.2, dividimos a função global "lavar roupa suja" em 4 funções parciais ou subfunções.

Para saber se a divisão da função global foi realizada de forma correta, basta perguntar "por que" executar a função parcial. Por exemplo: "por que adicionar água?". Nesse caso, a resposta será: para "lavar roupa suja", que corresponde à função global, evidenciando que a subdivisão está correta.

Uma **função parcial** é derivada da subdivisão da função global e é composta de duas ou mais funções elementares. Podem ocorrer várias subdivisões intermediárias das funções parciais até que se obtenha as funções elementares. Uma **função elementar** consiste na função de nível mais baixo na estrutura de funções.

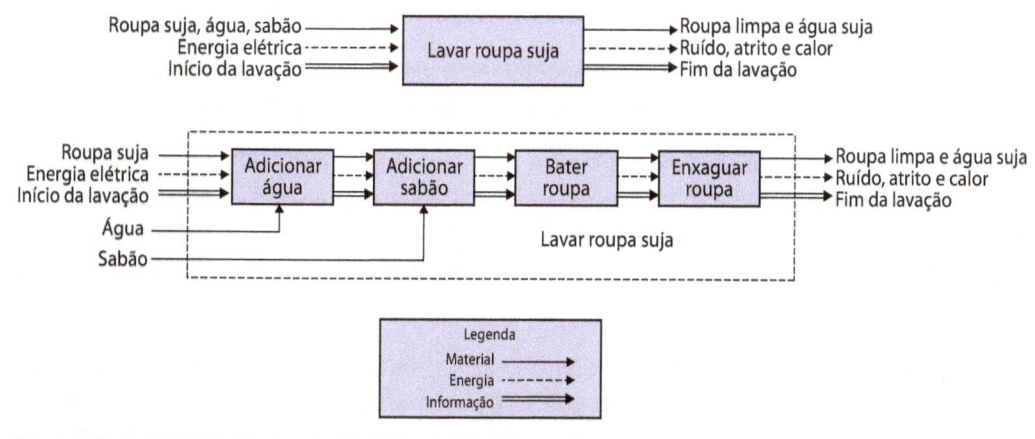

> » **DICA**
> Uma função elementar é aquela que não pode mais ser dividida.

Figura 10.2 Divisão da função global em funções parciais.
Fonte: do autor.

> **IMPORTANTE**
> A diferença entre operação básica e função elementar é que a operação não possui as grandezas definidas, refletindo apenas ações a serem realizadas.

A dedução das funções elementares se baseia na premissa de que em um sistema existem apenas transmissão e transformação de energia para as entradas (material, energia e informação). A ação denotada pelo verbo, que descreve as funções elementares, possibilita construir funções físicas, químicas ou biológicas, e é denominada **operação básica**. A operação básica é a função elementar destituída do substantivo ou do objeto que sofre a ação.

O Quadro 10.1 apresenta as operações básicas e suas inversas (KOLLER, 1979).

Quadro 10.1 » Operações básicas e suas inversas segundo Koller (1979)

Operações básicas	Operação inversa
Emitir	Absorver
Transmitir	Isolar
Agrupar	Dispersar
Guiar	Não guiar
Transformar	Retrotransformar
Ampliar	Reduzir
Mudar de direção	Mudar de direção
Retificar	Oscilar
Ligar	Interromper
Misturar	Separar
Unir	Dividir
Acumular	Desacumular

> **DICA**
> As funções genéricas são apenas quatro, além de suas inversas.

Utilizando-se as funções elementares para configurar a estrutura de funções parciais utilizadas (como no exemplo na Figura 10.2), tem-se o resultado apresentado na Figura 10.3.

Uma outra variação das funções elementares é apresentada por Roth (1982), que as chama de **funções genéricas**. Ele define como funções genéricas aquelas que são representadas por meio de grandezas genéricas como matéria, energia e sinal, e das operações genéricas, como as operações de conduzir, armazenar, mudar e unir. Como exemplo de operações genéricas, podem-se citar conduzir energia ou unir matéria e sinal.

Para uma especificação mais detalhada das funções elementares, pode-se criar um quadro, como o Quadro 10.2, contendo as seguintes informações: operação básica ou verbo, entradas e saídas com os respectivos valores e suas unidades. Esse quadro apenas facilita para o projetista o acesso ao conhecimento de todas as variáveis envolvidas na execução de funções pelo produto.

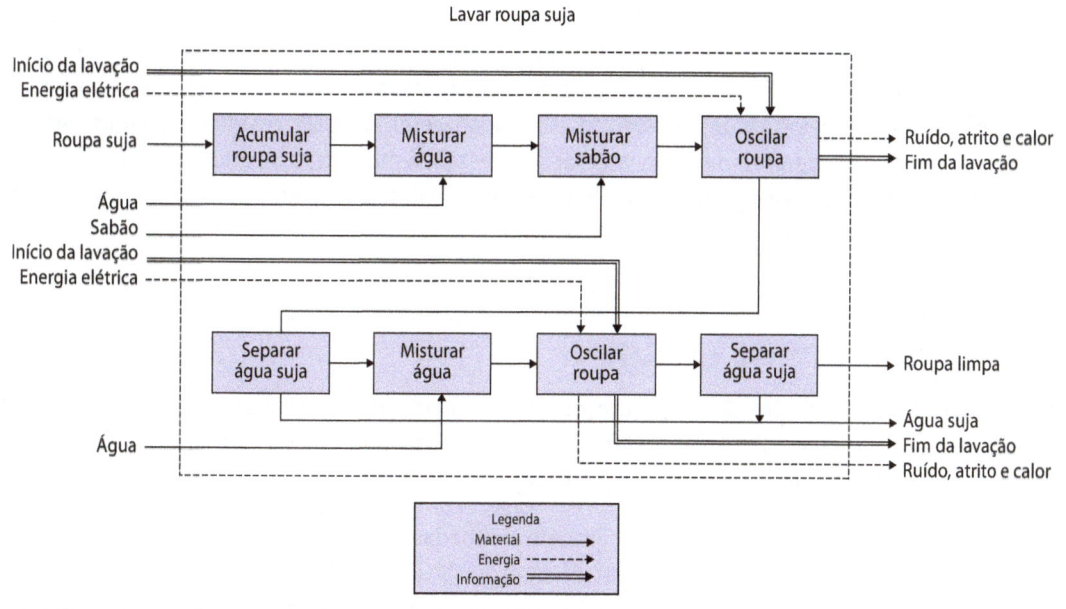

Figura 10.3 Estrutura de funções elementares.
Fonte: do autor.

Quadro 10.2 » Exemplo de especificação das funções elementares

Função	Operação básica	Entradas	Saídas
Acumular roupa suja	Acumular	Roupa suja	≤ 5kg roupa suja acumulada
Misturar água	Misturar	≤ 5kg roupa suja acumulada + água	≤ 5kg roupa suja acumulada + 20 litros de água
Misturar sabão	Misturar	≤ 5kg roupa suja acumulada + 20 litros de água + sabão	≤ 5kg roupa suja acumulada + 20 litros de água + 100 g de sabão em pó ou líquido
Oscilar roupa	Oscilar	≤ 5kg roupa suja acumulada + 20 litros de água + 100 g de sabão em pó ou líquido + informação para acionar a oscilação + energia elétrica	≤ 5kg roupa limpa e 20 litros água suja + informação de término de oscilação + ruído, atrito e calor
Separar água suja	Separar	≤ 5kg roupa limpa e 20 litros água suja	≤ 5kg roupa limpa + 20 litros de água suja separada
Misturar água	Misturar	≤ 5kg roupa limpa + água	≤ 5kg roupa limpa e 15 litros de água
Oscilar roupa	Oscilar	≤ 5kg roupa suja acumulada + 15 litros de água + 100 g de sabão em pó ou líquido + informação para acionar a oscilação + energia elétrica	≤ 5kg roupa limpa e 15 litros água suja + informação de término de oscilação + ruído, atrito e calor
Separar água suja	Separar	≤ 5kg roupa limpa e 15 litros de água	≤ 5kg roupa limpa + 15 litros de água suja separada

Outras definições sobre as funções podem ser elencadas, principalmente aquelas exigidas nas especificações do produto. Em relação ao material, há as propriedades cinemáticas (tipos e direção de movimentos, velocidade e aceleração) e dinâmicas (direção, frequência e magnitude das forças, peso, solicitações, deformações, resistência, elasticidade, etc). Em relação à energia, temos: eficiência, perdas, fricção, geração de calor, ventilação, pressão, temperatura, resfriamento, suprimento, armazenamento, conversão, capacidade e rendimento. Em relação à informação, existem a forma, a apresentação e o modo de controle da operação.

›› Portadores de efeitos

Os **portadores de efeitos** são configurações físicas capazes de executar as funções elementares. Por exemplo: para acumular energia elétrica, pode-se utilizar uma bateria elétrica – a bateria, nesse caso, é o portador de efeito (veja o Quadro 10.3).

Quando se deseja encontrar soluções, também chamadas de princípios de soluções ou de trabalho, ou ainda de funcionamento, é necessário pesquisar. É importante levantar informações para satisfazer às operações básicas, observando a estrutura de funções elementares e verificando a compatibilidade dos princípios de solução em relação às soluções das operações básicas próximas.

Com o objetivo de solucionar as operações básicas, Koller (1979) propôs um método de projeto orientado físico-algoritmicamente, no qual se utilizam catálogos de soluções previamente definidas e armazenadas para as funções elementares. Da mesma forma, Roth (1982) propôs uma metodologia que é conhecida como projeto com auxílio de catálogos de projeto e contém um algoritmo conhecido como procedimento algorítmico de seleção para projeto com auxílio de catálogos.

Esses catálogos são tabelas prontas de princípios de solução, montadas genericamente e catalogadas previamente. Porém, quando não há possibilidade de pesquisar em Koller (1979) ou em Roth (1982), outras formas para encontrar soluções são viáveis, como a criação, pelo projetista, de arquivo próprio de soluções para funções básicas.

> ›› **DICA**
> Catálogos de projeto, técnicas de criatividade, consulta de sistemas existentes e consulta bibliográfica são algumas das formas alternativas de soluções para funções.

Quadro 10.3 ›› Exemplos de portadores de efeitos para a operação básica "transmitir energia"

Tipos de energia	Alternativas para transmissão de energia			
	1	2	3	4
Mecânica	Correias	Correntes	Engrenagens	Eixos
Térmica	Fluxo de fluidos aquecidos em tubulações	Convecção	Radiação	Condução
Elétrica	Fluxo eletrônico num condutor			
Hidráulica e pneumática	Fluidos pressurizados numa tubulação	Fluidos em movimento numa tubulação		

» Agora é a sua vez!

1. Qual é o primeiro passo para o estabelecimento da estrutura funcional?
2. Pense em um produto que você utiliza rotineiramente e faça a divisão da função global.
3. Defina função parcial.
4. Qual é a operação inversa de retificar?
5. O que são funções genéricas?
6. Defina portadores de efeitos.

capítulo 11

Operacionalidade

A operacionalidade diz respeito às características do produto que devem ser levadas em conta durante o projeto. Isso inclui a forma e o ambiente de operação, bem como a assistência técnica, a durabilidade e a robustez do produto. Neste capítulo, estudaremos esses e outros aspectos relacionados à operacionalidade.

Objetivos de aprendizagem

» Definir usabilidade.

» Reconhecer o impacto do ambiente, das formas e da intensidade de utilização na operação do produto.

» Identificar de que forma a confiabilidade, a manutenção e a assistência técnica, o *marketing*, a embalagem e a distribuição podem garantir a viabilidade operacional.

» Introdução

Para que o produto se torne operacional, ou seja, ofereça uma **operação simples e barata**, é necessário considerar alguns aspectos durante o projeto. Questões relativas à operação propriamente dita, como a forma, a intensidade, os usos especiais, o *marketing* e o ambiente de operação, bem como questões relativas ao produto final, como a confiabilidade, a manutenção, a distribuição, a embalagem, a assistência técnica, a durabilidade, a robustez e o desempenho são alguns desses aspectos.

» Usabilidade

Dentre os aspectos da operação de um produto, a **usabilidade** se refere ao grau de facilidade de interação que oferece ao usuário. Às vezes, os projetistas determinam modos de operação desfavoráveis ao uso, devido a interfaces complexas ou a sequências de operação mal definidas.

A usabilidade pode ser definida como o conjunto de condições para tornar mais fácil o uso de um produto, contemplando aspectos como facilidade de aprendizado e memorização do uso, redução de erros de operação, aumento da eficiência de operação e da satisfação do usuário. Esses aspectos podem ser usados como indicadores da usabilidade de um produto. Além disso, um produto que apresenta usabilidade deve ser socialmente aceitável e economicamente realizável.

Para uma boa usabilidade do produto, devem ser consideradas as recomendações (THE CENTER FOR UNIVERSAL DESIGN, 2003) a seguir.

Equidade na utilização: o produto deve ser projetado de forma que possa ser utilizado, da mesma forma ou de forma equivalente, por qualquer tipo de consumidor, independentemente de suas habilidades. Assim, não deve haver qualquer tipo de segregação ou estigmatização para qualquer usuário ou grupo de usuários. O apelo comercial, a segurança e a privacidade que o produto propõe devem ser iguais para todos os usuários.

Flexibilidade no uso: a utilização por usuários com quaisquer características pessoais ou habilidades preferenciais precisa ser possível. O produto deve possibilitar a escolha do método de uso, a adequação a destros ou a sinistros, facilitar a precisão de uso e ser adaptável à habilidade do usuário.

Simplicidade e intuitividade: o produto precisa ser de fácil compreensão, independentemente da experiência, conhecimento, nível de concentração ou capacidade linguística do usuário. Para isso, deve ser evitada a complexidade desnecessária. É necessário, ainda:

- Ter consistência (ou ser compatível) com as expectativas e a intuição do usuário em relação aos comandos e às respostas.
- Apresentar a informação organizada de acordo com sua importância.
- Oferecer prontidão para o uso e, após o uso, retorno da informação coerente ao usuário.

> **» IMPORTANTE**
> A boa usabilidade reduz os erros de operação, aumenta a segurança, prolonga a vida útil do produto e reduz os custos e tempos de treinamento e de operação.

Comunicação com o usuário: independentemente do ambiente e das habilidades sensoriais do usuário, o produto deve comunicar a informação necessária ao usuário de formas diferentes e redundantes e prover o adequado contraste entre a informação ao usuário e os ruídos do ambiente. Além disso, deve maximizar a legibilidade da informação essencial, facilitar a comunicação ao usuário e prover compatibilidade entre as formas alternativas de comunicar a informação e as limitações das pessoas.

Tolerância com os erros de utilização: isso pode ser feito com a eliminação dos elementos perigosos e a ampliação do acesso aos elementos mais utilizados, provendo:

- Dispositivos de falha segura.
- Avisos de perigos, de erros e de utilização inadvertida.
- Desencorajamento da utilização inconsciente, se for requerida atenção para execução da tarefa.

Operação com mínimo esforço físico: o produto precisa oferecer ao usuário a possibilidade de operação em postura corporal agradável, com a minimização de ações repetitivas, por meio do menor esforço possível e em um curto intervalo de tempo de aplicação.

Espaço e tamanho adequados para o uso: isso inclui espaço e tamanho adequado para aproximação, alcance e manipulação ou uso, independentemente do tamanho, da postura e da mobilidade do usuário. Um produto que contemple a observação desse quesito deve permitir:

- A visualização dos principais elementos e a manutenção do alcance confortável a qualquer componente – estando o usuário sentado ou de pé.
- Que usuários com mãos (ou outro membro que comande o produto) de diferentes tamanhos, formas e aderência superficial possam operar os controles.
- Espaço adequado para equipamento de assistência – como cadeira de rodas ou muletas – ou auxílio de terceiros ao usuário.

» Ambiente

Outro aspecto que o projetista deve observar é o **ambiente de operação** do produto. Quando o produto não será sujeito a ambientes externos ou agressivos, o produto não necessita, durante o projeto, de grandes cuidados ou considerações. Porém, o que geralmente ocorre é que o produto está sujeito a agentes externos agressivos, como chuva, umidade, frio, calor, poeira, vibrações, entre outros. Por isso, os projetistas devem atentar para que as condições externas não se tornem causadoras de acidentes, de mau funcionamento ou de deterioração precoce do produto. Dessa forma, os projetistas deverão prever quais serão os ambientes de uso do produto, com relação à faixa de temperatura e de umidade, e se haverá presença de poeira ou de vibrações, entre outros.

De forma geral, algumas recomendações utilizáveis para o produto sujeito a condições adversas são as seguintes:

Aterramento e isolamento elétrico das partes que terão contato com o usuário ou entre as partes com cargas elétricas opostas: o aterramento deve ser feito para que correntes elétricas sejam descarregadas no solo, através de haste de aterramento e cabo elétrico de ligação entre produto e haste. O isolamento pode ser feito utilizando-se manoplas ou manetes de controles emborrachados. Também pode ser feito utilizando-se camadas de isolantes mais eficientes. Entre partes com cargas elétricas opostas, pode-se utilizar distanciadores isolados. Em ambientes úmidos, o perigo aumenta: a fuga de corrente pode ser perigosa para as pessoas e danosa ao equipamento.

Evitar a deterioração por corrosão: a corrosão normalmente ocorre onde existem os elementos formadores da pilha eletroquímica. Isso inclui os seguintes elementos formadores: o ânodo (metal que possui mais elétrons nas últimas camadas de valência e, sendo mais negativo do que o cátodo, cede elétrons, ocasionado à própria corrosão – é o material que se quer proteger), o cátodo (metal que possui menos elétrons nas últimas camadas de valência e, sendo mais positivo do que o ânodo, recebe elétrons), a ligação metálica e o eletrólito. A ligação metálica é o contato capaz de conduzir elétrons entre o catodo e o anodo. O eletrólito é substância que contém íons capazes de conduzir a corrente elétrica. Entre as formas mais comuns de evitar a corrosão, estão:

- Eliminar um dos elementos da pilha eletroquímica.
- Aplicar um revestimento protetor (tintas, filmes plásticos, galvanoplastia, etc.) sobre o ânodo.
- Utilizar em contato com o ânodo um material mais reativo, que servirá como eletrodo de sacrifício.
- Evitar que o eletrólito possua níveis de concentração de substâncias, de oxigenação ou de temperatura diferentes, que podem transformar uma parte do material que se quer proteger em catodo e outra em anodo.
- Evitar pequenas impurezas superficiais.
- Melhorar o acabamento da superfície.
- Aliviar as tensões do material por meio de tratamento térmico.
- Evitar a exposição do ânodo a temperaturas diferentes.

Prover amortecedores de choques e vibrações externas ou impedir que a vibração de uma parte não danifique todo o produto: pode ser feito por meio de balanceamento de partes girantes do produto, do aumento da massa das partes não móveis do produto ou da utilização de amortecedores de choques e vibrações, como fixadores de borracha, molas metálicas, amortecedores hidráulicos, entre outros.

Isolamento de poeiras e água: pode ser efetuado por meio de blindagem das peças, evitando que a poeira entre em contato com os componentes, ou por meio de dispositivo sugador de poeira, como, por exemplo, aspirador de pó acoplado a um filtro. O isolamento de água é realizável por meio de blindagem, onde se constrói um gabinete ou carcaça protetora das partes do produto.

Adequar o produto às cargas térmicas às quais está sujeito: a questão térmica de um produto é sempre objeto de muitos estudos e análises, porém, para equacioná-la de forma mais simples, é possível determinar qual é a faixa ótima de temperatura para funcionamento do produto, a geração de calor pelo produto e quais são as faixas de temperaturas ambientais. Assim, deve-se optar pela estratégia mais adequada ao produto. Por exemplo, se o ambiente for muito frio, pode-se utilizar o calor gerado pelo produto para homogeneizar a temperatura interna, ou, se o calor gerado pelo produto for demasiado, pode-se construir um trocador de calor com o ambiente. Porém, é

> **» CURIOSIDADE**
> Outra forma de isolamento de água é a construção de caminhos preferenciais. A água, atraída pela força gravitacional, tende sempre a descer ou a buscar o ponto mais baixo (de menor energia potencial). Por isso, dutos ou canais que conduzam a água por caminhos preferenciais, de forma que não causem problemas ao produto, são viáveis.

preciso sempre buscar realizar um projeto adequado às condições térmicas ambientais, considerando, entre outros fatores:

- O dimensionamento dos componentes do produto.
- A expansão térmica dos componentes mecânicos.
- As faixas de trabalho dos componentes eletroeletrônicos.
- A mudança de propriedades ou a deterioração dos materiais utilizados (incluindo materiais adicionais como lubrificantes e tintas).

» Agora é a sua vez!

1. Defina a boa usabilidade.
2. De que forma se relacionam a comunicação e a usabilidade?
3. Cite algumas técnicas que podem evitar a corrosão.

» Forma e intensidade de utilização

A **forma e a intensidade de utilização** determinam o comportamento e a vida útil do produto, bem como aspectos importantes a serem considerados, principalmente durante a elaboração da lista de requisitos. Em geral, segundo a forma e a intensidade de utilização, os produtos são vendidos comercialmente como:

Descartáveis ou de única utilização: são desenvolvidos em materiais e formatos que podem ser facilmente reciclados, por motivo de sua vida útil reduzida. A reciclabilidade é uma das qualidades mais importantes desses produtos, e a mantenabilidade, nesse caso, não tem importância alguma. Além disso, geralmente são produtos relativamente baratos.

Produtos sem manutenção ou utilizados somente até serem descartados por necessidade de manutenção: são projetados tanto para uma vida útil curta quanto longa. Quanto mais próximos da utilização única, mais devem seguir as recomendações para produtos descartáveis. Porém, se são projetados para uma vida útil longa, deve haver uma atenção especial para a confiabilidade, que, nesse caso, cresce em importância.

Produtos para uso doméstico ou *hobby*: são desenvolvidos para serem utilizados muitas vezes, porém ocasionalmente. Boa confiabilidade e fácil mantenabilidade são características importantes. Podem ser menos resistentes e robustos que os da linha profissional, permitindo a utilização de componentes e materiais mais baratos.

> **» DEFINIÇÃO**
> A **vida física** de um produto significa quanto duram seus componentes em funcionamento. A **vida útil** é diferente: é enquanto ele é utilizável. Por exemplo: um carro antigo em bom estado tem vida física, mas não vida útil, pois é inadequado aos usos atuais.

Produtos de linha profissional: são projetados para uma utilização intensa e constante. Exigem grande responsabilidade dos fabricantes. Além disso, por serem produtos de alto valor, são exigidas vidas útil e física elevadas. Por esses motivos, são produtos que exigem fácil mantenabilidade e elevada confiabilidade, sendo que esses dois aspectos devem ser considerados na elaboração da lista de requisitos. Aqui, incluem-se equipamentos médicos e hospitalares, equipamentos odontológicos, ferramentas de uso industrial, etc.

Os produtos podem ser projetados para determinados aspectos de uso, em função dos possíveis usuários e suas características, conforme o Quadro 11.1.

Quadro 11.1 » Classificação dos produtos conforme o usuário

Produtos para usuário médio	Podem ser consumidos por todos, mas suas características são determinadas pelos consumidores médios, ou seja, que se encontram na faixa etária média da população, têm o biotipo médio, possuem faixa de renda próxima à média, entre outras características.
Produtos para usuários extremos	Concebidos para pessoas que possuem alguma característica extrema, em relação aos valores médios da população. Essas características podem incluir biotipo (altura ou peso, por exemplo), renda e local de residência ou de trabalho (locais extremamente quentes ou frios, por exemplo).
Produtos para faixas de usuários	Nesse caso, divide-se a população de usuários em faixas ou grupos com características semelhantes, priorizando a análise das que são mais importantes. Para a característica faixa etária, por exemplo, é possível dividir o grupo de usuários em bebês, crianças, adolescentes, jovens, adultos e idosos. Incluem-se aqui outras características, como a renda, o biotipo, o grau de instrução, o local de trabalho ou de moradia e a distância do local de trabalho até a residência.
Produtos para usuários especiais	Desenvolvidos para um pequeno número de pessoas ou mesmo para uma única pessoa. Encaixam-se nessa categoria os produtos para deficientes físicos, para pessoas com peso ou dimensões corporais especiais, para consumidores de luxo, que desejam produtos únicos e exclusivos, entre outros. Para esses produtos, devem-se determinar as características individuais dos usuários que são importantes para o projeto.

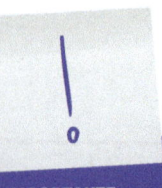

> **» IMPORTANTE**
> Os projetistas devem considerar as características mais importantes dos usuários ou consumidores, que determinarão as qualidades dos produtos.

» Confiabilidade e robustez

Durante o desenvolvimento dos produtos, a viabilidade operacional deve ser garantida. E, sob esse aspecto, a **confiabilidade** tem lugar de destaque. Produtos que se tornam inoperantes repetidas vezes ou por longo período de tempo geram custos e requerem manutenção excessiva.

Segundo a norma ABNT NBR 5462 (Associação Brasileira de Normas Técnicas, 1994a), confiabilidade é a capacidade de um item desempenhar uma função requerida, sob condições especificadas, durante um dado intervalo de tempo. As definições de confiabilidade geralmente envolvem quatro estruturas fundamentais: probabilidade, comportamento adequado, período de uso ou de vida e condições de uso (DIAS, 1996).

> **» DICA**
> Os projetistas devem sempre lembrar que a confiabilidade é uma característica inerente ao projeto.

A **probabilidade** denota a fração ou o percentual do número de vezes que um evento esperado irá ocorrer, considerando o número de tentativas ou de amostras. Por exemplo: ao final de 1.000 horas de funcionamento, espera-se que 90% das lâmpadas continuem funcionando. Nesse caso, para cada 10 lâmpadas, 9 lâmpadas provavelmente estarão funcionando ao término das 1.000 horas, e somente uma estará queimada.

O **comportamento adequado** indica que determinadas exigências preestabelecidas em relação ao funcionamento do produto estão sendo cumpridas. Essas exigências, que denotam o bom funcionamento do produto, são uma combinação de critérios qualitativos e quantitativos específicos, que podem compreender, por exemplo, faixas de vibrações, de ruídos, de temperatura, de folgas, de potência e de consumo – faixas dentro das quais o comportamento do produto é considerado adequado.

O **período de uso ou de vida** é mensurado pelo tempo de operação. No caso da confiabilidade, o tempo é uma métrica extremamente importante, pois é utilizado para quantificar a confiabilidade.

As **condições de uso** são as condições reais de operação do produto. Quanto mais próximas forem das condições previstas durante o projeto, mais o produto será confiável. Por isso, uma estimativa precisa das condições de uso é fundamental para o projeto. Entre as condições de uso, podem ser incluídas as condições ambientais, a forma e a intensidade de uso, as vibrações, a temperatura, a localização geográfica, entre outras.

Os parâmetros de confiabilidade mais utilizados são o **tempo de operação e o número de falhas**. Utilizando essas medidas, pode-se definir matematicamente a confiabilidade, que é denotada pela letra R, como:

$$R(t) = 1 - f(t) = \int f(t)dt$$

Onde t é o tempo em horas e $f(t)$ é a probabilidade de um produto falhar em certo período de tempo t.

Também é possível definir a confiabilidade considerando que a ocorrência de falhas segue um padrão exponencial, como:

$$R(t) = e^{-\lambda t}$$

Onde λ é a taxa de falhas e pode ser definida como:

$$\lambda = \frac{\text{Número de falhas}}{\text{Número total de horas de operação}}$$

Outro parâmetro importante é o **tempo médio entre falhas** (MTBF, do inglês *mean time between fail*), que pode ser calculado segundo a equação:

$$MTBF = \frac{1}{\lambda}$$

>> **IMPORTANTE**
A probabilidade geralmente estima o percentual de sucessos (o produto continua funcionando) ou de fracassos (o produto falhou e está em estado de pane).

>> **DICA**
As condições de uso, que podem afetar significativamente a confiabilidade do produto, compreendem também o transporte, o manuseio, a estocagem e a instalação.

>> EXEMPLO

Digamos que comercializamos 100 produtos e 12 deram defeito. Dessa forma, o número de horas é 1.056 × 100 = 105.600. Para 100 produtos, temos (em falhas por hora de operação dos produtos):

$$\lambda = \frac{12}{1.056 \times 100} = 0{,}0001136$$

Como a taxa de falha (λ) é de 0,0001136, o tempo médio entre falhas (MTBF) em horas (h) será:

$$MTBF = \frac{1}{0{,}01136} = 88{,}03$$

$$MTBF = \frac{1}{0{,}0001136} = 8.803$$

Ou seja, a cada 8.803 horas, espera-se a ocorrência de uma falha. E, por fim, para um tempo de 100 horas, a confiabilidade será:

$$R = e^{-100 \times 0{,}0001136} - 0{,}9887 = 98{,}87\%$$

Para o mesmo exemplo, se o produto fosse mais confiável e houvesse somente uma falha em 1.056 horas, a taxa de falha seria $9{,}47 \times 10^{-4}$, o tempo médio entre falhas seria de 1.056 horas e a confiabilidade em 100 horas seria 0,9096 ou 90,96%.

Ainda há outro parâmetro importante em confiabilidade: a **disponibilidade**. A disponibilidade (A, do inglês *availability*) é definida como a capacidade de um item estar em condições de executar certa função em um dado instante ou durante um intervalo determinado. É preciso levar em consideração os aspectos combinados de sua confiabilidade, mantenabilidade e suporte de manutenção, supondo que os recursos externos requeridos estejam assegurados (Associação Brasileira de Normas Técnicas, 1994a).

A disponibilidade pode ser calculada pela equação:

$$A = \frac{MTBF}{MTBF + Mct}$$

Onde *Mct* é o tempo médio de manutenção corretiva (do inglês *mean corrective maintenance time*).

Se o projetista conhece os valores de confiabilidade dos componentes utilizados em determinado produto, a confiabilidade pode ser calculada utilizando-se equações para componentes que operam em série e em paralelo. Para componentes em série, a confiabilidade do conjunto dos componentes é dada por:

$$R = (R_a) \times (R_b) \times \ldots \times (R_n)$$

Para componentes em paralelo, a confiabilidade do conjunto dos componentes é dada por:

$$R = 1 - (1 - R_a) \times (1 - R_b) \times \ldots \times (1 - R_n)$$

Para desenvolver produtos mais confiáveis, é preciso seguir algumas recomendações, conforme o Quadro 11.2, que reúne indicações de (DIXON,1966) e (DIETER, 1983).

Quadro 11.2 » Recomendações para a confiabilidade segundo Dixon (1966) e Dieter (1983)

Redundância	Utilização de dispositivos em paralelo – caso um falhar, o outro assume sua função.
Simplificação	Uso de um número menor de componentes, porém, de maior confiabilidade.
Padronização	Utilização de componentes padronizados e de confiabilidade reconhecida.
Superdimensionamento	Procedimento no qual o componente ou sistema trabalha sempre abaixo da sua capacidade máxima, prolongando a vida útil do produto.
Especificação	Significa que quanto maior o grau das especificações dos componentes, maior será a confiabilidade.
Facilidade de inspeção	Possibilita a detecção de falhas antes da sua ocorrência.
Fator de segurança	Utilização de margem ou fator de segurança no dimensionamento dos componentes.
Tolerância de perda	Possibilita diminuir a velocidade de propagação de uma trinca, caso apareçam no produto.
Durabilidade	Seleção de materiais que promovem a resistência à degradação por corrosão, erosão, objeto estranho, fadiga, desgaste, entre outros fatores.

Um termo geralmente associado à confiabilidade é a **robustez**. Há quem pense que robustez significa superdimensionar, fortificar ou reforçar um produto. Porém, a robustez se refere à capacidade de o produto não alterar seu desempenho em função de condições de uso, ambientais ou externas de qualquer natureza.

O desempenho do produto também pode ser alterado por deterioração e variações na produção (CLAUSING, 1994). A otimização da robustez reduzirá essas alterações de desempenho, mantendo-o próximo ao desejado pelo consumidor.

Para obter um produto mais robusto, é necessário, em primeiro lugar, estabelecer uma lista de requisitos compatível com as expectativas dos clientes e as condições de operação do produto. Em segundo lugar, é necessário identificar quais são as condições externas ou as variáveis de entrada que mais interferem, modificam ou afetam o desempenho do produto.

Uma ferramenta bastante útil para identificar essas condições ou variáveis de entrada é a **técnica de Taguchi**, também conhecida como projeto de experimentos (ROSS, 1996). Uma vez identifica-

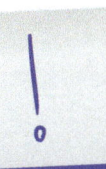

> » **IMPORTANTE**
> Um produto robusto é aquele que sempre se comporta de mesma forma, mesmo sob condições adversas, apresentando o desempenho esperado.

> **DICA**
> Vale lembrar que a pesquisa de campo sempre deve ser feita, independentemente da utilização da técnica de Taguchi.

das essas condições externas ou variáveis de entrada, deve-se determinar a magnitude dos parâmetros de projeto que evitarão possíveis problemas de desempenho.

Existe uma alternativa, embora limitada, à utilização das técnicas de Taguchi quanto à identificação de problemas de desempenho. É possível fazer um trabalho de campo, junto a assistências técnicas e usuários – inclusive com o desmonte de produtos ao final da sua vida útil para análise – visando identificar quais são os maiores problemas de desempenho do produto.

A partir daí, podem-se buscar soluções para esses problemas. Por exemplo: supondo que, em determinado produto, uma correia desliza sobre a polia quando há solicitações de grande intensidade, ocasionando mal funcionamento do produto. Constatado o fato, pode-se reprojetar o sistema de transmissão para evitar o deslizamento.

» Agora é a sua vez!

1. Quais as diferenças entre produtos de linha profissional e de uso doméstico ou *hobby*?
2. Conforme o usuário, como é a classificação dos produtos?
3. Cite duas recomendações de confiabilidade.
4. Defina uma das recomendações para a confiabilidade.

» Manutenção e assistência técnica

Os produtos estão sujeitos à redução do desempenho e da vida útil, à corrosão, a aumento de consumo de energia, à alteração da operacionalidade e à redução da segurança, ou a outra alteração de comportamento ou estado durante sua vida útil. Quando isso ocorre, é necessário efetuar a **manutenção** do produto.

Quanto ao tipo, a manutenção pode ser corretiva ou preventiva. A **manutenção corretiva** é realizada quando o produto apresenta uma alteração de desempenho ou de estado constatada. Ou seja, é o conjunto de procedimentos capazes de fazer um produto fora de funcionamento ou danificado retornar à condição de operação. É o tipo de manutenção mais antigo que se conhece.

Existe outro tipo de manutenção corretiva, conhecida como **manutenção preditiva ou corretiva planejada**. Nesse tipo de manutenção, é feito o acompanhamento de diversos parâmetros de funcionamento do produto (como temperatura, consumo de energia ou combustível, nível de ruído ou vibrações) que indicam o início de pequenas alterações de desempenho ou de estado que irão comprometer o funcionamento do produto.

> **» IMPORTANTE**
> Na manutenção preditiva, considerada uma das mais modernas, são utilizados dispositivos, instrumentos ou sensores.

Ainda existe a **manutenção preventiva**, segundo a qual se devem conhecer os valores de vida útil dos componentes do produto, devendo-se substituí-los antes que alterações de desempenho ou de estado ocorram, o que é realizado periodicamente.

Comparando-se os tipos de manutenção citados anteriormente, verifica-se que a manutenção preditiva é a mais barata, seguida da preventiva. Tomando-se a manutenção corretiva como referência (100%), a manutenção preventiva custa em média 67% da corretiva, enquanto a preditiva custa em média 44% da corretiva. Os custos de manutenção não envolvem somente o custo do reparo ou da substituição do componente danificado, mas também os custos do produto parado, da equipe de manutenção, do estoque de peças para substituição, entre outros.

A seguir seguem algumas recomendações aplicáveis durante o projeto para melhorar a mantenabilidade dos produtos:

- Projetar para evitar que, havendo falhas, os componentes danificados não prejudiquem os componentes próximos.
- Facilitar a desmontagem, evitando a possibilidade de erros em eventuais remontagens. É fundamental que os componentes sejam de fácil acesso no momento da desmontagem ou inspeção, e, ainda, que o produto possa ser inspecionado, desmontado e montado com um mínimo de ferramentas.
- Simplificar os procedimentos necessários à inspeção e à manutenção do produto e tornar os resultados da manutenção verificáveis. Para isso, podem ser utilizadas estratégias de projeto que facilitem a inspeção visual. Outra possibilidade é disponibilizar sensores e mostradores que indiquem a necessidade de manutenção, que pode ser, inclusive, preditiva.
- Utilizar soluções de projeto autoajustáveis ou autobalanceáveis.
- Reduzir a quantidade de componentes do produto, pois, quanto maior a quantidade, maior a chance de falhas.
- Preferir componentes padronizados, mais fáceis de serem substituídos, que geralmente passam por controle da qualidade mais rígido.
- Simplificar e tornar segura a inspeção, a manutenção e a colocação do produto em funcionamento.

> **» DICA**
> Na realização de procedimentos de manutenção, a necessidade de ferramentas e dispositivos especiais deve ser exceção. Os componentes do produto precisam estar dispostos de forma a garantir boa visibilidade e facilidade em caso de substituição.

> **» DICA**
> O projeto para a mantenabilidade deve considerar também a ergonomia.

» *Marketing*, embalagem e distribuição

O *marketing* de um produto envolve questões diversas como marca, embalagem, distribuição, vendas, publicidade e preço. Todos os assuntos relativos ao *marketing* são importantes para o sucesso do produto, mas nem todos são objeto de estudo para um projetista. Por isso, neste livro serão abordadas apenas algumas questões essenciais para os projetistas, como aspectos da propaganda, da embalagem e da distribuição.

> **» IMPORTANTE**
> Os aspectos negativos ou perigosos dos produtos, se houver, também devem ser salientados na embalagem para que a equipe de propaganda desenvolva uma impressão favorável do produto junto ao consumidor, sem criar expectativas irreais.

> **» DICA**
> Potes de margarinas, caixas de ovos, maletas de furadeiras e caixas de lápis de cor são outros exemplos de embalagens que facilitam a utilização e o consumo.

Os projetistas, ao desenvolvem um produto, procuram fazer o melhor possível, dentro das limitações de tempo e de recursos, e considerando os concorrentes. Assim, os aspectos positivos do produto devem ser salientados de forma simples e inteligível pelos projetistas, para que os responsáveis pela propaganda comuniquem esses diferenciais da melhor forma aos consumidores.

A **embalagem**, apesar de representar um objeto independente do produto em si, é de grande importância. No entanto, a melhor embalagem pode ser o próprio produto, ou seja, o produto que não necessita de embalagem. A ausência de embalagem reduz os custos de produção e distribuição e a necessidade de mão de obra para projetá-la e produzi-la, bem como o impacto ambiental, entre outras vantagens.

Nem sempre é possível distribuir e comercializar o produto sem embalagem, pois ela tem funções que podem ser necessárias, como:

Conservar o produto: a embalagem garante a conservação do produto. Isso é muito fácil de perceber em bolachas e biscoitos, por exemplo. Em máquinas e equipamentos, a embalagem evita a deterioração do produto por agentes externos, como a maresia, que contém sais em suspensão e pode ocasionar corrosão.

Conter o produto: a embalagem serve para conter as partes do produto, que pode estar disposto em pedaços ou a granel. O produto pode ser de natureza sólida, líquida ou gasosa, ou ainda liberar líquidos ou vapores e apresentar partes soltas.

Proteger o produto: a embalagem protege o produto contra possíveis danos ocasionados por quedas, impactos e cargas. Como exemplo, podemos citar os riscos inerentes ao empilhamento, quando da distribuição e da comercialização do produto.

Facilitar o transporte: a embalagem pode facilitar o transporte do produto, possibilitando o empilhamento sem danos.

Facilitar a utilização ou o consumo: em alguns produtos, a presença de embalagem facilita a utilização ou o consumo, como no caso dos cigarros, em que os maços possibilitam o armazenamento mesmo após a abertura.

Fazer propaganda do produto: a embalagem também pode ser utilizada para auxiliar na propaganda para vender o produto. Como, muitas vezes, o produto é similar aos concorrentes, é possível oferecer um diferencial por meio da embalagem. Esses diferenciais podem ser as cores, a mensagem, o formato, as ilustrações, as instruções adicionais, como receitas de alimentos, entre outros.

Informar sobre o produto: a embalagem deve informar o fabricante, o telefone de auxílio ao consumidor, as instruções de consumo e de conservação, a quantidade do produto contida na embalagem, o prazo de validade e todas as demais informações necessárias para o uso adequado e seguro do produto.

As embalagens, conforme seus níveis, podem ser classificadas de acordo com o Quadro 11.3.

Durante o projeto da embalagem – além dos aspectos que são considerados no projeto do produto, como a estética, a funcionalidade e a segurança – deve-se prezar também pelos seguintes aspectos:

Comunicação: a informação e conscientização do consumidor sobre as características do produto, como o tempo de uso, a data de validade, as características físico-químicas, as quantidades, a mar-

Quadro 11.3 » Níveis da embalagem	
Primário	É o contentor, responsável apenas por conter o produto ou suas partes. Exemplos: garrafas, potes, sacos e caixas.
Secundário	É o responsável pela informação e propaganda, com o objetivo de auxiliar o transporte, o uso, as vendas, a propaganda, entre outros. Exemplos: caixas com ilustrações e informações, rótulos de garrafas e capas de livros.
Terciário	É o responsável pelo agrupamento dos produtos para transporte e estocagem. Exemplos: *pallets* e invólucros plásticos usados para agrupar várias unidades – frequentemente utilizados na distribuição de latas e de garrafas PET de refrigerante.

ca, o fabricante e as condições de fabricação, os consumos de energia ou combustível e a reciclabilidade da embalagem e do produto.

Economia: a boa relação custo-benefício por meio de disponibilização do produto em níveis de qualidade, diversas quantidades ou tamanhos, adequados às características do consumidor.

Novidade: a informação sobre as novidades ou inovações que o produto possui, de forma a tornar o produto mais atrativo do que o concorrente.

Além da embalagem, também é importante considerar alguns aspectos da **distribuição** no projeto do produto, como o mercado a que é destinado (se local ou mais distante), a comercialização ou distribuição (se feita em partes ou de uma só vez), o meio de transporte utilizado e volume ou massa a ser transportada.

Produtos para mercados locais, em geral, não têm limitação de massa ou volume, pois a relação entre o custo do produto e o custo de transporte é favorável. Quanto mais distante o mercado consumidor está do produtor, mais cresce o custo de transporte em relação ao custo do produto, o que pode até tornar inviável sua comercialização. Nesse caso, produtos com massas e volumes menores são mais viáveis.

Os meios de transporte também têm uma parcela de influência no projeto do produto. Quando é possível efetuar a distribuição dos produtos por navios, por exemplo, os custos de transporte se tornam relativamente mais baixos do que com o uso de ferrovias. Ainda assim, distribuir produtos utilizando ferrovias é mais vantajoso do que por meio de rodovias, por exemplo.

O sistema de distribuição geralmente menos vantajosos quanto aos custos é a distribuição aérea, que costuma ser mais viável para pequenas quantidades de produtos leves e pequenos, na qual a redução do tempo de entrega é um fator essencial.

O projetista deve considerar, em relação aos meios de transporte, a disponibilidade do tipo de meio de transporte na localidade de produção do produto, analisando, ainda, os limites de tempo para transporte, no caso de perecíveis. Por exemplo: para o transporte por longa distância de um produto de grande porte, como a estrutura de uma ponte, uma boa solução é produzi-la em aço – cuja relação entre resistência e massa é mais favorável ao transporte, além da montagem ser facilitada.

A possibilidade de transportar grandes produtos em partes é vantajosa quando o produto é extremamente grande ou quando seu formato é desfavorável para o transporte. Por exemplo: motocicletas ou bicicletas geralmente são transportadas em engradados ou caixas, sendo montadas nas lojas.

> » **DICA**
> Produtos comercializados em mercados distantes devem, preferencialmente, ser leves e pequenos.

> » **IMPORTANTE**
> Para transportar um produto em partes e depois montá-lo no local de venda ou uso, é necessário que, nesse local, existam pessoas capazes de efetuar a montagem.

> **DICA**
> O transporte em contêineres também é muito utilizado na exportação.

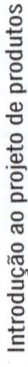

Outra questão importante quanto ao transporte é a conteinerização. A possibilidade de transporte em contêineres é um benefício, principalmente quando é necessário que o produto troque de meio de transporte durante a distribuição. Para obter uma boa conteinerização, ou seja, um bom aproveitamento do espaço disponível nos contêineres, que possuem tamanhos padronizados, deve-se projetar para que as dimensões do produto, depois de embalado, sejam submúltiplos das dimensões destes.

» Agora é a sua vez!

1. Diferencie a manutenção corretiva da preventiva.
2. Quais são as principais funções da embalagem?
3. Pense em um produto, diferente dos citados no texto, para cada uma destas situações:
    a. ideal para transporte aéreo;
    b. precisa ser transportado em contêineres;
    c. necessita de transporte fragmentado.

capítulo 12

Economia

No tocante ao produto, a economia está diretamente associada ao retorno dos investimentos realizados durante todo o ciclo de vida. Isso abrange todos os custos envolvidos, desde projeto, fabricação, distribuição, uso e até mesmo reciclagem. Neste capítulo, compreenderemos as diferenças entre os vários tipos de custos e a importância de adotar uma postura racional na utilização de recursos em um projeto.

Objetivos de aprendizagem

» Diferenciar custos diretos, indiretos, variáveis e fixos.

» Identificar os diferentes tipos de custos envolvidos no ciclo de vida de um produto.

» Listar as principais recomendações para a redução de custos.

» Introdução

Quando se inclui a **economia** como uma qualidade de um produto, está se relacionando o retorno ou benefício com investimentos e gastos realizados. Porém, esse retorno obtido não se refere somente ao capital, mas também às suas qualidades positivas, que evidenciam ao consumidor, ao fabricante, ao projetista e ao distribuidor que o produto é viável em termos monetários.

O produto, para ser viável, não pode ser somente barato, pois baixos investimentos ou gastos iniciais podem acarretar custos decorrentes da má qualidade ou elevar os custos operacionais. Por isso, o produto deve conjugar baixos investimentos ou gastos com elevados benefícios ou retornos. Os **investimentos ou gastos** se referem ao custo do produto para o consumidor, a quem todos os custos contraídos anteriormente são imputados, desde projeto e fabricação até distribuição e descarte.

» Custos do produto

Durante as fases de produção, montagem e distribuição do produto, as chances de diminuir custos são escassas. Por isso, é importante buscar a **redução de custos** o mais cedo possível, durante as fases iniciais de projeto.

Os custos totais do produto podem ser divididos em custos diretos e indiretos (Quadro 12.1). Os **custos diretos** são aqueles relacionados com os custos de obtenção do produto, como custos de fabricação, de projeto e de distribuição. Geralmente, estão relacionados com custos de obtenção de componentes do produto. Os **custos indiretos** são mais difíceis de avaliar, pois envolvem despesas que não podem ser alocadas diretamente no produto, como as de estoque e de propaganda.

Quadro 12.1 » Desdobramento dos custos de um produto

Custos diretos	• Projeto e desenvolvimento: pesquisa de mercado, execução do projeto, protótipos, testes e documentação. • Fabricação: mão de obra, material, equipamentos, ferramentas, processamento dos materiais, espaço, energia e supervisão. • Acabamentos: preparação e limpeza do produto, aplicação do acabamento, proteção e lubrificação. • Embalagem: desmontagem, engradados, proteções contra agentes externos (umidade, poeira, choques, etc.). • Custos financeiros da produção: depreciação de máquinas e equipamentos, da infraestrutura, das ferramentas e de *software*.
Custos indiretos	Impostos, seguros, juros sobre o capital investido, limpeza e manutenção de ambientes, saúde e conforto dos trabalhadores, supervisão, condicionamento de ambientes considerando luz, água e telefone.

Os custos de um produto ainda podem ser divididos em variáveis e fixos. Os **custos variáveis** englobam os custos que se alteram em função da quantidade produzida. Por exemplo: os custos dos manuais de instruções variam conforme a quantidade produzida. Os **custos fixos** são aqueles que não variam com as quantidades produzidas e comercializadas. Por exemplo: os custos com os salários dos empregados, havendo ou não produção. Nesse caso, havendo uma queda nas vendas e, por consequência, na produção num determinado mês, simplesmente não se pode demitir os empregados treinados e contratá-los novamente no mês seguinte.

Considera-se que, geralmente, o projeto custa em torno de 5% do montante gasto em desenvolvimento e produção de um produto. Os materiais representam 50%; a mão de obra, 15%, e a fabricação, 30%. Porém, as decisões realizadas no projeto – como a modificação dos princípios físicos utilizados, a revisão do dimensionamento e as tolerâncias – influenciam em até 70% os custos de um produto. Após o fim do projeto, substituindo-se os materiais por outros mais baratos, é possível alterar em, no máximo, 20% os custos do produto. O mesmo ocorre com a mão de obra e a fabricação.

>> **IMPORTANTE**
Comissão de vendas, transporte e movimentação de cargas, despesas com locais de armazenamento, manual de instruções, treinamento de pessoal para assistência técnica e assistência técnica não se enquadram nas categorias de custos diretos ou indiretos.

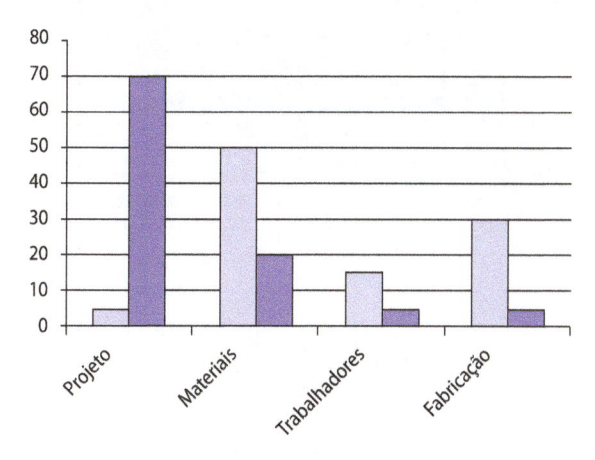

Figura 12.1   Relação entre custos e a influência nos custos.
Fonte: do autor.

Com relação aos retornos obtidos sobre o investimento realizado para um produto, Baxter (1998) afirma que se deve apostar nas fases iniciais do projeto, pois elas possibilitam maior retorno que as demais fases do projeto à produção (Figura 12.2).

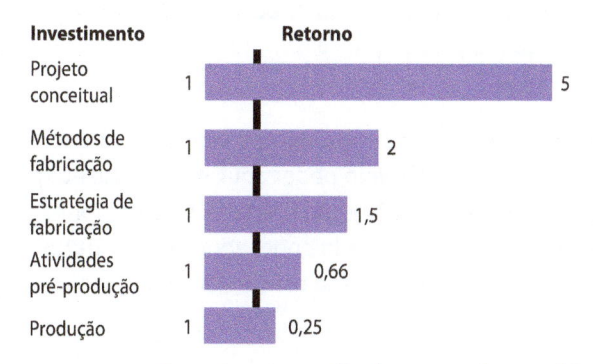

Figura 12.2   Relação entre retorno e investimentos realizados para o desenvolvimento de um produto.
Fonte: Baxter (1998).

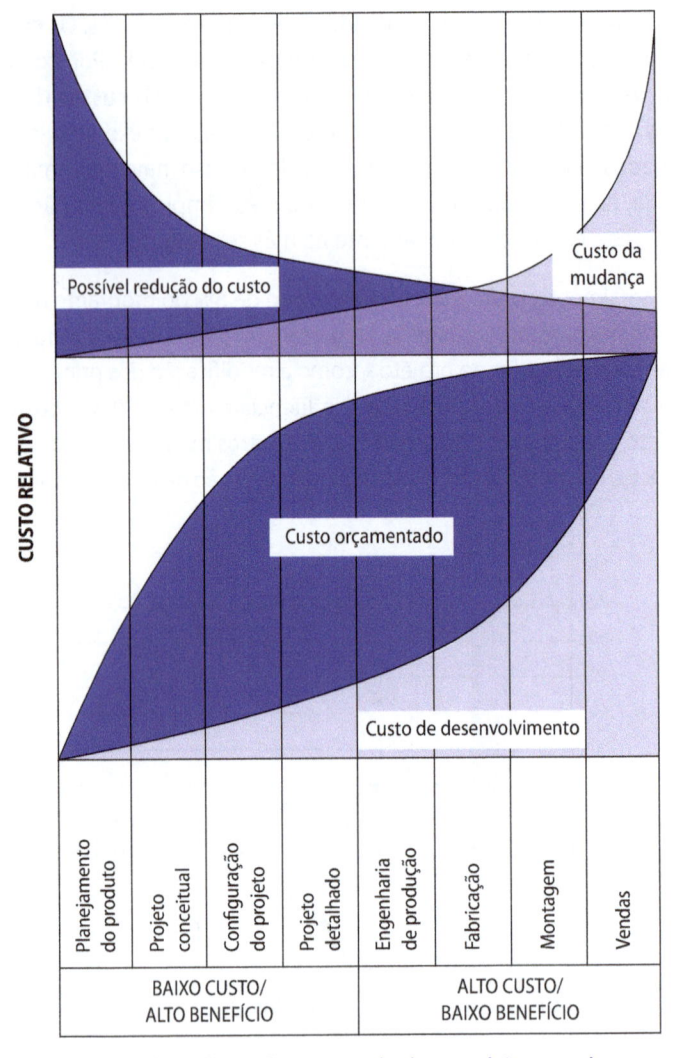

Figura 12.3 Custos relativos e benefícios das etapas de desenvolvimento de um produto.
Fonte: Baxter (1998).

> » **CURIOSIDADE**
> A distribuição das classes socioeconômicas de um país ou região forma uma pirâmide social, cuja base é composta por um grande número de indivíduos de baixo poder aquisitivo. O tronco, que representa os indivíduos de médio poder aquisitivo, é formado por um número bem menor de pessoas. Já o topo representa os indivíduos de alto poder aquisitivo, que constituem a parte menor da pirâmide.

Há ainda outra consideração a ser feita em relação à economia do produto. Quando o projeto visa à criação de produtos exclusivos e únicos para satisfazer clientes de elevado poder aquisitivo, o mercado consumidor fica limitado. Projetar para um pequeno número de indivíduos gera dificuldades de crescimento e expansão para as empresas, conforme decorrências do modelo da pirâmide social.

Ao observar os produtos oferecidos aos consumidores, verifica-se que sempre há uma grande variedade para escolha das classes de elevado poder aquisitivo, enquanto para as classes mais pobres, às vezes, não existe nem um único produto ofertado. De certa forma, os projetistas que pensam em satisfazer apenas as classes de elevado poder aquisitivo contribuem com a exclusão social dos mais pobres e perdem um grande mercado consumidor, reduzindo as possibilidades de obter lucros em escala.

>> Agora é a sua vez!

1. Cite exemplos de custos diretos e indiretos.
2. O que são custos variáveis?
3. Pense em um negócio de uma pessoa próxima a você (um escritório, uma loja, etc.) e faça uma lista supondo todos os custos fixos desse empreendimento.
4. Em média, os custos de mão de obra representam quanto na produção de um produto?

>> Tipos de custos de um produto

Os custos de um produto são sempre pagos pelo consumidor. Nos custos da aquisição de um produto, está embutida, ainda, a margem de lucro dos lojistas, distribuidores e fabricantes.

Em geral, os custos do produto são associados diretamente aos custos de pesquisa, projeto, testes, produção e distribuição. Nesses custos, incluem-se os custos de planejamento inicial, análise de mercado, estudos de viabilidade, planejamento e projeto do produto, documentação do projeto, *software*, protótipos, engenharia industrial, análise de operações, fabricação, montagens, testes, desenvolvimento de processos de manufatura, controle da qualidade, estoques, etc.

Para o consumidor que adquire um produto e apenas computa o custo de aquisição, a utilização do produto apresenta muitos outros custos, como:

Custos de operação: referentes à necessidade de pessoal especializado e à energia ou combustível consumidos.

Custos de *software*: quando há necessidade de aquisição de *software* para operar ou auxiliar na manutenção do produto. O custo total da aquisição de *software* deve ser somado aos custos de manutenção periódica, pois muitas empresas de *software* cobram por assinaturas anuais.

Custos de treinamento de pessoal: dizem respeito tanto ao operador quanto ao pessoal de manutenção.

Custos de distribuição do produto: incluem os custos de embarque, manuseio e transporte.

Custos de instalação: quase sempre é necessário que o produto seja instalado no local adequado para funcionamento, incluindo instalação elétrica, proteção contra intempéries, fixação do equipamento ao local de uso, entre outros.

Custos de manutenção: referentes à manutenção embutida no preço de aquisição (manutenção no período de garantia de assistência técnica) e no período posterior (integralmente paga pelo usuário).

Custos de suprimento de peças e serviços para assistência técnica: incluem valores de almoxarifado, compras e transporte.

> **DICA**
> Os custos de testes também são elevados para produtos que exigem certificação ou cumprimento de normas específicas. Porém, para os produtos em geral, os custos de testes são baixos.

Custos de reciclagem e descarte: consideram-se os custos de transporte do produto para o local de descarte ou reciclagem, os custos de desmontagem, de mão de obra de reciclagem, de locais para armazenamento e, às vezes, de reprocessamento ou de inoculação do produto ou de seus componentes.

Custos de testes: variam conforme a natureza do produto. Como existem produtos que exigem testes de recebimento, calibrações ou aferições periódicas, esses custos podem ser agregados aos custos de operação. Para produtos que envolvem maior responsabilidade, como produtos médicos ou de uso clínico, os custos de testes são extremamente elevados.

Normalmente os custos do produto aumentam conforme as alterações no projeto ou no desenvolvimento do produto, as mudanças de fornecedores – devido à falta de insumos –, de produção do produto, de logística de assistência técnica, a imprecisão das estimativas e os problemas não previstos.

Dessa forma, é interessante desenvolver um **perfil de custos** do produto, considerando todo o ciclo de vida. Nesse processo, é necessário identificar todas as atividades do ciclo de vida que geram custos, divididas em subgrupos como planejamento, projeto, testes e avaliações, produção, distribuição, uso, assistência técnica e descarte. Essa divisão permite avaliar que conjunto ou grupo de atividades oneram mais o produto, possibilitando a busca de soluções alternativas que sejam mais econômicas. Na Tabela 12.1 pode-se observar um exemplo de perfil de custos de um produto.

Tabela 12.1 » Custos por grupo de atividade do ciclo de vida do produto

Atividade	Valor [$]	Percentual [%]
Planejamento	150.000	5,33
Pesquisa inicial	30.000	1,07
Pesquisa de mercado	40.000	1,42
Planejamento do produto	80.000	2,84
Projeto do produto	200.000	7,10
Projeto e desenvolvimento do produto	120.000	4,26
Documentação do produto	50.000	1,78
Software	30.000	1,07
Testes e avaliação	35.000	1,24
Construção de protótipo	18.000	0,64
Equipamentos de testes	10.000	0,36
Testes realizados por terceiros	7.000	0,25
Produção	1.800.000	63,92
Planejamento da produção	40.000	1,42
Construção de gabaritos	50.000	1,78
Compra de equipamentos	300.000	10,65
Compra de ferramentas	120.000	4,26
Fabricação	500.000	17,76
Materiais	700.000	24,86
Montagem	80.000	2,84
Controle da qualidade	10.000	0,36

Tabela 12.1 » **Custos por grupo de atividade do ciclo de vida do produto**

Atividade	Valor [$]	Percentual [%]
Distribuição	175.000	6,21
Perdas por capital imobilizado em estoques	10.000	0,36
Administração e manutenção de estoques	12.000	0,43
Manuseio	23.000	0,82
Transporte	70.000	2,49
Propagandas	40.000	1,42
Manual do usuário	20.000	0,71
Uso	21.000	0,75
Combustível ou energia	4.000	0,14
Manutenções corretivas e preventivas	8.500	0,30
Consumo ou desgaste de componentes	7.300	0,26
Lubrificantes	1.200	0,04
Assistência técnica	70.000	2,49
Almoxarifado para assistência técnica	14.000	0,50
Transporte e distribuição de componentes	5.000	0,18
Treinamento do pessoal de assistência técnica	11.000	0,39
Reposição ou substituição de componentes	28.000	0,99
Manuais de assistência técnica	12.000	0,43
Descarte	365.000	12,96
Recolhimento ou coleta do produto ou de componentes	22.000	0,78
Transporte para local de reciclagem ou descarte	25.000	0,89
Custos da reciclagem de componentes	135.000	4,79
Custos do descarte de peças não recicláveis	183.000	6,50

» Recomendações para redução de custos

Existem algumas recomendações para redução de custos de um produto durante o projeto. Pahl e Beitz (1996) elaboraram algumas, diretrizes a respeito, como:

- Buscar baixa complexidade, reduzindo o número de componentes e de processos de produção.
- Diminuir o tamanho total do produto, o que reduz os custos de materiais.
- Produzir, sempre que possível, em grandes quantidades, pois os custos fixos são diluídos com mais facilidade, podendo-se utilizar processos de elevado desempenho e automação. Os custos de preparação de máquinas, da mesma forma, são proporcionalmente menores.
- Reduzir as necessidades de precisão dimensional, buscando utilizar tolerâncias amplas e acabamentos superficiais mais rugosos.
- Terceirizar para produzir partes do produto ou o produto inteiro, embalar, transportar e vender. Essa recomendação vale especialmente para empresas que modificam continuamente a linha de produtos, pois evita a imobilização de capital com equipamentos utilizados poucas vezes ou durante um curto período de tempo. A orientação também é interessante se avaliada em nível de pessoal: os trabalhadores, assim como os equipamentos, podem não ter um total aproveitamento durante o horário de trabalho, o que aumenta proporcionalmente

> **IMPORTANTE**
> Contratar uma empresa especializada em determinada atividade ou processo fabril pode diminuir os custos, em função de melhor desempenho de atividades.

os custos fixos. Isso pode ocorrer devido à quantidade produzida, que condiciona os equipamentos de produção e, por consequência, seus operadores a trabalharem em tempo parcial. A modificação constante da linha de produtos obriga o fabricante a demitir os trabalhadores ou retreiná-los sempre que novas tarefas ou a operação de novos equipamentos forem necessários.

- Utilizar matéria-prima, peças e componentes padronizados facilmente encontrados no mercado. Isso reduz substancialmente os custos com assistência técnica e com o processamento de materiais, estoques e compras, em caso de necessidade de reposição. Além disso, insumos produzidos em grandes quantidades geralmente têm melhor qualidade.

- Reduzir o consumo de energia, tanto do produto quanto dos processos de produção. Entre as formas de diminuir esse consumo, podemos citar: evitar transformações de energia, reduzir perdas na transmissão e por atrito, reaproveitar energia, utilizar máquinas de produção em tamanho compatível com o produto processado, buscar (durante a subdivisão do produto em subsistemas) uma alta eficiência do produto e utilizar componentes com alta eficiência energética.

- Reduzir o consumo de material, selecionando, entre os disponíveis, aqueles que serão utilizados para obtenção do produto. Outras medidas também são importantes, como adotar o menor caminho possível para aplicação de forças e tensões, selecionar a melhor seção para as solicitações, visando evitar fraturas, aumentar a velocidade de rotação, possibilitando eixos de menor diâmetro, integrar as funções ao corpo do produto e produzir componentes utilizando materiais que sobraram de outros processamentos.

> **DICA**
> Evitar superdimensionamento também reduz o consumo de material e ainda auxilia na segurança.

» Agora é a sua vez!

1. Conceitue perfil de custos.
2. Liste e resuma duas das principais recomendações para a redução de custos.

Referências

ABBOTT, H. *Safer by design:* the management of product design risks under strict liability. London: Design Council, 1987.

ASIMOW, M. *Introduction to design.* Englewood Cliffs: Prentice-Hall, 1962.

ASSOCIAÇÃO BRASILEIRA DE NORMAS TÉCNICAS. *NBR 5462:* confiabilidade e mantenabilidade – terminologia. Rio de Janeiro: ABNT, 1994a.

ASSOCIAÇÃO BRASILEIRA DE NORMAS TÉCNICAS. *NBR 6493:* emprego de cores para identificação de tubulações. Rio de Janeiro: ABNT, 1994b.

ASSOCIAÇÃO BRASILEIRA DE NORMAS TÉCNICAS. *NBR 7195:* cores para segurança. Rio de Janeiro: ABNT, 1995.

ASSOCIAÇÃO BRASILEIRA DE NORMAS TÉCNICAS. *NBR 10719:* informação e documentação – relatório técnico e/ou científico – apresentação. Rio de Janeiro: ABNT, 2011.

BACK, N. *Metodologia de projeto de produtos industriais.* Rio de Janeiro: Guanabara Dois, 1983.

BAXTER, M. *Projeto de produto:* guia prático para o desenvolvimento de novos produtos. São Paulo: Edgard Blücher, 1998.

BEER, F. P. et al. *Mecânica dos materiais.* 5. ed. Porto Alegre: Bookman, 2011.

BLISS, P. *Marketing management and the behavioral environment.* Englewood Cliffs: Prentice-Hall, 1970.

BRALLA, J. G. *Handbook of product design for manufacturing:* a practical guide to low-cost production. New York: McGraw-Hill, 1986.

BUDYNAS, R. G.; NISBETT, J. K. *Elementos de máquinas de Shigley.* 8. ed. Porto Alegre: Bookman, 2011.

CARPES JÚNIOR, W. P. *Análise da segurança humana para desenvolvimento de produtos mais seguros.* 2001. 251 f. Tese (Doutorado)–Universidade Federal de Santa Catarina, Florianópolis, 2001.

CARPES JÚNIOR, W. P. *Modelo para percepção de necessidades, visando a implantação de um novo negócio.* 1995. 77 f. Dissertação (Mestrado)–Universidade Federal de Santa Catarina, Florianópolis, 1995.

CENGEL, Y. A. *Transferência de calor e massa* – uma abordagem prática. 4. ed. Porto Alegre: Bookman, 2012

CHEN, K.; OWEN, C. L. Form language and style description. *Design Studies,* v. 18, n. 3, p. 249-274, 1997.

CLAUSING, D. *Total quality development:* a step-by-step guide to world-class concurrent engineering. New York: The American Society of Mechanical Engineers, 1994.

COBRA, M. H. N. *Marketing básico:* uma perspectiva brasileira. 3. ed. São Paulo: Atlas, 1985.

DATSCHEFSKI, E. *Total beauty:* product design that is compatible with nature. [S.l.: s.n.], [20--?]. Disponível em: <http://www.biothinking.com/btintro.htm>. Acesso em: 25 mar. 2002.

DE CICCO, F. M. G. A. F.; FANTAZZINI, M. L. *Introdução à Engenharia de Segurança de Sistemas.* São Paulo: Fundacentro, 1979.

DIAS, A. *Metodologia para análise da confiabilidade em freios pneumáticos automotivos.* 1996. 119 f.Tese (Doutorado)–Universidade Estadual de Campinas, São Paulo, 1996.

DIETER, G. E. *Engineering design:* a materials and processing approach. New York: McGraw-Hill, 1983.

DIXON, J. R. *Design engineering:* inventiness, analysis and decision making. New York: McGraw-Hill Company, 1966.

EDEL JUNIOR, H. *Introduction to creative design.* Englewood Cliffs: Prentice-Hall, 1967.

ENVIRONMENT AUSTRÁLIA. *Product innovation* – the green advantage: an introduction to design for environment for Australian business. Canberra: Commonwealth of Australia, 2002. Disponível em: <http://www.environment.gov.au/archive/settlements/industry/finance/publications/pubs/producersguide.pdf>. Acesso: 22 maio 2014.

FABULOUS FIBONACCI. *[Site]*. [S.l.: s.n.], [20--?]. Disponível em: <http://fabulousfibonacci.com/portal/index.php?option=com_content&view=article&id=10&Idemid=9>. Acesso em: 30 maio 2014.

FERBER, R.; WALES, H. G. *Motivaciones del consumo en el mercado.* Barcelona: Hispano-Europea, 1960.

FIOD, M. N. *Desenvolvimento de sistema computacional para auxiliar a concepção de produtos industriais.* Florianópolis: Universidade Federal de Santa Catarina, 1993.

FISHER, R. J.; PRICE, L. L. An investigation into social context early adoption behavior. *Journal of Consumer Research,* v. 19, p. 477-486, 1992.

FITZPATRICK, M. *Introdução à manufatura.* Porto Alegre: McGraw-Hill, 2013.

FORGUS, R. H. *Percepção:* o processo básico do desenvolvimento cognitivo. São Paulo: Herder, 1971.

FOSTER, R. N. *Inovação:* a vantagem do atacante. São Paulo: Best Seller, 1988.

HAMMER, W. *Product safety management and engineering.* 2. ed. New York: American Society for Safety Engineers, 1993.

HANSEN, F. *Konstruktionssystematik.* 2. Aufl. Berlin: VEB-Verlag Technik, 1965.

HOFMEESTER, G. H.; KEMP, J. A. M.; BLANKENDAAL, A. C. M. Sensuality in product design: a structured approach. In: CONFERENCE ON HUMAN FACTORS IN COMPUTING SYSTEMS, 1996, Vancouver. *Proceedings...* New York: ACM, 2002.

HOLANDA, N. *Planejamento e projetos:* uma introdução às técnicas de planejamento e elaboração de projetos. Fortaleza: Edições Universidade Federal do Ceará, 1983.

HUANG, C. C. Overview of modular product development. *Proceedings of the National Science Council* – ROC (A), v. 24, n. 3, p. 149-165, 2000.

HUBKA, V.; EDER, W. E. *Theory of technical systems:* a total concept theory for engineering design. Berlin: Springer-Verlag, 1984.

IIDA, I. *Ergonomia:* projeto e produção. São Paulo: Edgard Blücher, 1990.

JURAN, J. M. *A qualidade desde o projeto.* São Paulo: Pioneira, 1992.

KESSELRING, F. *Bewertung von konstruktionen.* Dusseldorf: VDI-Verlag, 1951.

KIMURA, F. *A methodology for design and management of product life cycle adapted to product usage modes.* [S.l.: s.n.], 2002. Disponível em: <http://ptech.pcd.go.th/p2/userfiles/consult/5/LCA5.pdf>. Acesso em: 25 mar. 2002.

KOLLER, R. Konstruktionsmethode für den Machinen, Geräte und Apparatebau. Berlin: Springer-Verlag, 1979.

KOTLER, P. *Administração de marketing:* análise, planejamento e controle. São Paulo: Atlas, 1986.

KRECH, D.; CRUTCHFIELD, R. S. *Elementos de psicologia.* São Paulo: Pioneira, 1974.

LAUDIEN, K. *Maschinenelemente.* Leipzig: Dr. Max Junecke Verlagbuchhandlung, 1931.

LEDUC, R. *Como lançar um produto novo.* São Paulo: Vértice, 1986.

LEYER, A. *Maschinenkonstruktionslehre.* Hefte 1-6 technica-reihe. Basel: Birkhäuser, 1963.

LIMA, F. P. A. *Contribuição à análise da insegurança no trabalho e do projeto de máquinas mais seguras.* 1985. 180 f. Dissertação (Mestrado)–Departamento de Engenharia Mecânica, Universidade Federal de Santa Catarina, Florianópolis, 1985.

MASLOW, A. *Motivation and personality.* New York: Harper & Row, 1970.

MATOUSEK, R. *Konstruktionslehre des allgemeinen maschinenbaus.* Berlin: Springer, 1957.

MOSS, M. A. *Design for minimal maintenance expense:* the practical application of reliability and maintainability. New York: Marcel Dekker, 1985.

MUCKLER, F. A. Standards for the design of controls: a case history. *Applied Ergonomics,* v. 15, n. 3, p. 175-178, 1984.

NICOSIA, M. F. *Consumer decision processes:* marketing and advertising implications. Englewood Cliffs: Prentice-Hall, 1966.

PAHL, G.; BEITZ, W. *Engineering design:* a systematic approach. 2. ed. London: Springer-Verlag, 1996.

PRIEST, J. W. *Engineering design for producibility and reliability.* New York: Marcel Dekker, 1988.

QUARANTE, D. *Éléments de design industriel.* Paris: Jouve, 1984.

REDTENBACHER, F. *Prinzipien der mechanik und des maschinenbaus.* Mannheim: Bassermann, 1852.

RODENACKER, W. G. Neue Gedanken zur. *Konstruktionsmethodik*, v. 43, 1991.

ROGERS, Y.; SHARP, H.; PREECE, J. *Design de interação:* além da interação humano-computador. 3. ed. Porto Alegre: Bookman, 2013.

ROOZENBURG, N. F. M.; EEKELS, J. *Product design:* fundamentals and methods. Chichester: John Wiley & Sons, 1995.

ROSS, P. J. *Taguchi techniques for quality engineering.* 2. ed. New York: McGraw-Hill, 1996.

ROTH, K. *Konstruiren mit konstrutionskatalogen.* Berlin: Springer-Verlag, 1982.

RÖTSCHER, F. *Die maschinenelemente.* Berlin: Verlag, 1927.

ROY, R. Design a greener product: the Hoover "new wave" washing machine range. *Co-Design:* the interdisciplinary journal of design and contextual studies, n. 5-6, p. 34-39, 1996. Disponível em: <http://oro.open.ac.uk/29232/1/co-design_DesigningAGreenerProduct.pdf>. Acesso em: 22 maio 2014.

SANTOS, C. T. *O design no desenvolvimento de produtos:* uma análise e prospecção de princípios e métodos utilizados. 1998. Dissertação (Mestrado) – Programa de Pós-Graduação em Engenharia de Produção, Universidade Federal de Santa Catarina, Florianópolis, 1998.

SELL, I. A contribuição da ergonomia na segurança do trabalho. *Revista Brasileira de Saúde Ocupacional*, v. 18, n. 70, p. 44-49, 1990.

SLACK, N.; CHAMBERS, S.; JOHNSTON, R. *Administração da produção.* 2. ed. São Paulo: Atlas, 2002.

SMITH, S. L. *Machine safety:* snapping the accident chain. *Occupational Hazards*, v. 57, n. 1, p. 133, 1995.

SMYTH, S. N.; WALLACE, D. R. Towards the synthesis of aesthetic product form. In: DESIGN ENGINEERING TECHNICAL CONFERENCES, 2000, Baltimore. *Proceedings...* New York: American Society of Mechanical Engineers, 2000.

THE CENTER FOR UNIVERSAL DESIGN. *What is universal design.* [S.l.: s.n.], 2003. Disponível em: <http://design.ncsu.edu/index.php/cud/univ_design/ud.htm>. Acesso em: 15 jul. 2003.

THE IDE VIRTUAL DESIGN MUSEUM. *[Site]*. [S.l.: s.n.], [2014]. Disponível em: <vdm.io.tudelft.nl/fda/fda1.htm>. Acesso em: 30 maio 2014.

TORTORA, G. J.; DERRICKSON, B. *Corpo humano:* fundamentos de anatomia e fisiologia. 8. ed. Porto Alegre: Artmed, 2012.

TROTT, P. J. *Gestão da inovação e desenvolvimento de novos produtos.* 4. ed.

Porto Alegre: Bookman, 2012.

TSCHOCHNER, H. *Konstruieren und gestalten.* Essen: Girardet, 1954.

VEREIN DEUTSCHER INGENIEURE. *Konstruktionsmethodik:* konzipieren technischer produkte. Düsseldorf: VDI-Verlag, 1975. (VDI-Richtlinie, v. 2222).

VEREIN DEUTSCHER INGENIEURE. *VDI Guideline 2221:* Systematic Approach to the Design of Technical Systems and Products (Tradução da Edição Alemã de 11/1986), VDI-Verlag, Düsseldorf 1987. (VDI-Richtlinie, v. 2221).

WÄCHTLER, R. Beitrag zur. Theorie des entwickelns (konstruierens). *Feinwektechnik*, v. 73, 1969.

WILKIE, W. L. *Consumer Behavior.* New York: John Wiley & Sons, 1986.

WOODWORTH, R. S.; MARQUIS, D. G. *Psicologia.* São Paulo: Companhia Editora Nacional, 1975.

YOSHIKAWA, H. Design philosophy: the state of the art. *Annals of CIRP* – Manufacturing Technology, v. 38, n. 2, p. 579-586, 1989.

LEITURAS RECOMENDADAS

FACTORS IN COMPUTING SYSTEMS, 1996, Vancouver. *Eletronic proceedings...* Danvers: Association for Computing Machinery, 1996. Disponível em: <http://www.sigchi.org/chi96/proceedings/desbrief/Hofmeester/ghh_txt.htm>. Acesso em: 22 maio 2014.

GRANDJEAN, E. *Précis d'ergonomie.* Paris: Les éditions d'Organisation, 1983.

MCCORMICK, E. J. *Human factors engineering.* New York: McGraw-Hill, 1970.

ROOZBAZAR, A.; BOSKER, G. W.; RICHERSON, M. E. A theoritical model to estimate some ergonomic parameters from age, height and weight. *Ergonomics*, v. 22, n. 1, p. 43-58, 1979.